KORALLENRIFFE

TAUCHFÜHRER

Für Andrea und Luigi.
Das Meer, das sie so geliebt haben, hat nun für sie keine Geheimnisse mehr.

Jahr-Verlag Hamburg

Seite 1 - Dies ist der typische Anblick der Korallenformationen des Großen Barriereriffs vor Australien. So wie dieses Riff wachsen unzählige andere vom felsigen Meeresboden zur Wasseroberfläche hinauf, vom unaufhörlichen Werden und Vergehen der Korallenpolypen über Tausende von Jahren aufgebaut.

A - Ein großer Korallenblock ist von Schwämmen und anderen Filtrierern vollkommen überwachsen und erstickt worden. Zahlreiche Haarsterne und Seeanemonen (Heteractis magnifica) haben sich dazwischen niedergelassen. Letztere bergen Malediven-Anemonenfische (Amphiprion nigripes) und Dreifleck-Preußenfische (Dascyllus trimaculatus) zwischen ihren Tentakeln. Viele Juwelen-Fahnenbarsche (Pseudanthias squamipinnis) schwirren um den Block, außerdem ein Silberfleck-Husar (Sargocentron caudimaculatum) sowie ein Orangestreifen-Drückerfisch (Balistapus undulatus).

A

Inhalt

B

B - Dieses Malediven-Atoll ist das Ergebnis der Bautätigkeit von Millionen unglaublich kleiner Tiere, die über viele Jahre hinweg dieses fantastische, natürliche Bauwerk geschaffen haben.

Text
Angelo Mojetta

Redaktion
Valeria Manferto De Fabianis
Laura Accomazzo

Graphic Design
Patrizia Balocco Lovisetti

Illustrationen
Monica Falcone

Übersetzung
Annette Trutnau, Gesine Schwarz, Dr. Peter Nahke

Satzherstellung
Partner Satz GmbH, Hamburg

Die Deutsche Bibliothek - CIP-Einheitsaufnahme
Mojetta, Angelo:
Korallenriffe : Tauchführer / Angelo Mojetta. [Übers. Annette Trutnau, Gesine Schwarz, Dr. Peter Nahke]. - Hamburg : Jahr, 1995
Einheitssacht.: La barriera corallina <dt.>
ISBN 3-86132-159-9
NE: HST

Jahr-Verlag GmbH & Co.
Jessenstr. 1, 22767 Hamburg

Tel. 040/38906-0, Telefax 040/38906-302

A - Worte können nicht beschreiben, welch unglaubliches Entzücken der Anblick der Korallenriffe hervorruft. Noch bevor er den Fuß auf die Koralleninseln gesetzt und die Riffe erkundet hat, wird der Stadtmensch von den kontrastierenden, manchmal heftig, manchmal delikat erscheinenden Farben überwältigt. Die Inseln sind der ideale Ausgangspunkt in eine neue und immer noch wenig bekannte Welt.

B - Ein einzelner Korallenstock steigt vom Meeresgrund zur Wasseroberfläche empor. Wie Skulpturen ragen vom zentralen Kern Steinkorallen-Kolonien der verschiedensten Formen ins Freiwaser. Sie ähneln Bechern, Büschen, Schirmen oder auch dem Gehirn. Auch in den Farben unterscheiden sie sich: Ihr Rosa, Gelb und Hellgrün kontrastieren zu den bunten Farben der Fische, die den Stock wie Schmetterlinge umflattern.

A

EINLEITUNG

In einem Katalog der Naturwunder dieser Erde muß neben den tropischen Regenwäldern, der afrikanischen Savanne und den Eismassen der Antarktis ein besonderer Platz für die Korallenriffe reserviert werden.

Korallenriffe mit ihrem warmen, kristallklaren Wasser laden zur Erforschung ein. Überschäumendes Leben manifestiert sich hier in einer Myriade von Formen und Farben - den wichtigsten Kennzeichen dieser außergewöhnlichen Lebensräume, die nur in den tropischen Regionen unseres Planeten vorkommen. Es sind unvergleichliche Unterwasserwelten, die im Gleichgewicht zwischen Meer und Land stehen und von den Naturgewalten beider Seiten geformt werden.

Jeder, der an einem Korallenriff taucht, sieht sich einem Biotop gegenüber, das nur mit den üppigsten tropischen Wäldern vergleichbar ist. Wie in jenem grünen Reich, wird auch hier im Blau des Meeres der Mensch mit der unglaublichen Vielfalt und Lebendigkeit der Natur konfrontiert.

Das menschliche Auge verliert sich in diesem phantastischen Universum wie zwischen den Sternen am Himmel in einer klaren Wüstennacht. Die Formen der Korallen, die vielfarbigen und oft bizarren Gestalten der Fische und die unaufhörliche, den ewigen Rhythmus der Wellen unter der Oberfläche wiederholende Bewegung des Lebens - alles scheint dazu bestimmt zu sein, uns in jedem Augenblick daran zu erinnern, daß der Ursprung des Lebens im Wasser liegt.

B

EINE 500 MILLIONEN JAHRE ALTE GESCHICHTE

Nur vom Flugzeug oder Satelliten aus oder beim Anblick emporgehobener fossiler Riffe kann man verstehen, warum Korallen zu Recht „Erbauer von Unterwasserimperien" oder „Architekten der Meere" genannt werden. Zu den vielen möglichen Beispielen, die das belegen, gehören das Große Barriereriff in Australien, die Koralleninseln des Indopazifik - wo die über Tausende von Jahren gewachsenen Korallenriffe heute das Leben für die Menschen ermöglichen - und die Küstenabschnitte des Roten Meeres.
Auch sind sie nicht ausschließlich auf tropische Länder beschränkt, wie sich an fossilen Korallen zeigt, die in den Dolomiten, in Frankreich, Großbritannien, Deutschland und sogar auf der nordeuropäischen Insel Gotland (Schweden) gefunden wurden und die den heutigen Arten sehr ähnlich sind. Dies zeigt, daß die Geschichte der Korallenriffe und riffbildenden Steinkorallen uralt ist und daß die ersten Spuren von Ko-

A - Diese Satellitenaufnahme vom Space Shuttle Endeavour zeigt einen Teilabschnitt der Karibik. Zwischen den Riffsystemen (türkisfarben) verlaufen 1300 bis 2000 Meter tiefe, ozeanische Gräben (dunkelblau), die die Ausbreitung der Riffe behindern, denn der Riffbildungsprozeß ist wegen des erforderlichen Sonnenlichts auf die Flachzonen begrenzt. Die auf den Riffsystemen aufliegenden Inseln sind teils korallinen, teils vulkanischen Ursprungs.

A

rallenriffen 500 Millionen Jahre zurückliegen.
Zwischen dem frühen Kambrium, dem mittleren Silur und dem mittleren Devon (vor 560 bis 360 Millionen Jahren) gab es mindestens drei Perioden beträchtlicher weltweiter Verbreitung der Korallen und großen Kalkriffe. Dies geschah gleichzeitig mit einer weltweiten Temperaturerhöhung und einem Anstieg der mittleren Wassertemperatur auf über 20 Grad Celsius bis zu 40 bis 45° nördlicher und südlicher Breite. Während der Zeit ihrer größten Ausbreitung bedeckten die Korallenriffe nach Schätzungen von Experten in der Ära des Paläozoikums mehr als fünf Millionen Quadratkilometer und wiesen ein Höhenwachstum von bis zu 200 Meter pro Jahrmillion auf, wobei allerdings Arten mit anderen Eigenschaften als die heutigen dominierten.
In einem auf eine bis vier Millionen Jahre geschätzten Zeitabschnitt vor 360 Millionen Jahren wurden die Riffe auf eine Fläche von knapp 1000 Quadratkilometer zurückgedrängt, sie verschwanden beinahe

B - Während einer Atlantis-Mission entstand aus dem Weltraum dieses Foto des riesigen Aldabra-Atolls, das nordwestlich von Madagaskar vor Ostafrika liegt. Wegen seiner isolierten Lage wird dieses Atoll von den Wissenschaftlern als ein natürliches Versuchslabor für das Ökosystem Korallenriff betrachtet. Etwa 10 Prozent der hier anzutreffenden Fauna und Flora ist endemisch – die Arten kommen also nur hier vor. In der klaren Innenlagune von Aldabra erkennt man die von den Strömungen verursachten Sandablagerungen und die Strömungskanäle, durch die sich mit den wechselnden Gezeiten das Wasser der Lagune und das des offenen Meeres austauschen.

B

überall. Zwei wichtige Faktoren waren gleichermaßen für diesen plötzlichen Zusammenbruch und für die Vernichtung der Korallenrifflebensräume verantwortlich. Einer dieser Faktoren war der Zusammenstoß des damaligen Superkontinents Gondwana mit der nordamerikanischen Platte, der die Richtung der Meeresströmungen drastisch veränderte; der andere Faktor war ein allgemeines Absinken der Temperatur des Planeten. Seitdem haben das große Spiel der tektonischen Platten, die Bildung der Ozeane, die Kontinentalverschiebung, die Veränderungen des Meeresspiegels und der Wechsel zwischen Eiszeiten und Perioden allmählicher Erwärmung das Wachstum der Riffe ständig beeinflußt, in einer endlosen Folge von Aufbau und Zerstörung.

Eine neue Entwicklung der Korallenformationen begann im Mesozoikum (vor circa 260 Millionen Jahren), als zwischen Indien und Pakistan die Geburt eines neuen Ozeans eingeleitet wurde. Das fortschreitende Auseinanderweichen der großen Platten und der ständige Ausstoß von Lava nahe bei den Grabenbrüchen führte zur Bildung eines ungeteilten Meeres: des Tethysmeeres. Es breitete sich von Osten nach Westen aus und verband den Atlantik, den Indischen Ozean, das Mittelmeer und den Pazifik miteinander. Obwohl die Umweltbedingungen ziemlich einheitlich und tropisch waren, ist das Mittelmeer damals im Hinblick auf die Tierwelt das reichste Gebiet gewesen. Heute ist dieses Meer völlig frei von Korallenriffen, aber Paläontologen haben an seinen Grenzen über 65 Korallengattungen gefunden, viel mehr als die 30 heute im gesamten Atlantik vorkommenden Gattungen.

Gegen Ende des Tertiärs, vor circa 25 Millionen Jahren, führte die durch die Kontinentaldrift verursachte Aufteilung des Tethysmeeres zur Bildung der heutigen Ozeane. Dies hatte wichtige Folgen für die Verteilung und Entwicklung der hermatypischen (vom griechischen herma = Barriere), riffbildenden Korallen. Das faunistische Zentrum verlagerte sich in die indomalaysische Region, als Folge der fortschreitenden Schließung des Tethysmittelmeeres durch den Zusammenstoß von Indien mit Asien. Später, während des Pliozäns (vor 11 bis 14 Millionen Jahren) wurden auch die Korallenregionen des Westatlantik vom Indopazifik isoliert, bedingt durch das allmähliche Aufsteigen der mittelamerikanischen Landbrücke. In dieser weit zurückliegenden Epoche entstanden die zwei wichtigsten Korallengebiete, das karibische und das indopazifische. Die Korallen des Indopazifik entwickelten eine beträchtliche Artenvielfalt (90 Gattungen), die hauptsächlich

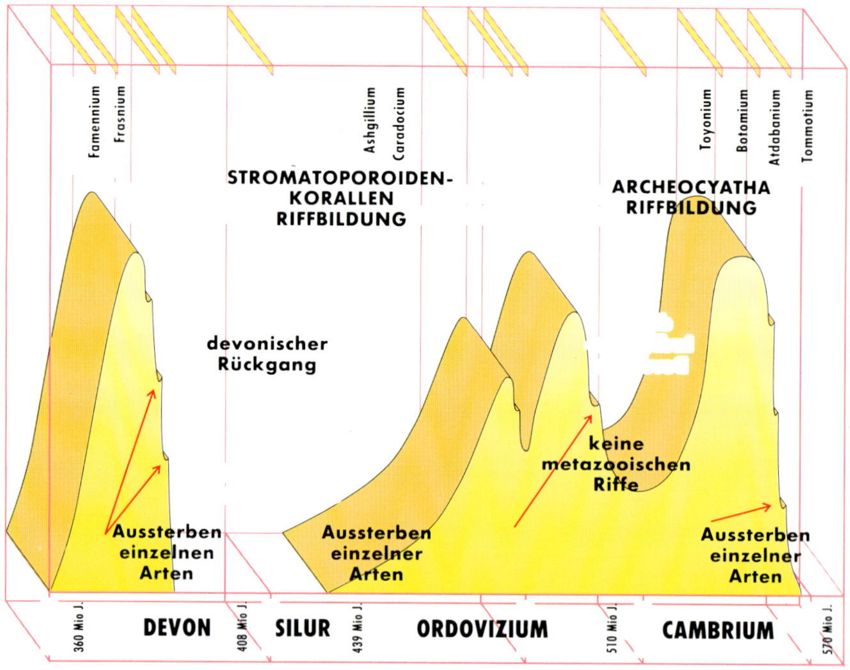

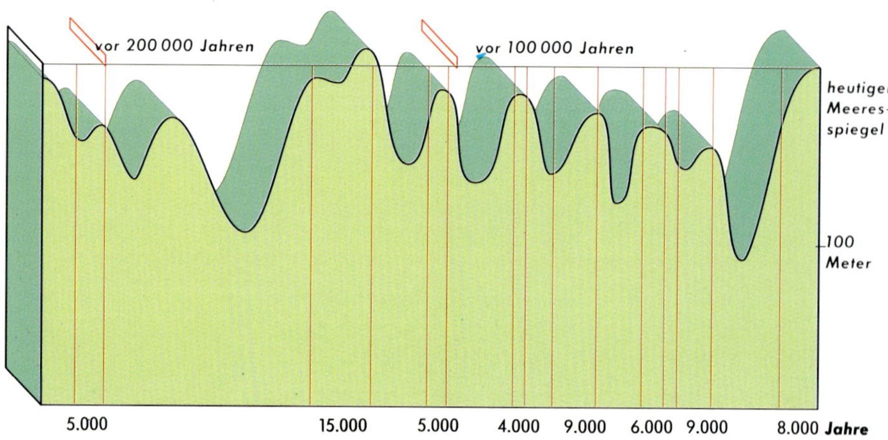

Obere Zeichnung: Die Grafik verdeutlicht die Entstehung der Riffe, ihre Entwicklung und ihren Untergang in den geografischen Zeitaltern vom Kambrium (vor 570 Millionen Jahren) bis zum Devon (vor 360 Millionen Jahren). Die ersten Riffe im Kambrium wurden von den Archaeocyathia erbaut. Diese becherförmigen, ausgestorbenen Riffbauer sind biologisch zwischen den Schwämmen und den Echten Korallen einzuordnen.

Untere Zeichnung: Hier wird der unterschiedliche Stand des Meeresniveaus dargestellt. Die Ursache ist in der Bindung des Wassers im Eis während der Eiszeiten zu sehen. Ein Ansteigen des Meeresspiegels bedeutete auch gleichzeitig eine Wachstumsperiode für die Korallenformationen. Die roten Linien trennen die Phasen aktiven Wachstums von denen der Stagnation oder des Abbaus. Heute befinden wir uns in einer Phase aktiven Korallenwachstums, die vor etwa 8000 Jahren begonnen hat.

durch die Evolution der drei größten Familien, den Acroporidae, Poritidae und Pocilloporidae, bedingt ist. Die karibischen Arten wurden dagegen reduziert (von 40 bis 50 auf 26 Gattungen), ein Resultat sowohl der Isolation nach Bildung der mittelamerikanischen Landbrücke als auch einer verstärkten Sedimentation infolge klimatischer Veränderungen und steigender Niederschläge. Obwohl sich die Evolution der Korallen und Korallenriffe über eine lange Zeit zu erstrecken scheint, sind die heute bekannten Riffe das Ergebnis eines Bruchteils der geologischen Zeit. Sie wurden fast ausschließlich durch Schwankungen des Meeresspiegels (Ansteigen und Absinken) geschaffen, die eine Folge des Erstarrens und Schmelzens von Eis während der Eiszeiten und Zwischeneiszeiten waren.

Mit Hilfe der Kohlenstoff-14-Analyse fossiler Korallen und der Untersuchung von Wachstumslinien, die in den Skeletten vieler Steinkorallen durch Röntgenaufnahmen gefunden wurden, konnte man feststellen, daß die Oberfläche der Ozeane vor 10 000 Jahren nur 30 Meter niedriger lag als heute. Der Anstieg des Meeresspiegels verringerte sich in der Zeit von vor 10 000 Jahren bis vor 7500 Jahren von zehn Metern in 1000 Jahren auf sechs Meter in 1000 Jahren; von vor 6000 bis vor 5000 Jahren wurde der Anstieg noch langsamer und überschritt sogar vor 4000 bis 1500 Jahren den heutigen durchschnittlichen Pegel noch um etwa einen Meter, bevor er sich stabilisierte.

Dieser Anstieg der Meere und Ozeane hatte natürlich direkte Auswirkungen auf das Wachstum der Korallen. Das Höhenwachstum der Riffe, unerläßlich zum Ausgleich des schnell steigenden Meeresspiegels, verwandelte sich in ein mehr flächiges Wachstum, das die Ausbreitung der Riffe begünstigte. Die Ergebnisse der Untersuchung von Bohrkernen aus den tiefsten Schichten zahlreicher Korallenriffe der Karibik und des Indopazifik zeigen, daß die Geschwindigkeit des Korallenwachstums ziemlich unterschiedlich war. Für das Große Barriereriff variieren die Schätzungen von knapp über einem Meter bis zu 14 Metern in 1000 Jahren, während in der Karibik für die gleiche Zeitspanne das geschätzte Wachstum der Riffe zwischen 0,3 und 12 Metern liegt.

A

B

C

D

A - Aus den blauen Tiefen des Ozeans steigen die Korallenriffe der Malediven zur Oberfläche empor und bilden dort große Atolle und Lagunen, an denen sich die Wellen des offenen Meeres brechen.

B - Im klaren Wasser dieser geschützten Bucht können sich die fragilen Geweihkorallen (Acropora sp.) reich entwickeln. Schulen von Riffbarschen finden in ihnen Schutz. Noch faszinierender ist der Kontrast zwischen dem tropischen Gewässer und der Landschaft über Wasser.

C - In Neukaledonien, das am Wendekreis des Steinbocks liegt, umschließen eine Reihe von Riffen eine einzige, große Lagune. Auf dem Riffplateau haben sich Inseln gebildet, die von säulenartigen Pinienbäumen (Auracaria columnaris), Kokospalmen und Mangroven besiedelt wurden.

D - Am Roten Meer kontrastiert die trockene Wüste mit den Farben und dem Lebensreichtum der Riffe. Dieser Kontrast ist umso erstaunlicher, als die im Hintergrund sichtbaren Klippen von hochgehobenen Korallenriffen gebildet wurden, deren fossile Baumeister heute noch eindeutig identifiziert werden können.

HEUTIGE KORALLEN-FORMATIONEN

Meeresgeologie und -paläontologie liefern nützliche Informationen über die gegenwärtige Verteilung der Korallenriffe. Wie aus einem Vergleich der in den verschiedenen Gebieten vertretenen Korallengattungen geschlossen werden kann, scheint es außerdem ein gleichmäßiges Konzentrationsgefälle von besonders artenreichen Gebieten (z.B. die indopazifische Region zwischen Borneo, Celebes, den Philippinen und Papua-Neuguinea) zu artenärmeren Zonen zu geben. Vielen Experten zufolge hängt dies von stabilen Klimafaktoren und von der Verbreitungsfähigkeit der Korallenlarven ab. Die Geographie der Steinkorallenformationen zeigt, daß ihr Wachstum mit seltenen Ausnahmen auf die Region zwischen den Wendekreisen beschränkt ist. In diesem Gebiet bedecken sie mehr als 600 000 Quadratkilometer, gleichbedeutend mit 0,17 Prozent der gesamten Meeresoberfläche und etwas weniger als ein Sechstel des Küstenstreifens zwischen 0 und 30 m Tiefe, der für hermatypische Koral-

Das Korallenwachstum ist hinsichtlich der Wassertemperatur und der Salinität geografisch beschränkt. Meeresströmungen sind einer der Hauptfaktoren, die die Verbreitung der Korallen beeinflussen. Der Vergleich zwischen der Verbreitung von Riffen (Seite 10 oben) und den vorherrschenden Meeresströmungen (Seite 11 oben) zeigt, daß warme Meeresströmungen die Entstehung von Korallenriffen über die Wendekreise des Krebses und des Steinbocks hinaus begünstigen. Im Gegensatz dazu verhindern kalte Meeresströmungen (Seite 11 unten) die Entstehung von Riffen selbst in geografischen Breiten dicht am Äquator.

VERBREITUNG DER KORALLENRIFFE

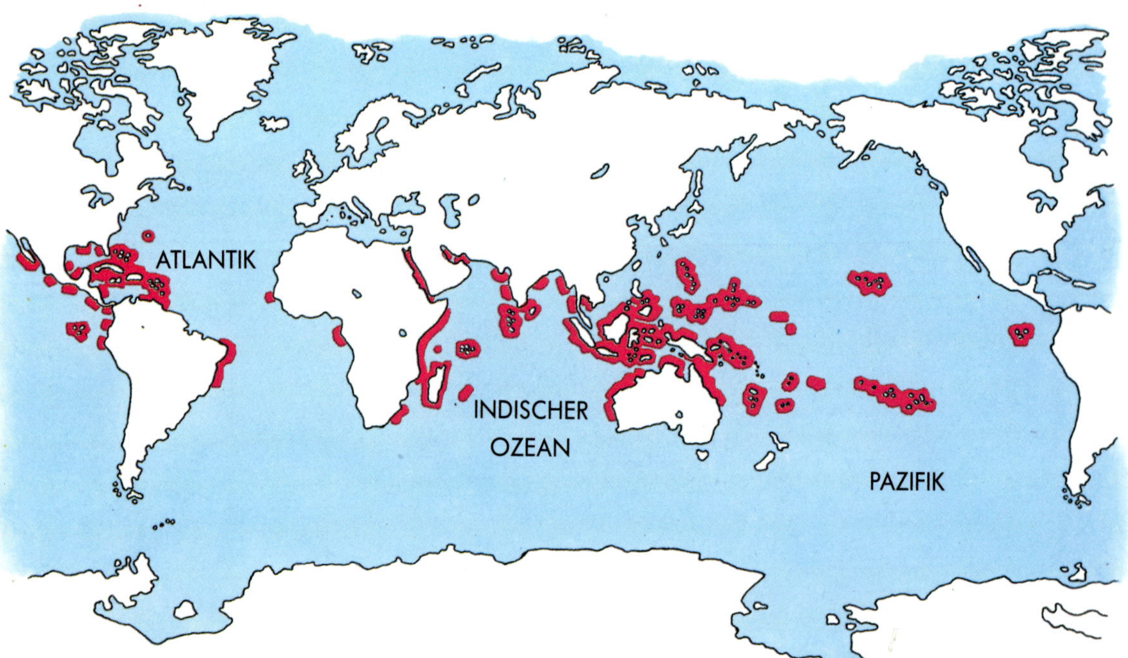

TEMPERATUR DER WELTMEERE

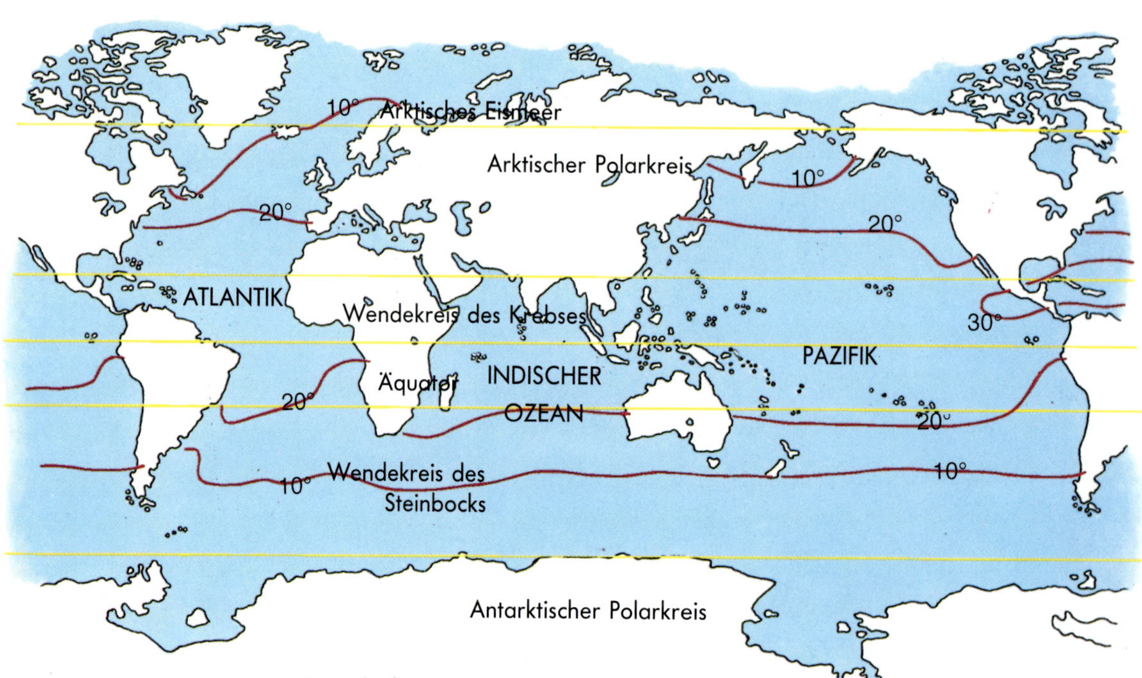

Isochrymen

len als Lebensraum am besten geeignet ist. Ihre Verbreitung ist nicht gleichmäßig, da sie auf Bereiche beschränkt ist, in denen die mittlere Wassertemperatur im Winter nicht unter 20 Grad Celsius fällt. Der Grund für diese Beschränkung ist leicht zu verstehen, wenn man bedenkt, daß eine Kolonie der Steinkorallenart Pocillopora damicornis, mit im Querschnitt runden Ästen, die vom Roten Meer bis Hawaii weit verbreitet ist, bei 18 Grad in weniger als zwei Wochen stirbt, bei 15 Grad dagegen in weniger als 24 Stunden. Dies ist nur eines vieler möglicher Beispiele. Das Wachstum der Korallenverbände folgt daher den unsichtbaren Grenzen, die durch den schlängelnden Verlauf der Isochrymen festgelegt werden, den Linien, die den oben bezeichneten mittleren Wintertemperaturen entsprechen. Der entscheidende Faktor für das Wachstum von Korallen ist die Temperatur, aber das heißt nicht, daß nördlich und südlich der 30. Breitengrade, welche die theoretischen Grenzen bilden, keine Riffe vorgefunden werden können. Die äußersten Grenzen des Auftretens von Korallenriffen im Indopazi-

WARME MEERESSTRÖMUNGEN

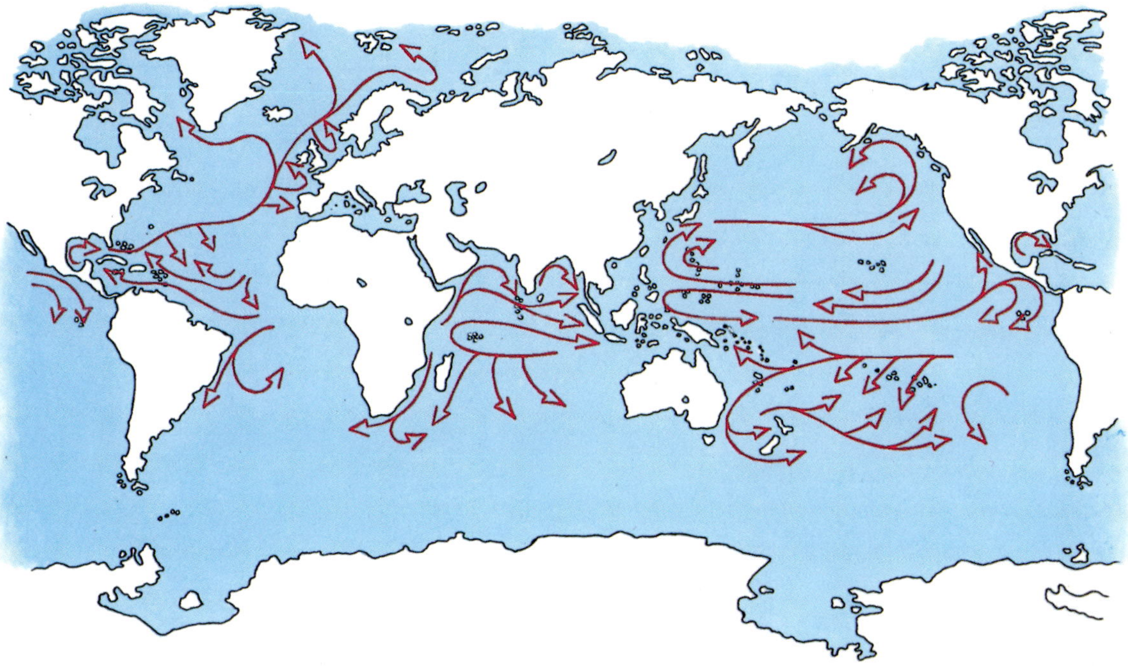

KALTE MEERESSTRÖMUNGEN

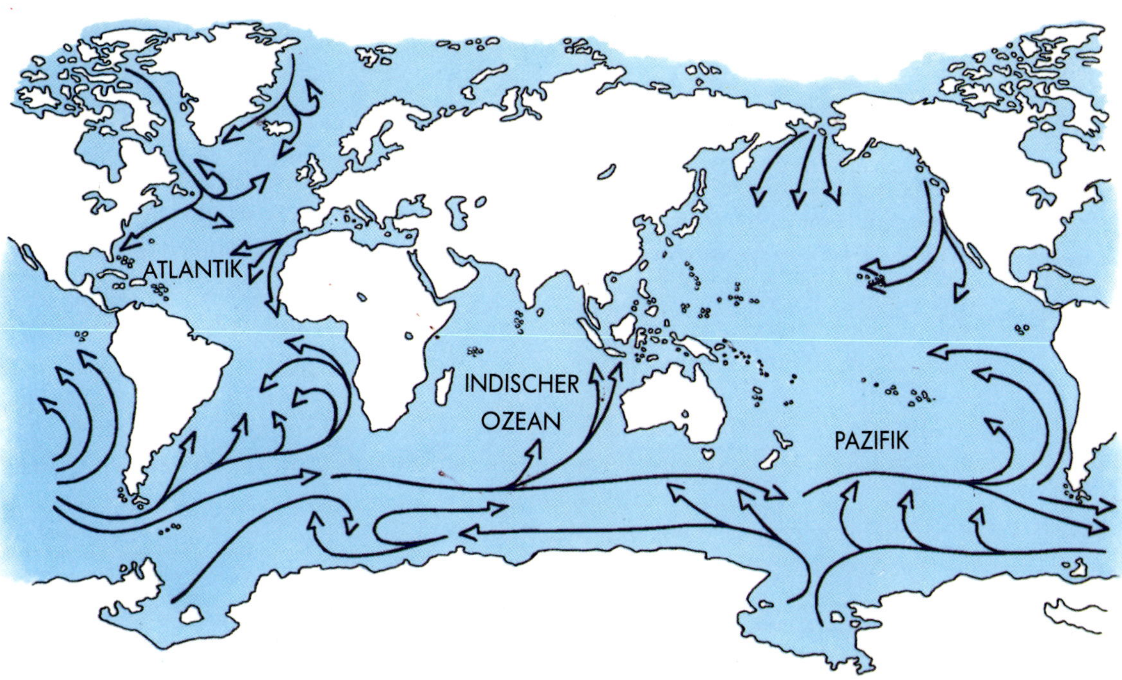

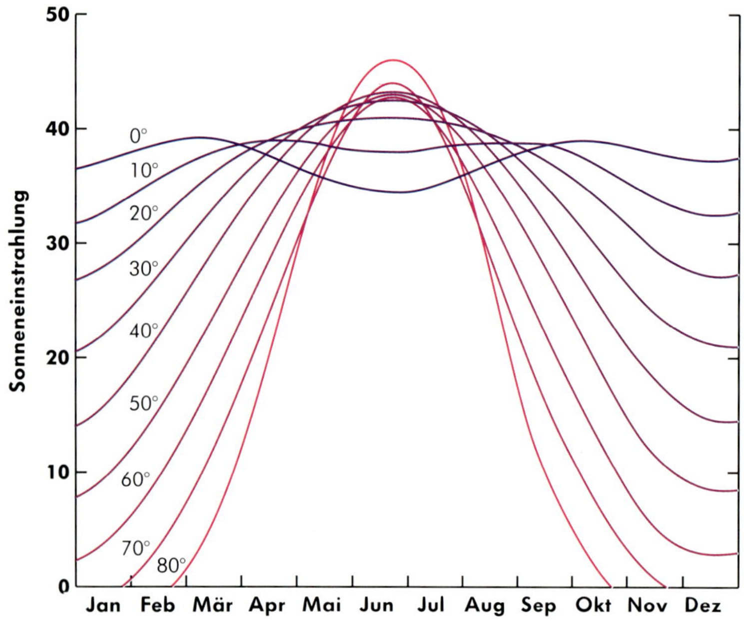

Diese Grafik verdeutlicht die unterschiedlichen Winkel der Sonneneinstrahlung auf die Erdoberfläche im Jahresverlauf, bezogen auf die Breitengrade. Im Tropengürtel nördlich und südlich des Äquators verändern sich die Winkel nur geringfügig. Die Korallen genießen also praktisch konstante Lichtverhältnisse - ein Umstand, der ihr Wachstum begünstigt.

fik liegen jeweils in Japan und Australien. In Japan finden sich riffbauende Korallen und Riffe zwischen Kyushu und Shikoku (33°32' Nord), Enourawan (35°25' Nord), bei Tateyama (35°10' Nord), bei Kushimoto (33°25' Nord) und bei Mikaye-Jima (34°05' Nord). In Australien fallen die südlichen Grenzen mit der Insel Lord Howe (31°30' Süd), den Solitary Islands (31°01' Süd) und der Region um Freemantle (32° Süd) zusammen. Im Atlantik liegen die nördlichsten Korallenformationen bei den Bermudas, obwohl zwei Arten der riffbildenden Steinkorallen in der Onslow Bay (34° Nord) an der amerikanischen Küste vorkommen. Den südlichsten Punkt repräsentieren die auf dem Breitengrad von Rio de Janeiro wachsenden Riffe. Ihre Ausbreitung zu niedrigeren Breitengraden wird durch den kalten Falklandstrom verhindert. Die Tatsache, daß Korallen ihre theoretisch festgesetzten Grenzen absolut gesehen häufiger nordwärts als südwärts überschreiten, ist darin begründet, daß die Linien der mittleren Meerestemperaturen nicht in völliger Symmetrie mit dem Äquator verlaufen. Im allgemeinen werden in der nördlichen Hemisphäre höhere Temperaturen erreicht als in der südlichen. Diese Eigentümlichkeit hängt mit dem größeren Kontakt der drei Ozeane (Atlantik, Indischer Ozean und Pazifik) miteinander und mit der antarktischen Region auf der Südhalbkugel zusammen, so daß die Meere südlich des Äquators unmittelbarer dem Einfluß von sehr kalten Gewässern und Strömungen unterworfen sind. Wie wir wissen, werden die Strömungen von der durch die Erddrehung verursachten Corioliskraft beeinflußt. Diese lenkt sie auf der Nordhalbkugel im Uhrzeigersinn und auf der Südhalbkugel gegen den Uhrzeigensinn ab. Als Folge davon werden die ozeanischen Wassermassen auf die Küsten zu oder von ihnen weg getrieben. Ein typisches Beispiel für die Wirkungen dieses komplizierten Mechanismus stellt die Zirkulation der Strömungen in den tropischen Bereichen des Atlantik dar. Dort wird das warme Oberflächenwasser in Richtung der korallenreicheren Küsten des Westatlantik getrieben, und weg von den afrikanischen Küsten im Ostatlantik, wo trotz des günstigen Breitengrades praktisch keine Korallenformationen vorkommen. Das gleiche geschieht entlang der Küsten des australischen Kontinents, wo auf demselben Breitengrad Korallenriffe nur entlang der Ostküste vorkommen.

Die Salinität, das heißt die Menge der in einem Liter Seewasser gelösten Salze, ist der zweite Faktor, der die Ausbreitung der Korallen begrenzen kann. Diese Organismen brauchen Wasser mit ziemlich konstantem Salzgehalt (34 bis 37 Promille, das entspricht 34 bis 37 Gramm Salze in einem Liter Wasser). Niedrigere Salzgehalte werden nicht toleriert, wenn auch die meisten Arten fähig sind, kurzzeitig deutlich niedrigere Salzgehalte (bis 75 Prozent unter dem Normalwert) zu ertragen. So könnten heftige, lang anhaltende oder regelmäßige Regenschauer zumindest die am nächsten der Oberfläche liegenden Korallen schädigen, da Süßwasser dazu neigt, sich über das Meerwasser zu schichten. Noch deutlicher ist der Effekt der Verdünnung - obwohl das nicht die einzige Folge ist - durch die großen Flüsse (zum Beispiel Indus, Ganges, Tigris, Euphrat, Orinoko, Amazonas). Ihr Süßwasserzustrom ist so groß, daß er jedes Korallenwachstum verhindert und selbst in günstigen Klimazonen eine regelrechte Barriere für die Verbreitung von Korallenriffen bildet. Im Gegensatz dazu wird ein hoher Salzgehalt, so wie der im Roten Meer oder im Persischen Golf, von Korallen besser toleriert. Die oberen Grenzen können aber nicht ungestraft überschritten werden: Konzentrationen von 45 Promille sind für viele Arten die Grenze, und nur einige Arten der Gattung Porites können Salinitäten von 48 Promille aushalten. Der letzte, aber sicher nicht unwichtigste Faktor, der das Wachtstum der Riffe beeinflußt, ist das Sonnenlicht. Das liegt, wie man im nächsten Kapitel sehen wird, an dem Zusammenhang von Licht und den Zooxanthellen, symbiotischen Algen, die im Gewebe der Korallenpolypen leben. Sie spielen im Leben der Korallen eine wesentliche Rolle, indem sie Nahrung zur Verfügung stellen und die Kalksynthese begünstigen. Als Pflanzen benötigen die Zooxanthellen Licht zur Photosynthese. Dies beschränkt die Tiefe, in der sie und folglich auch die Korallen leben können. Das erklärt, warum die meisten Riffe in klaren Gewässern liegen, und warum ihr Hauptwachstum im allgemeinen in den obersten 30 Metern stattfindet und unterhalb dieser Tiefe rasch reduziert wird.

Neben diesen Hauptparametern gibt es weitere, nicht unwichtige andere Einflüsse, die die Verteilung und Ausdehnung der Steinkorallenriffe in kleinem und mittlerem Maßstab beträchtlich beeinflussen können. Einen dieser Faktoren stellen die Gezeiten dar. Korallen können längere Zeiten des Trockenfallens nicht vertragen. Die poröseren Arten, wie Porites lutea, können dem Einfluß der Luft besser widerstehen, vielleicht, weil die zahlreichen Furchen in ihren Skeletten das kapillare Eindringen von Wasser entlang der gesamten Kolonie begünstigen. Andere Arten können große Mengen von Schleim ausscheiden, der die Kolonien umhüllt und sie feucht hält; dieser Schleim ist für die Bildung von Oberflächenschaum während der Flut verantwortlich. Auch die Richtung und Stärke der Winde und Wellenbewegungen beeinflussen das Wachstum des Riffs. Bemerkenswert ist die Bildung einer 18 Kilometer langen, 37 Meter breiten und drei Meter hohen Koralleninsel aus Material, das am 21. Oktober 1972 durch die vom Taifun Beebe ausgelösten Riesenwellen von der Insel Funafuti (Tuvalu) losgerissen wurde.

In anderen, häufigeren Fällen können konstant ablandige Winde nahe der Küste zum Auftrieb von kaltem Tiefenwasser führen, wie man es von den Küsten Kaliforniens und Perus her kennt. Diese Küstenabschnitte sind durch den ständigen Zustrom von Nährstoffen besonders reich an Leben. Anderswo, so in der Region der Andamanen in Südostasien, wachsen die Riffe nur auf der Leeseite der Inseln oder in vor dem Südwestmonsun geschützten Buchten. An den Ostküsten der Malaysischen Halbinsel liegen die Riffe entlang der West- und Südwestküsten, wo sie vor dem Nordostmonsun geschützt sind.

Letztendlich transportieren die oben erwähnten Ströme bei Regenfällen riesige Sedimentmassen in das Meer, in Buchten oder Golfe; diese ersticken die Korallen oder verhindern ihre Ansiedlung im Larvenstadium.

In dieser Grafik sind die wesentlichen Korallengebiete unseres Planeten erfaßt. Die Säulenhöhe verdeutlicht die Länge der Riffe im betreffenden Gebiet (in Kilometern). Die längsten Riffgebiete liegen mit 22 450 Kilometern im Bereich der Philippinen, die kürzesten mit 474 Kilometern vor der Küste von Belize.

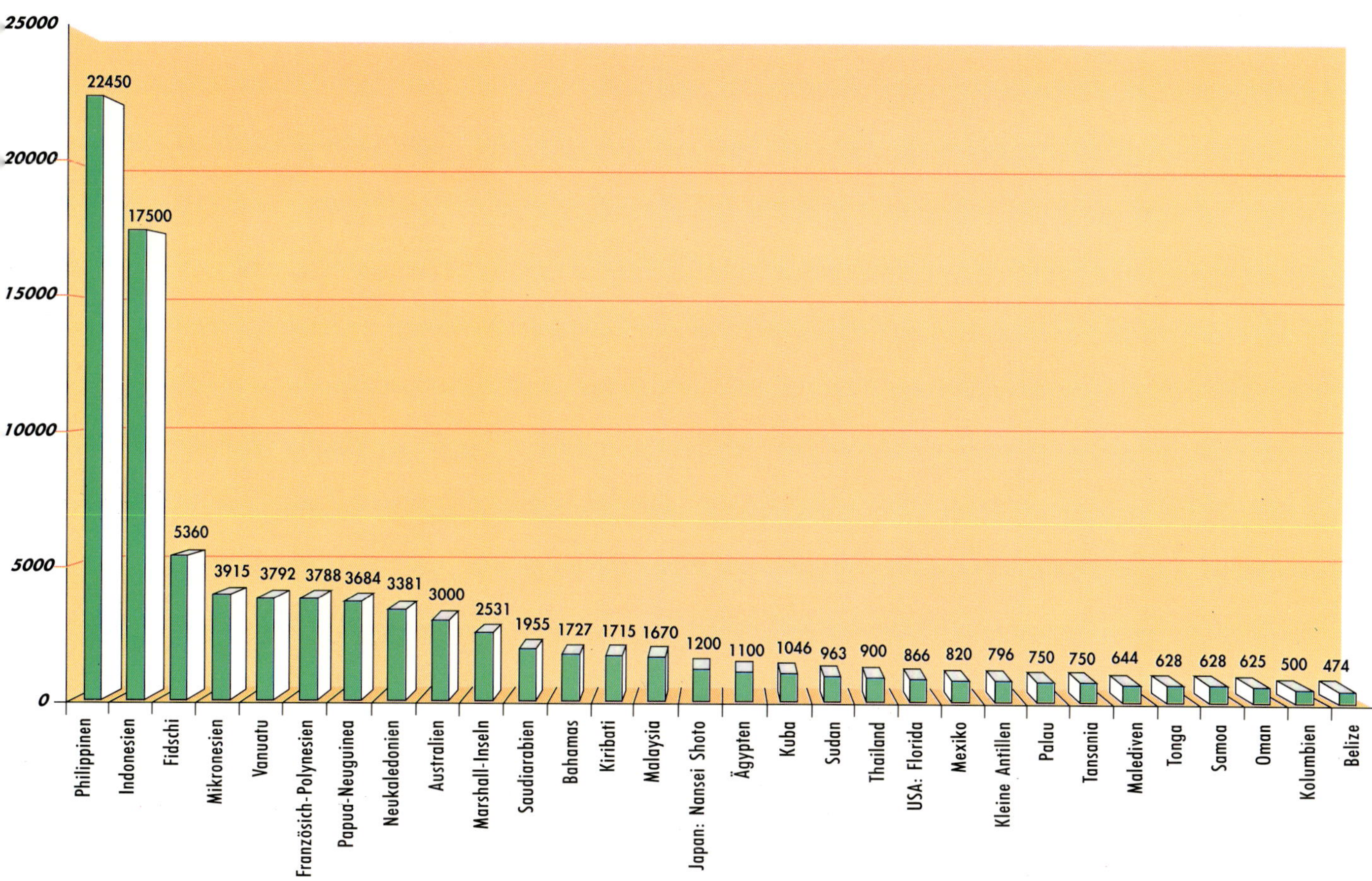

KLASSIFIZIERUNG UND BESCHREIBUNG DER KORALLENRIFFE

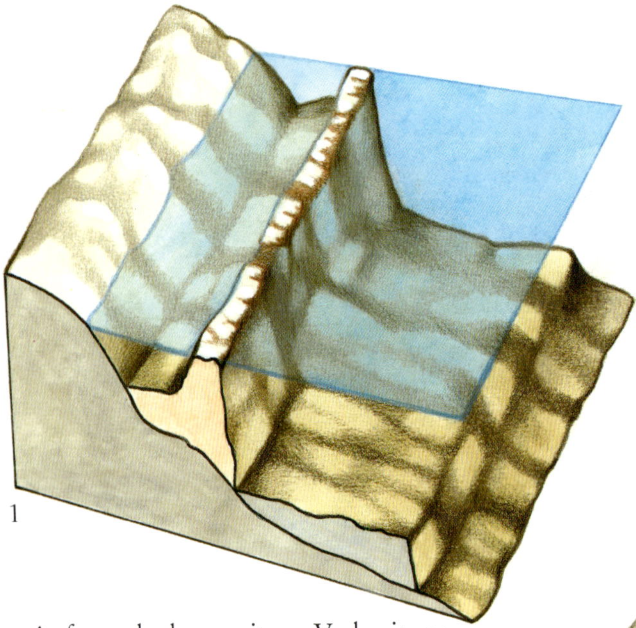

1

Aufgrund der weiten Verbreitung der Korallen, ihrer Entwicklung und ihrer Verschiedenartigkeit können diese von den Küsten bis zu den ozeanischen Gebieten vorkommenden biologischen Strukturen mindestens drei verschiedenen Kategorien zugeschrieben werden. Die Klassifizierung basiert auf den Untersuchungen von Charles Darwin. Sie wurde von ihm zuerst im Mai 1837 in einer Mitteilung an die National Geographic Society beschrieben und anschließend in seinem Buch über die Struktur und Verbreitung der Korallenbänke weiterentwickelt. Danach ist es möglich, abhängig von ihrer Form, ihrer Herkunft und insbesondere ihrer Entfernung zum Land, Saumriffe, Barriereriffe und Atolle zu unterscheiden. Die beiden letzteren Formen leiten sich - gesicherten Theorien zufolge - aus der Entwicklung von Saumriffen ab, die über dem Kontinentalsockel beziehungsweise entlang der Küsten vulkanischer Inseln entstanden.

Saumriffe

Die meisten küstennahen Korallenriffe (Rotes Meer, Ostafrika, Persischer Golf, Karibik) gehören zu dieser Kategorie. Ähnliche Riffe in der Nähe der ozeanischen Inseln sind keinesfalls selten, vorausgesetzt, der Kontinentalsockel fällt nicht zu steil ab. Saumriffe erscheinen als parallel zum Ufer verlaufender Korallengürtel mit einem inneren, der Küste zugewandten flachen Riff, das sogar teilweise auftauchen kann, und einem der offenen See zugewandten äußeren Riff. Unter günstigen Bedingungen erweitert sich der Korallengürtel zu einer Plattform, die sich über Kilometer ununterbrochen erstrecken kann, wenn auch ihr senkrechtes Wachstum durch die Gezeiten beschränkt ist. Der aktiv wachsende Teil des Riffs liegt zur offenen See hinaus, wo die Umweltbedingungen (Licht, Sauerstoffangebot, Nährstoffkonzentration) für das Korallenwachstum günstiger

Die drei Zeichnungen verdeutlichen schrittweise, wie ein Saumriff entsteht. Diese Riffform gilt als die häufigste in tropischen Gewässern:
1. Korallen siedeln sich nahe am Ufer auf felsigem Grund an und bilden ein erstes Riff.
2. Die Korallen wachsen nach und nach ins offene Wasser hinaus, und hinter dem Riff bildet sich eine Schuttzone aus abgestorbenen Korallen.
3. Im fortgeschrittenen Entwicklungsstadium bildet sich zwischen der Küste und dem vorgeschobenen Riff eine Plattform, die dem Gezeiteneinfluß unterliegt. Das aktive Korallenwachstum findet hauptsächlich am äußeren Riffhang statt. Der Abstand des Riffs von der Küste ist abhängig vom Gefälle des Meeresgrundes. In gewissen Fällen bilden sich weite Lagunen, die durch Kanäle mit dem offenen Wasser verbunden sind, und in den Lagunen können sich Fleckriffe entwickeln.

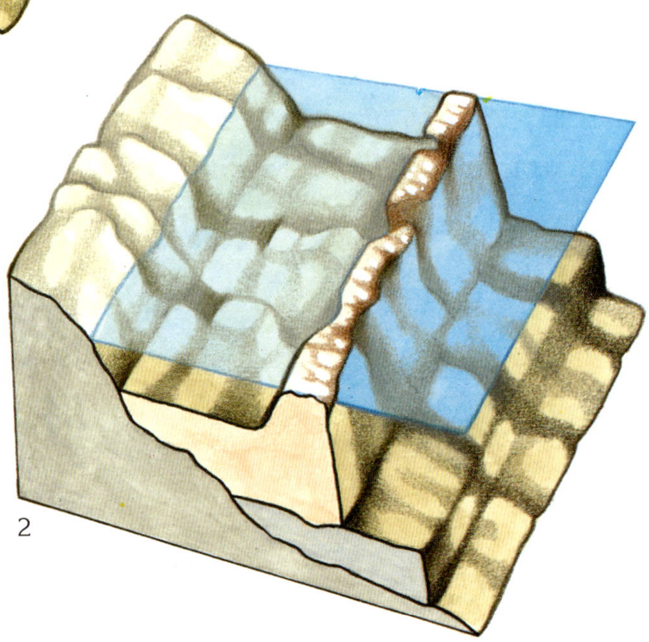

2

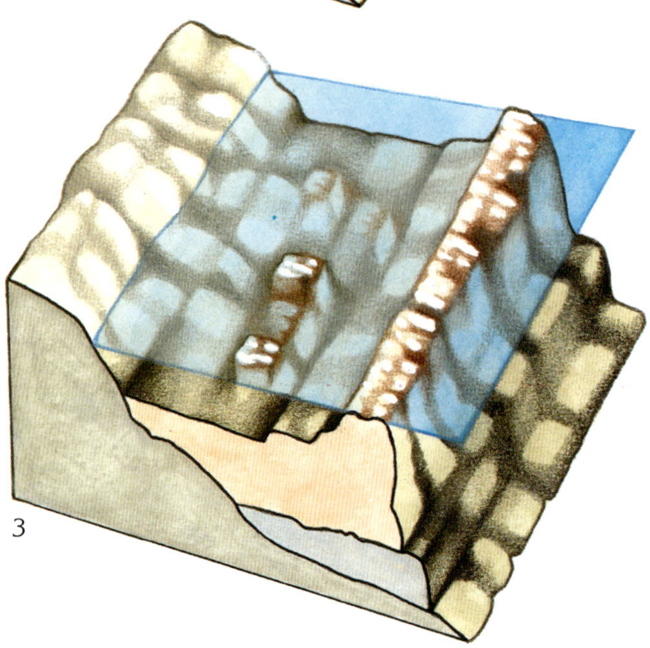

3

sind. Auf der inneren Seite führt die geringe Tiefe zu einem Ansteigen der Temperatur und des Salzgehaltes und behindert außerdem die Strömungen, welche die Sedimente, die die Korallen ersticken, entfernen. Bei genauerer Betrachtung ist ein Saumriff von der Küste ausgehend in verschiedene Abschnitte unterteilt, die dem folgenden allgemeinen Muster entsprechen: Die Erosion der inneren Riffgrenze formt eine Lagune zwischen dem Riff und der Küste; diese besteht aus Detritus und toten oder zu Sand zersetzten Korallen. Hier wachsen hauptsächlich Algen und höhere, dem Wasserleben angepaßte Pflanzen; nur selten können sich Steinkorallen etablieren.

An den Rändern wäscht die Bewegung der Wellen oder der Strömungen das innere Profil des Riffs aus und schafft Mini-Atolle und Pfeiler aus Steinkorallen. Zum Teil sind diese trotz der beträchtlichen Aushöhlung noch lebendig und bicten gerade deshalb zahllose Rückzugsplätze für Wirbellose und Fische, insbesondere für die Jungtiere der verschiedenen Arten. Außerdem wachsen häufig kalkbildende Algen auf Ästen und abgebrochenen Steinkorallenkolonien. Damit verbinden sie den Korallenkalk und bilden einen zusätzlichen Untergrund für die Fadenalgen, die während der Flut Schwärme von pflanzenfressenden Fischen (wie zum Beispiel den Doktorfischen) anziehen.

Weiter draußen wird das Riff zunehmend kompakter und bildet den inneren Riffrand. Hier wird die Fülle der Lebensformen immer größer, was dem Einfluß der Wellen zu verdanken ist, die Nährstoffe und Sauerstoff ständig heranführen und Abfallprodukte entfernen. Auf diesen inneren Riffrand oder innere Riffkante folgt eine flache Zone, beinahe eine Plattform, die Riffkrone. Auf dieser sind die Lebensbedingungen schwierig. Hier ist der Einfluß der Gezeiten und der Brandung groß und beschränkt das Korallenwachstum auf die robustesten Stein-

A

B

C

D

A - An den oberen Partien des Außenriffs brechen sich die Wellen, wie man auf dieser Aufnahme aus dem Sudan erkennen kann. Deshalb können die Korallen bis dicht unter die Wasseroberfläche hinaufwachsen und für kurze Zeit auch aus dem Wasser auftauchen. Von diesem höchsten Punkt des Riffs aus wachsen die Korallen in Richtung auf das offene Wasser hinaus, so lange die Lichtbedingungen ein aktives Wachstum zulassen. Zum Ufer hin bildet sich mit der Ansammlung abgestorbener Korallenteile, die im Lauf der Zeit zu weißem Korallensand umgewandelt werden, eine Lagune.

B - Fidschi-Inseln: Eine Kette von Korallenformationen, die sich am Abhang parallel zur Küste entwickelt hat, bildet einen Schutzwall gegen die Gewalt der Wellen.

C - Saumriffe sind typisch für weite Küstenstreifen des Roten Meeres – hier beispielsweise bei Nabeq (Sinai). Da unmittelbar neben der Küste schon Wassertiefen von 500 bis 1000 Meter erreicht werden, ist das Wasser arm an Substrat, auf dem die Korallen sich niederlassen können. Sie siedeln sich deshalb auf abgestorbenen Korallen an und dehnen sich in Richtung auf das offene Meer aus, wo die Wachstumsbedingungen günstiger sind.

D - Einige Korallenformationen überleben in der inneren Lagune von Ras Nasrani (Sinai), aber das eigentliche Wachstum findet außen am Abfall in die Tiefe statt.

A

B

C

korallen, auf Hirnkorallen und Geweihkorallen oder die größten Mosaikkorallen. Im Gegensatz dazu fördert eine geschützte Lage das Wachstum von Korallen und krustenbildenden Algen. Die Bewegung des Wassers schafft Kanäle, Tunnel und Krater oder kesselartige Löcher. Diese verbinden sich mit der Zeit zu komplizierten Labyrinthen, die nur bei Flut erkundet werden können, wenn man bei ruhiger See an der Oberfläche schwimmt. Die Vielfalt der hier erkennbaren Mikrohabitate (Kleinstlebensräume) ist eine Überleitung zu dem Teil des Saumriffes, in dem das Leben noch fruchtbarer ist. Die ersten Meter werden oft, wie im Roten Meer, von einem beachtlichen Wachstum der Feuerkorallen beherrscht, begleitet von Steinkorallen der Gattungen Favites, Pocillopora, Porites, Goniastrea und Montastrea. Der äußere Riffhang fällt dann tief unter die Oberfläche, wobei seine Neigung vom Profil des Meeresbodens abhängt, auf dem das

A - Das Riffdach, auf dem massiv geformte Korallen wachsen (beispielsweise Porites, Stylophora oder Pocillopora), ist der ideale Lebensraum für Pflanzenfresser wie die Doktorfische – hier die Art Arabischer Doktorfisch.
B - Verzweigte Korallen der Gattung Acropora findet man in unglaublicher Vielzahl der Wuchsformen und Farben (purpur, rosa, blau, gelb, grün), selbst wenn es sich um eine und dieselbe Art handelt. Verzweigte Korallen kommen vor allem in den oberen, aber vor den Wellen geschützten Bereichen des Riffs vor. Sie bieten Myriaden von Kleinfischen und anderen Lebewesen Schutz.
C - Am äußeren Riffhang und im tieferen Wasser tendieren die Korallen dazu, größere und flachere Formen – häufig schirm- oder tischähnlich – zu entwickeln. Diese dienen all jenen Fischen als Schutzdach, die lichtscheu sind, beispielsweise den Weißsaum-Soldatenfischen (Myripristis murdjan). Über den Tischformationen schwimmen die pflanzenfressenden Fische wie die Doktorfische oder Dicks Riffbarsch (Plectroglyphidodon dickii), aber auch Fleischfresser wie die Zweifleck-Schnapper (Lutjanus biguttatus).
D - Ein Pärchen des Masken-Falterfisches (Chaetodon semilarvatus), einer Art, die im Roten Meer endemisch ist, schwimmt unterhalb einer ungewöhnlich geformten Acropora-Koralle.

Riff gewachsen ist. Dies ist der reichste Teil des Riffes, der sanft und terrassenförmig abfallen kann, in Abständen unterbrochen durch Ebenen aus Korallensand, oder über Hunderte von Metern nahezu senkrecht in die Tiefe stürzt. Verzweigte Korallenformen wie die Geweihkorallen beherrschen die hellsten Riffabschnitte. Wenn das Licht zum limitierenden Faktor wird, übernehmen die krustenbildenden Korallen die Oberhand, zum Beispiel Angehörige der Familien der Pectiniidae, Fungiidae und Acroporidae. Gorgonien und Weichkorallen siedeln in Höhlen und im Schatten von vorstehenden Kanten.

E

D

F

G

E - Eine große Seeanemone ist Wirtstier für eine ganze Kolonie von Clownsfischen (Amphiprion sp.).

F - Massiv geformte, kissen- oder kopfförmige und mäanderte Korallen kommen vor allem in geringen Tiefen nahe der Wasseroberfläche vor. Das stellt eine typische Anpassung an die höhere Belastung durch Wellen und Gezeiten dar.

G - An dieser Stelle wird das Außenriff (nördliches Rotes Meer) von großen Tischkorallen dominiert, die von Weichkorallen und Feuerkorallen umsäumt werden. Wie gewöhnlich im Roten Meer wird das Riff von zahlreichen Juwelen-Fahnenbarschen (Pseudanthias squamipinnis) belebt, deren flatternde Bewegungen die der weit darüber liegenden Wellen nachzuvollziehen scheinen.

BARRIERERIFFE

1

Dies sind ebenfalls parallel zur Küste verlaufende Korallenriffe, deren Wachstum aber das der Saumriffe um einiges übertrifft, wie das beste bekannte Beispiel, das Große Barriereriff, zeigt. Riffe dieser Art gibt es auch in Papua-Neuguinea, vor Neukaledonien, bei den Fidschi-Inseln und im Atlantik vor den Küsten von Belize und den Bahamas. Manche Experten halten die Barriereriffe für ein fortgeschritteneres Entwicklungsstadium der Saumriffe. Barriereriffe wachsen entlang der Ränder der Kontinentalsockel und überall, wo eine nicht zu große Wassertiefe das Wachstum von Korallen erlaubt. Das bedeutet, daß die Riffe in alle Richtungen wachsen und dabei längliche, ausgedehnte oder ovale Plattformen bilden. Oder sie bestehen aus kleineren, teilweise parallel zueinander verlaufenden Riffen. Der Wind, die Strömungen und Wellenbewegung führen zur Ansammlung von Sand in den inneren, geschützten Bereichen. Heftige tropische Unwetter schaffen Brüche im Riff, wobei sich innere Kanäle und Lagunen bilden, die nur mit kleinen Booten zu erreichen sind. Der im Bereich der konstanten Passatwinde liegende nördliche Teil des australischen Großen Barriereriffs besteht zum Beispiel aus einer Reihe von Riffbändern, die im rechten Winkel zur Windrichtung liegen. Weiter südlich, wo die Winde unregelmäßig sind, bilden sich manche Bänke senkrecht zur Linie des Riffs. Ebenso wie Saumriffe können auch Barriereriffe - beginnend von der Lagune aus - in Abschnitte unterteilt werden. Die Lagune bildet sich normalerweise entlang der dem Festland oder einer Insel zugekehrten Seite und kann Dutzende von Metern tief und Hunderte von Metern breit sein. Die innere Riffkante, geschützt vor der Brandung, zeigt ein intensives Wachstum von Korallen, die kugelförmig, massiv, pilzförmig oder zerbrechlicher und verzweigt sein können. Je nach den örtlichen Bedingungen, die die anfängliche

2

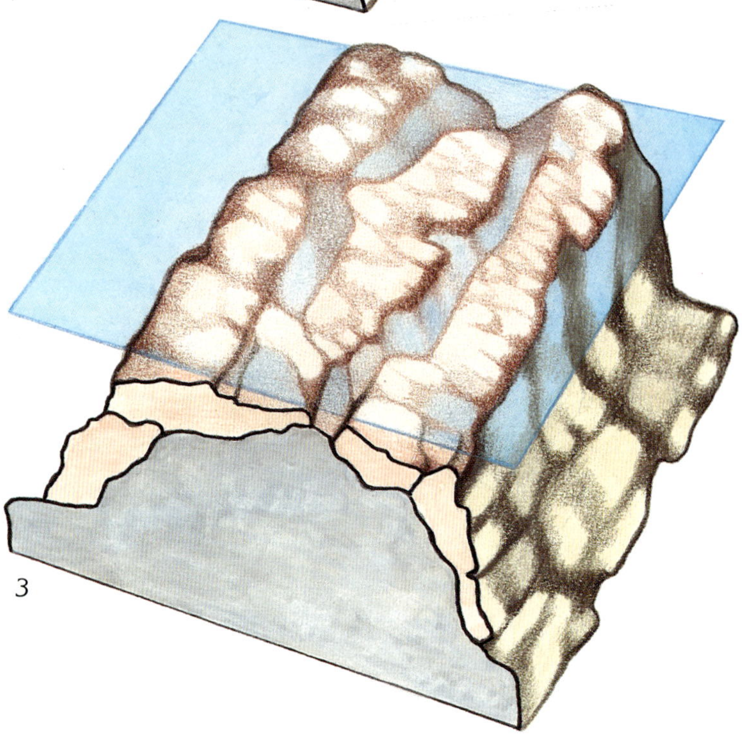
3

Plattformriffe entwickeln sich in unterschiedlicher Entfernung von der Küste, ja sogar auf dem offenen Meer, wo felsiger Meeresgrund – gewöhnlich kontinentalen Ursprungs – nahe genug an die Wasseroberfläche heranreicht:
1. Zu Beginn ähneln die Plattformriffe einem Saumriff.
2. Der Meeresgrund, auf dem die Riffe sich entwickelt haben, senkt sich nach und nach. Dies beschleunigt das Wachstum der Steinkorallen nach oben sowie entlang der inneren und äußeren Riffwand.
3. In der intensivsten Wachstumsphase – so beispielsweise über weite Bereiche des Großen Barriereriffs – wird aus dem Plattformriff eine Ansammlung von Koralleninseln und -riffen, die durch Lagunen und Kanäle voneinander abgetrennt sind.

A - Dieses aus dem Space Shuttle aufgenommene Foto zeigt den nördlichen Bereich der Bahamas mit den Inseln Eleuthera, New Providence und Andros. Letztere (rechts oben) erkennt man an den Gezeitenkanälen, die tief in die Küstenlinie einschneiden. Für die Bahamas charakteristisch ist das nahe Beieinanderliegen von Tiefwasserzonen und oberflächennahen Sandbänken.

B - Ein Teil des Großen Barriereriffs zieht sich an der Küste Queenslands entlang. Die hellen Stellen im Riff sind die Sandbänke, die vom Südwind, der in diesem Bereich vorherrschend ist, am Riff angehäuft worden sind.

A

B

Entwicklung des Riffs bestimmten, erscheint der Meeresboden als gleichmäßig geneigte Sandbank, auf der sich der Sand mit von Korallen geformten ausgedehnten Bänken und senkrechten Pfeilern abwechselt. Die Bänke entstehen oft aus abgebrochenen Kolonien, die zuerst dank der Tätigkeit der Krustenalgen miteinander verbunden werden und dann weiterwachsen können. An Stellen stärkerer Strömungen kann die Neigung des Riffhanges steiler sein und das Riff stärker strukturiert. Es bilden sich Höhlen, kleine Schluchten und Terrassen, denen sich immer Sandflächen anschließen. Von hier aus beginnt in Richtung der vorherrschenden Wellenbewegung ein plattformartiger Bereich, der sich über Hunderte von Metern und mehr erstrecken kann. Er besteht an den Rändern der Lagune aus kleinen Korallen, die allmählich größeren Arten und dicht unter der Oberfläche kalkbildenden Algen Platz machen. Diese fallen bei Niedrigwasser zum Teil trocken und erlauben so einen Blick auf die unzähligen Kolonien. In den sich bei

A

A - Das Große Barriereriff stellt eine Ansammlung von Riffen unterschiedlicher Formen dar, die jeweils von der Beschaffenheit des Meeresbodens sowie den Meeresbedingungen abhängig sind. Deshalb ist das Große Barriereriff in seiner Art einmalig und auch nicht mit einem einzigen Entstehungsmodell erklärbar.

B - Der immerwährende Kampf zwischen der zerstörischen Wirkung der Gezeiten und dem stetigen Wachstum der Korallen läßt diesen Riffabschnitt sehr unterschiedlich geformt erscheinen. Einem massiven Riffbereich benachbart liegen Inselchen oder Riffplattformen über die geschützte Lagune verstreut. In manchen Bereichen können Hunderte von solchen Miniriffen vorkommen. Die weitere Entwicklung jedes einzelnen von ihnen bestimmt das Schicksal des Großen Barriereriffs mit.

B

D

C

C - Die Festigkeit des Korallengesteins und die Umweltbedingungen, die sich weit von denen an Land unterscheiden, befähigen die Naturkräfte dazu, in den tieferen Bereichen des Riffs kühne architektonische Strukturen zu schaffen. Das fantastische Hartsubstrat macht es einer Vielfalt von Organismen (Schwämme, Gorgonien, Lederkorallen, Steinkorallen, Federsterne, um nur die offensichtlichsten zu nennen) möglich, jeden offenen Raum in einer Weise anzufüllen, die lediglich unserem unvertrauten Auge chaotisch erscheinen mag.

D - Ein typischer Anblick des Außenriffs halbwegs zwischen der Wasseroberfläche und der ersten Riffterrasse. Manchmal ist die Riffterrasse Hunderte von Metern breit, in anderen Fällen nur ein schmaler Saum, von dem aus die Wand in die Tiefe abfällt.

E - Das lange Band eines Korallenriffs bildet eine Grenze zwischen dem offenen Meer und der geschützt dahinter liegenden Wasserzone. Hier mag sich wohl zukünftig eine Lagune mit ihren typischen Eigenschaften heranbilden.

Ebbe bildenden Gezeitentümpeln werden Fische, Schalentiere und Weichtiere eingeschlossen.
Am äußeren Rand markiert eine stark strukturierte, von den sich brechenden Wellen geformte Riffkante den Beginn des eigentlichen Riffhanges. Sein Profil ist von Riff zu Riff verschieden. Die Vielfalt nicht nur der Korallen, sondern auch aller anderen Wirbellosen, und der Fische, erreicht hier ihren Höhepunkt, der jede Verallgemeinerung schwierig macht.

E

F - Ein Taucher untersucht einen unterseeischen Tunnel vor Neukaledonien. Seine dunklen Wände sind der ideale Lebensraum für die lichtscheuen Tiere des Riffs. Hier kann der Taucher in relativ geringer Wassertiefe auch Organismen antreffen, die für das Tiefwasser typisch sind.

F

G

G - Entlang der Atlantikküste Mittelamerikas kann man zu Felsformationen hinabtauchen, die – im geologischen Zeitmaßstab – in jüngerer Zeit mit riffbildenden Korallen besetzt waren. Das Absinken dieser einst oberflächennah gelegenen Felsen ist auf die Veränderungen des Meeresspiegels zurückzuführen, die sich hier hauptsächlich vor und nach den Eiszeiten abspielten.

H

I

H - Eine typisch karibische Szene: Ein Blaustreifen-Grunzer (Haemulon sciurus) hält sich über einer Hirnkoralle auf, daneben hat sich eine Gorgonie entfaltet.

I - Eine weit ausgebreitete Geweihkoralle bietet Hunderten von Riffbarschen Schutz.

ATOLLE

Ein Atoll ist definitionsgemäß eine Korallenformation, die eine zentrale, kreisförmige Lagune umschließt. Seine Ausmaße schwanken von wenigen Kilometern bis zu mehr als 100 Kilometern. Die Atolle sind typischerweise auf hoher See anzutreffen, nahe bei versunkenen vulkanischen Inseln.
Nur selten wachsen sie auf den Rändern eines besonders ausgedehnten Kontinentalschelfes. Wegen ihrer Abgelegenheit und ihrer charakteristischen Form haben Atolle mehr als alle anderen Rifftypen die Aufmerksamkeit von Experten auf sich gezogen, die sich hauptsächlich auf den Versuch konzentrierten, ihre Entstehung zu erklären. C. Darwin war einer der ersten, der die Bildung von Atollen untersuchte, und seine

Die Theorie über die Entstehung von Atollen wurde von Charles Darwin entwickelt und ist im wesentlichen auch heute noch gültig:

1. Am Anfang steht ein Saumriff, das sich um eine Vulkaninsel herum gebildet hat.

2. Die Insel versinkt langsam, und der Korallengürtel wird nach und nach weiter und kompakter.

3. Die Insel ist schon beinahe versunken. Sie wird vom Korallenring umgeben, dessen Wände steil in die Tiefsee abfallen.

Theorie ist immer noch die allgemein gültigste. Die von diesem großen Gelehrten gegebene Erklärung geht davon aus, daß am Anfang der Atollentstehung eine Reihe von Saumriffen standen, die sich um die flache, felsige Küste einer Vulkaninsel herum gebildet hatten. Das langsame Absinken des Vulkans erlaubte den Korallenformationen, die Riffdicke ständig zu vergrößern und ein durchgehendes Riff zu bilden, das nach dem völligen Untertauchen der Vulkaninsel schließlich eine Lagune umschloß. Darwins Theorie, die ohne die heutigen wissenschaftlichen Meßmethoden entstand, beruhte nur auf genauer Beobachtung und logischen Schlußfolgerungen. Sie ist viele Jahrzehnte später eindrucksvoll bestätigt worden. Eine Tiefbohrung, die 1951 auf dem Eniwetak-Atoll durchgeführt wurde, stieß bei einer Tiefe von 1267 und 1405 Metern auf eine ununterbrochene Korallenkalkschicht, wobei die tiefstgelegenen Korallen eine fossile Art aus dem Zeitalter des Eozäns (vor 49 bis 50 Millionen Jahren) war. Das Wissen über die Biologie der Steinkorallen machte es unmöglich anzunehmen, daß diese Lebewesen sich in solchen Tiefen entwickelt hatten und nach oben gewachsen waren. Es war deshalb klar, daß ihre Anwesenheit so weit unter der Oberfläche nur durch Absenkung erklärt werden konnte. Neuere ozeanographische Forschungen, die

4. Die Insel ist verschwunden. Der Korallengürtel ist voll entwickelt. Er umrahmt eine tiefe Lagune, die durch Riffkanäle mit dem offenen Meer in Verbindung steht. Diese Kanäle werden durch heftige Strömungen offen gehalten.

5. Das Zusammenwirken der Kräfte von Strömungen, Wellen und Gezeiten sowie das Wachstum der Korallen verändert die oberflächennahen Teile des Riffs. Sand wird angeschwemmt, so daß sich – manchmal große – Koralleninseln bilden, die sich einige Meter über das Wasser erheben.

Mit den modernen Methoden der Ozeanografie ist es möglich, die Entwicklung der Vulkane nachzuvollziehen, aus denen die Atolle entstanden. Atolle in verschiedenen Stadien der Entwicklung kann man entlang einer gedachten Linie nachweisen, die sich von den vulkanreichen Hawaii-Inseln bis zu der Halbinsel Kampschatka erstreckt. Diese Vulkaninseln wandern infolge der Bewegungen der Pazifischen Platte langsam nordwärts. Dabei sinken sie ab und bilden Atollringe aus. Die riffbildenden Korallen bleiben bis 28° nördlicher Breite aktiv. Diese Breite stimmt mit dem sogenannten Darwin's Point (nördliche Verbreitungsgrenze der riffbildenden Korallen) überein. Weiter nördlich hören die Korallen auf zu wachsen. Infolge weiteren Absinkens tauchen die Vulkane unter und werden zu sogenannten „guyots“, wie man die erloschenen, versunkenen Vulkane nennt. In weiteren Millionen von Jahren verschwinden sie infolge der Bewegungen der ozeanischen Platten in der Erdkruste.

A

B

A - Das Bild zeigt die drei Hauptvulkane Hawaiis: Mauna Loa (im Hintergrund), Mauna Kea (Bildmitte) und Kilauea (rechts), der noch aktiv ist.

B - Ein tiefer und breiter Kanal trennt zwei große Malediven-Atolle.

C - Gewöhnlich bilden sich auf den Atollen der Malediven die Inseln auf der Seite des Rings, die dem Wind ausgesetzt ist. Korallensand wird bis einige Meter über den Meeresspiegel angehäuft. Dies reicht zur Ansiedlung einer zunehmend komplexeren Vegetation, die, zusammen mit dem angelockten tierischen Leben, den Sandgrund mit Humus und organischen Substanzen anreichert. Auf diese Weise werden Pflanzen und Tiere zu Verbündeten im Kampf ums Überleben in dieser alles andere als günstigen Umwelt.

D - Im Archipel der Malediven sind die Atolle (die kleineren nennt man hier „faro“) wie Perlen einer Kette aneinandergereiht und bilden die Großatolle, die zusammen das Inselreich ausmachen.

C

D

im Nordpazifik von Hawaii bis zur Halbinsel Kamtschatka durchgeführt wurden, haben die Existenz einer gedachten Grenzlinie bei etwa 29 Grad nördlicher Breite aufgezeigt, die Darwin's Point genannt wird. Jenseits dieser Grenze gibt es nur versunkene Vulkankegel, sogenannte Guyots, mit flachen Atollen. Unterwasservermessungen haben die Anwesenheit einer in Richtung des Kamtschatka-Grabens verlaufenden, gleichmäßigen Folge von Guyots enthüllt, die in immer größeren Tiefen liegen. Sie stellen eine Fortsetzung der Vulkaninseln und Atolle dar, die an einem Punkt starker vulkanischer Aktivität bei etwa 15 $\pm$ 4 Grad nördlicher Breite entstanden. Als Folge der tektonischen Bewegungen der Pazifischen Platte driften die Vulkaninseln und Atolle nordwestwärts und sinken immer stärker ab. Die Anwesenheit von flachen Korallenriffen auf der Spitze der Guyots hängt wiederum mit der allmählich langsamer werdenden Kalkproduktion der Korallen zusammen. Diese wird durch das Sinken der Wassertemperaturen verursacht und begünstigt den erosionsbedingten Abbau gegenüber dem biologischen Aufbau der Riffe.

Ebenso wie Darwins Theorie ist auch die von Penck und Daly um

E - Die Küste von Moorea (Französisch-Polynesien) wird von einem nahezu ununterbrochenen Saumriff gesäumt. Wenn die Insel versinkt, wie es typisch für dieses Gebiet ist, wird in Tausenden von Jahren das Vulkangebirge verschwunden sein und sich stattdessen innerhalb des Atollrings eine Lagune ausbreiten.

F - Die große innere Lagune von Bora-Bora (Französisch-Polynesien) nimmt heute den Platz ein, der einst von einem Krater bestanden war. Beim allmählichen Absenken der Insel nahm die Dicke der umliegenden Korallenriffe stetig zu. Wie man sich vorstellen kann, ist diese Entwicklung immer noch im Gange, und es wird noch Tausende von Jahren dauern, bis die Vulkaninsel vollständig dem Atoll Platz gemacht haben wird.

G - Diese Muschelansammlung mag aus Larven entstanden sein, die von den Strömungen hierher transportiert wurden, oder vielleicht auch das Ergebnis eines heftigen Seesturms, der den Block aus dem Riff herausgerissen und in die Lagune hineingeschwemmt hat.

H - Die einzelnen Korallenstöcke, die überall in der Lagune verstreut liegen, führen ein höchst bedrohtes Dasein. Das Übermaß an Sediment und die Erwärmung des flachen Wassers stellen schwere Hindernisse für ihr Überleben dar.

die Jahrhundertwende entwickelte Theorie zu erwähnen. Diese beiden Gelehrten, ein Geograph und ein Geologe, behaupteten, daß der Hauptgrund für die Bildung von Atollen eher in den Schwankungen des Meeresspiegels als im Absinken der Inseln liegen würde. Gegenwärtig halten die Wissenschaftler beide Theorien für gültig, da sich erwiesen hat, daß sie sich ergänzen.

Genau wie die oben erwähnten Riffe können Atolle Zonierungen aufweisen. Das Zentrum besteht aus einer Lagune. In manchen Fällen kann diese eine Tiefe von mehreren Dutzend Metern erreichen, wobei der Boden nicht unbedingt sandig und von Algen bewachsen sein muß. Wenn das Wasser klar ist und die Strömungen eine normale Besiedlung erlauben, können große, wenn auch vereinzelte Korallenverbände vorgefunden werden. Oder die Erosion hat aus alten Korallenmassen Pfeiler geschaffen, die eine besondere Anziehungskraft auf Wirbellose und Fische ausüben. Die zentrale Lagune ist oft durch einen sandigen Grat von einer leewärts an das Riff grenzenden äußeren Lagune getrennt.

Das Erscheinungsbild des die Lagune umgebenden Riffs hängt von den Winden ab. Die Seite, auf der die Winde am stärksten wehen, ist im allgemeinen höher. Diese werden von einer oft dichten Pflanzendecke bedeckt, die sich aus den Samen bildete, die durch Meeresströmungen vom Wind, von Vögeln oder vom Menschen herantransportiert wurden. Ihr Überleben und ihr oft üppiges Wachstum hören nie auf, die Besucher in Erstaunen zu versetzen, ist doch keine Spur von Süßwasser zu entdecken. Tatsächlich aber ist Wasser vorhanden, allerdings beschränkt auf einen tiefen Grundwasserspiegel. Das Regenwasser durchdringt schnell den lockeren Boden. Als Grundwasser vermischt es sich aufgrund des unterschiedlichen Salzgehaltes nicht mit dem Seewasser. Es steigt dann durch Kapillarkräfte wieder zur Oberfläche.

E

F

G

H

DER INDOPAZIFIK

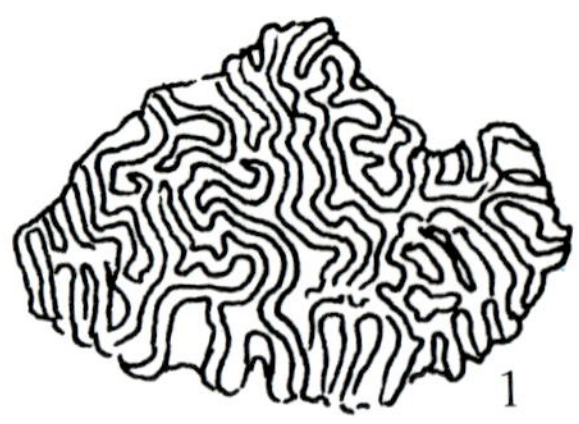

Das Rote Meer

Zwischen der Afrikanischen und der Arabischen Platte liegt das Rote Meer, das Ergebnis der langsamen, aber unverkennbaren Trennung der beiden. Diese wird durch die Bildung von neuem Meeresboden aufgrund des ständigen Einstroms von Magma entlang des in der Mitte des Meeres gelegenen Grabens hervorgerufen.

Die Senke des Roten Meeres erstreckt sich über mehr als 2250 Kilometer, von denen aber nur gut 1900 Kilometer Wasser enthalten. Sie läßt sich in drei verschiedene Bereiche unterteilen, von denen aber nur die Küstenregion, mit Tiefen von bis zu 500 Metern, die Bildung von Korallenformationen ermöglicht. Hier bilden sich hauptsächlich Saumriffe. Die Riffe erstrecken sich zwischen der Oberfläche und einer Tiefe von 50 Metern (etwas mehr als 20 Prozent des ganzen Bereiches) und sind in den mittleren und nördlichen Teilen des Roten Meeres verschiedenartiger und artenreicher. Vor den Küsten von Ägypten, Sudan und Saudi-Arabien gibt es sowohl Koralleninseln als auch Riffe, die man mit Barriereriffen vergleichen kann, obwohl sie keine Barriereriffe sind. Sie werden manchmal einige Kilometer lang und sind von steil auf 500 bis 800 Meter Tiefe abfallenden Meeresböden umgeben.

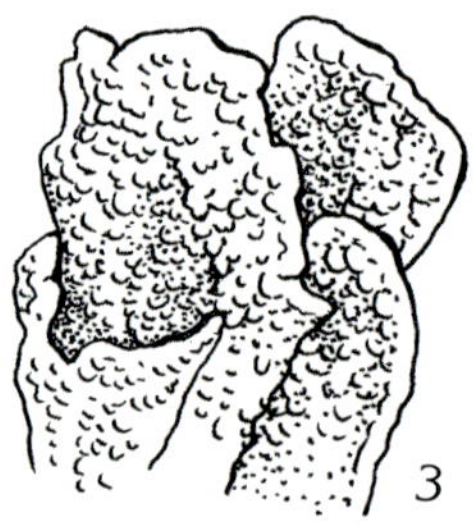

Die Saumriffe des Roten Meeres werden von zahlreichen Arten von Hohltieren besiedelt, die sich jeweils ihrer Art gemäß herausbilden. Die Zeichnung zeigt einen Ausschnitt aus einem idealen Riff und verdeutlicht, wo jede Art oder Gattung vorzugsweise siedelt:
1. Hirnkoralle (Platygyra sp.)
2. Netz-Feuerkoralle (Millepora dichotoma)
3. Platten-Feuerkoralle (Millepora platyphylla)
4. Lederkoralle (Sinularia sp.)
5. Orgelkoralle (Tubipora musica)
6. Bergkoralle (Porites sp.)
7. Mäanderkoralle (Gyrosmilia sp.)
8. Griffelkoralle (Stylophora pistillata)
9. Rosenkoralle (Lobophyllia sp.)
10. Pilzkoralle (Fungia fungites)
11. Geweihkoralle (Acropora sp.)

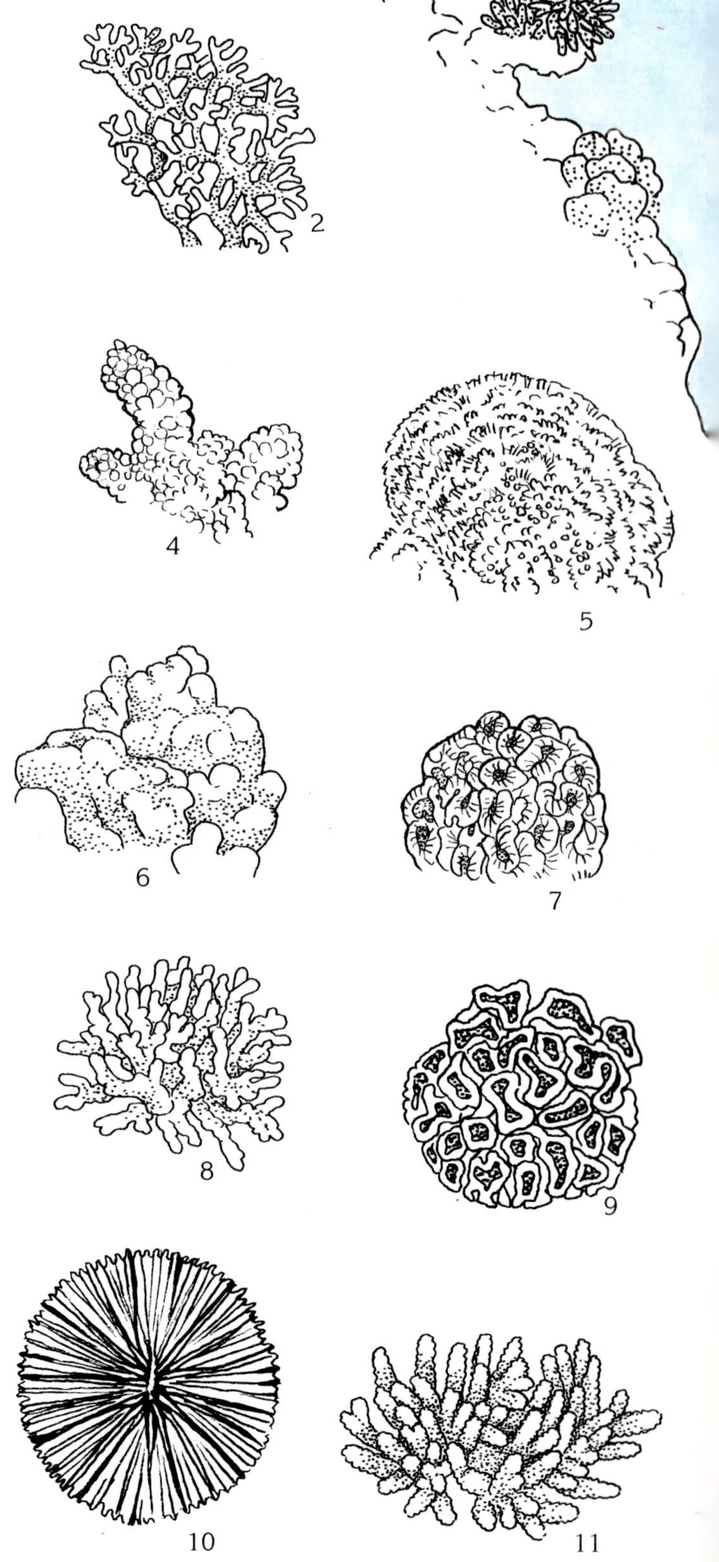

A - Dieses Bild wurde während der Apollo-Mission aus dem Weltall aufgenommen und zeigt klar das Rote Meer, das zwischen Afrika und Asien liegt, weiter das Mittelmeer und den Indischen Ozean.

B - Die tiefsten und am wenigsten mit Licht versorgten Bereiche des Riffs sind vorzugsweise von den lichtscheuen Organismen besiedelt, hier einer Lederkoralle.

C

C - Am Riffhang entlang treten regelmäßig Strömungen auf, und große Fächergorgonien – hier Hicksons Riesenfächer (Subergorgia hicksoni).

D - Diese oberflächennahe Plattform, die weit in das Wasser hinausreicht, wurde von denselben Korallen gebildet, die heute noch die Riffe um die Insel Shadwan herum aufbauen. Das Absinken des Meeresspiegels hat das Riff trockenfallen lassen, wobei es sich zu leblosem Stein verwandelte.

A

D

B

E

E - Ein typischer Korallengrund, der eine flache Insel im Roten Meer umgibt.

Die Westküsten des Indischen Ozeans

Die durch tiefe Gräben voneinander getrennten Korallenregionen des westlichen Indischen Ozeans sind entlang der afrikanischen Küsten besonders gut entwickelt, vor allem in Kenia und Tansania; ihre Ausläufer reichen bis Somalia. Dort verhindert aufsteigendes, kaltes Tiefenwasser trotz der relativen Nähe zum Roten Meer die Bildung vergleichbarer Korallenriffe. Besser bekannt sind die Korallengründe der zahlreichen Inseln, welche die Gipfel unterseeischer, den Boden des Indischen Ozeans entlanglaufender Aufwerfungen sind. Wegen seiner Größe fällt hierbei Madagaskar auf, eine kontinentale Insel, die im Norden und Süden von Saumriffen umgeben ist. Nördlich davon liegen die Seychellen, ein aus mehr als 40 Hauptinseln bestehender Archipel, der sich über der riesigen gleichnamigen Bank erhebt. Diese ist weniger als 60 Meter tief, während der umgebende Ozean auf 4000 bis 5000 Meter abfällt. Die Seychellen stammen aus dem Präkambrium (vor circa 650 Millionen Jahren) und bestehen überwiegend aus der kontinentalen Gesteinsart Granit, so daß sie als während der Bildung des Indischen Ozeans abgetrennter „Mikrokontinent" betrachtet werden. Saumriffe sind an den Küsten von Mahé und Praslin besonders gut entwickelt. Südwestlich der Seychellen liegen die Atolle der Amiranten. Der Unterwasserrücken erstreckt sich nach Süden und taucht in Abständen wieder auf, so bei den Coëtivy-, Agalega-, Tromelin-, Providence-, Farquhar-,

A

A - Satellitenfoto des Archipels der Malediven. Einen Teil dieser Inselwelt bilden die sogenannten „faros". Diese wachsen nahe beieinander und bilden Ringe um eine Lagune, die zum Teil Hunderte von Kilometern lang sind.

B

C

B, C - Die Mini-Atolle der Malediven bestehen gewöhnlich aus einer mit Vegetation bestandenen Koralleninsel sowie aus einer Lagune, die von einem Riff umschlossen wird.

D

D - In diesem Luftbild von den Malediven erkennt man deutlich Lagunen, Kanäle und das Saumriff.

E

Cargados-, Carajos- und Rodrigues-Inseln mit den dazugehörigen Riffen. Den äußersten Teil des Rückens bilden die Maskarenen mit der immer noch aktiven Vulkaninsel Réunion und mit Mauritius, wo der heute erloschene Vulkan ein beträchtliches Korallenwachstum erlaubt hat. Weiter nördlich in Richtung des indischen Subkontinents nimmt die Anzahl der Korallenformationen ab. Die Umweltbedingungen an den Südküsten der arabischen Halbinsel, im größten Teil des Persischen Golfes, an den Küsten von Pakistan und im Arabischen Meer werden stark durch den Einstrom von Süßwasser und Sedimenten aus dem Tigris, dem Euphrat und dem großen Strom Indus beeinflußt, außerdem durch das sauerstoffarme, kalte Wasser, das während des Südwestmonsuns aus der Tiefe aufsteigt. Erst viel weiter südlich, wo der 2000 Kilometer lange Rücken der Malediven beginnt, treten wieder Korallenriffe auf. Die nördlichsten gehören

E - Die Riffwände, die den weiten, die einzelnen Atolle voneinander trennenden Kanälen zugewendet sind, stürzen steil und tief hinab. Sie sind mit zahllosen Weichkorallen bestanden.

F - An den tiefsten und dunkelsten Stellen des Riffs findet man die schwarzen Peitschenkorallen (Cirripathes sp.) sowie Feuerkorallen der Gattung Distichopora, die rotorange Fächer mit weißen Spitzen ausbilden.

F

A

A - Ein kleines, grünes Eiland erhebt sich auf den Seychellen über einer Korallenbank.

B - Die oberflächennahesten Korallenformationen der Malediven sind sehr artenreich. Die Acropora-Arten bilden große, verzweigte Kolonien, die Porites-Arten dagegen eher stämmige, fingerartige Gebilde.

zu den Lakkadiven: Auf diesem Archipel wechselt der Rifftyp allmählich vom Barriereriff zum Atoll, letztere sind durch flache Lagunen gekennzeichnet (z.B: die von Kavaratti, Kalpeni und Minikai, den südlichsten der Lakkadiven-Inseln). Der Rücken setzt sich mit den Malediven fort, einem sich über 800 Kilometer erstreckenden Archipel von mehr als 1000 Inseln, von denen einige noch in der Entstehung sind. Atolle sind die vorherrschenden Korallenformationen, besonders im Süden der Inselgruppe. Es ist kein Zufall, daß das vertraute Wort Atoll von dem maldivischen Wort „atholu“ kommt, das am besten mit „Inseln in einem Ring“ zu übersetzen ist; es wurde von einem gewissen Tyrard in Europa eingeführt, einem Franzosen, der im 17. Jahrhundert auf diesen Inseln lebte. Ein ausgezeichnetes Beispiel und eines der bekanntesten Atolle, Suvadiva, liegt am südlich-

B

C

D

C - Das Bild zeigt flachen, von Strömungen stark beeinflußten Meeresboden nahe der Küste von Réunion. Die riesige Seenanemone wird von einem Pärchen Clarks Anemonenfisch (Amphiprion clarkii) beansprucht. Aus einem Höhlenversteck späht ein Barsch, und im Hintergrund ragen fadengleich Peitschengorgonien (Juncella sp.) ins freie Wasser.

D - Die versunkenen vulkanischen Felsen rund um Réunion sind arm an Korallenformationen. Dennoch kann die Unterwasserlandschaft sehr reizvoll sein, beispielsweise dieser Felsbogen, auf dem sich eine große Fächerkoralle in der Strömung wiegt.

E - Ein Schwarm Orient-Süßlippen (Plectorhinchus orientalis), erkenntlich an den gepunkteten Flossen, ist durchmischt mit Blaustreifen-Schnappern (Lutjanus kasmira), deren Name alles zu ihrer Identifikation aussagt.

F - Diese Korallenwand ist übersät mit Tischkorallen, die mit dieser ausgebreiteten Form die Lichtverhältnisse optimal ausnutzen. Im Vordergrund haben sich große Seeanemonen ausgebreitet, die vielen Anemonenfischen Zuflucht bieten.

G - Eine Schule Großaugen-Makrelen (Caranx sexfasciatus) schwimmt über dem Meeresgrund von Aldabra. Dieses isoliert liegende Atoll beherbergt die letzte große Kolonie der Riesenschildkröte Testudo gigantea.

sten Ende des Archipels und ist 35 Kilometer breit und 70 Kilometer lang. Im nördlichen Teil der Malediven herrschen dagegen ringförmige Atolle vor, die von Meeresabschnitten unterbrochen sind. Die Eingeborenen nennen diese Formationen „faros" und die innenliegenden Lagunen „velu". Der Rücken endet jenseits des Äquators mit der Insel von Diego Garcia, die hinter dem aus kleinen Koralleninseln bestehenden Chagos-Archipel liegt.

Die Inseln des Chagos-Archipels erheben sich über einer Untiefe, die, wie Unterwasserforschungen ergeben haben, einem riesigen versunkenen Atoll gleicht, dessen höchste Punkte heute zehn bis zwanzig Meter unter dem Meer liegen. In Richtung Osten findet man ähnliche Verhältnisse wie im Arabischen Meer. Der Einstrom der großen Flüsse (Ganges, Irawadi) in den riesigen Golf von Bengalen verhindert das Wachstum von Korallenriffen. Diese erscheinen erst weiter südlich mit den Saumriffen der Andamanen und Nikobaren, zweier Inselgruppen, deren langgestreckter, leicht bogenförmiger Verlauf von ihrer früheren Verbindung mit dem asiatischen Kontinent zeugt. Nicht weit von den Küsten Thailands entfernt liegen einige der bekanntesten Tauchreviere: die Insel Phuket, die Similan-Inseln und die weniger bekannte Inselgruppe von Phi Phi Don. Auch Sumatra und Java sind von Korallenformationen der verschiedenen Typen umgeben.

E

F

G

H

H - Das Inselreich der Seychellen nimmt unter den „Koralleninseln" einen einzigartigen Platz ein: Die Inseln bestehen aus Granit kontinentalen Ursprungs und stellen die obersten Spitzen einer riesigen unterseeischen Plattform dar, die aus Meerestiefen von über 4000 Meter bis zu 60 Meter unter die Wasseroberfläche reicht.

ZWISCHEN ASIEN UND AUSTRALIEN

4

5

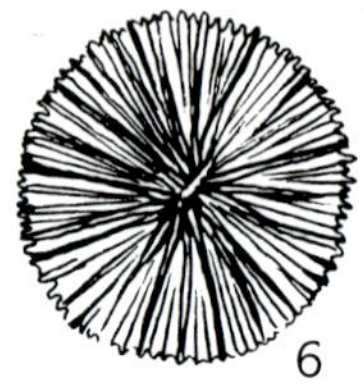
6

7

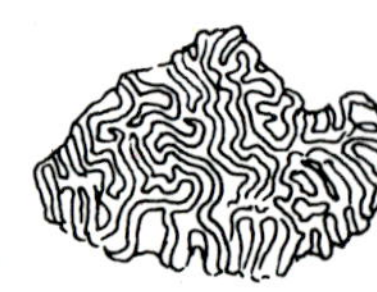
8

9

10

11

12

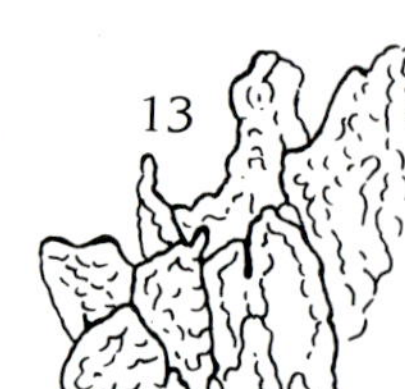
13

A

Die Zeichnung verdeutlicht die Verteilung der Korallen an einem Riff in Südostasien. Nur die am meisten verbreiteten Arten können hier gezeigt werden:

Südostasien umfaßt die Inseln von Malaysia, Borneo, Celebes, die Philippinen, die Inseln Südjapans und die Molukken. Dies ist ein riesiges Gebiet, in dem relativ flache Gewässer die Entwicklung aller Arten küstennaher Korallenformationen begünstigen: Saumriffe, Barriereriffe, aber auch Atolle. Wie man den Seiten eines hinreichend genauen Atlanten entnehmen kann, folgen die Java-, Flores-, Banda-, Celebes-, Molukken- und Sulusee aufeinander in einem komplexen Gefüge von „Mittel"meeren, die von Inseln und Inselgruppen umgeben sind. Insgesamt ist dies eines der biologisch reichsten Gebiete im ganzen Indopazifik. Hier finden sich mehr als 500 Korallenarten und über 3000 Fischarten, von denen ein Drittel endemisch sind.

Oberflächennaher Standort
1. Porites sp.
2. Favia sp.
3. Favites sp.
4. Goniastrea sp.

Mittleres Außenriff
5. Goniopora sp.
6. Fungia sp.
7. Acropora sp.
8. Platygyra sp.

Tieferes Außenriff
9. Plachyseris sp.
10. Lobophyllia sp.
11. Tubastrea sp.
12. Turbinaria sp.
13. Hellopora sp.

B

C

A - Ein Meeresgrund, der reich mit Weichkorallen bestanden ist. In der Bildmitte eine pilzförmige Lederkoralle (Sarcophyton sp.), unten eine Gestauchte Lederkoralle (Sinularia sp.).

B - Die Insel Sulawesi liegt genau in der Mitte eines Dreiecks, das von den Philippinen, Borneo und Neuguinea gebildet wird, und wird von über 15 000 Kilometer langen Korallenriffen umringt.

DAS GROSSE BARRIERERIFF

Ein eigener Absatz muß dem Großen Barriereriff von Australien gewidmet werden. Es beginnt an der Torresstraße, westlich derer wegen des ständigen Einstroms von Süßwasser und Sediment aus dem in den Bergketten Neuguineas entspringenden Fluß Ely keine Korallen wachsen können. Von dort aus erstreckt es sich etwa 2000 Kilometer südwärts an der Küste von Queensland entlang und bedeckt bis zu seinem südlichsten Punkt, der Lady Elliot-Insel, eine Fläche von 200 000 Quadratkilometern. Eine derart riesige Ausdehnung macht es leicht zu verstehen, wie begrenzend der Begriff „Barriereriff" ist, denn der Reisende wird eine Mischung aus Saumriffen, Barriereriffen, Inseln und Korallenbänken vorfinden. Im Süden, in der Nähe der Heron-Insel, der Capricornia-Insel (heute ein Naturschutzgebiet) und des Wistaria-Riffs, ist die Küste knapp 100 Kilometer entfernt. Es genügt aber, die Hälfte dieser Distanz zurückzulegen, um auf die ersten, noch isolierten Korallenformationen zu treffen. Weiter nordwärts verbreitert sich der sogenannte Große Australische Kanal (eine Art „Meeresautobahn", die eine Navigation ohne Instrumente zwischen der Küste und dem Barriereriff erlaubt). Auch die Ausdehnung des Riffs vergrößert sich und erreicht 20 Kilometer. Die Entfernung von der Küste und die Breite des Riffs bewirkten, daß durch Gezeiten und Strömungen ein dichtes Geflecht von Kanälen und Lagunen erschaffen wurde, ein Gebiet, in dem die Bedingungen für das Korallenwachstum dank der ständigen

C - Schwarzes Vulkangestein zeugt von der Heftigkeit der Naturphänomene, die diese Küste geschaffen haben. In Tausenden von Jahren hat das Wasser das Feuer besiegt: Eine üppige Vegetation breitet sich an Land aus, und unter Wasser erstrecken sich Korallengärten.

D

E

F

G

D - Satelliten-Aufnahme vom südlichen Teil (Swain Reef) des australischen Großen Barriereriffs.

E - Heron Island ist eine der bekanntesten Hotelanlagen auf dem Großen Barriereriff. Die Insel liegt etwa 70 Kilometer vor der Küste. Am oberen Inselende erkennt man die Hotelanlage, weiter oben den Kanal, der den Booten die Zufahrt zur Insel ermöglicht. Dieser künstliche Kanal hat ernsthafte Erosionsprobleme verursacht, da sich nun die Gezeitenströmungen stärker auswirken.

F - Diese Luftaufnahme vermittelt einen Eindruck von der Ausdehnung des Großen Barriereriffs. Man versteht auch, warum es bei den frühen Seefahrern so gefürchtet war: Sie waren teilweise gezwungen, tagelang am Riff entlangzukreuzen, bis sie eine Passage fanden, die den Zugang zum offenen Meer beziehungsweise zur Küste ermöglichte.

G - Ein Schwarm Husaren-Schnapper (Lutjanus adetii). Tagsüber versammeln sich diese Fische um Korallenstöcke und Felsnadeln herum.

Zuführ von Nährstoffen und frischem Wasser ideal sind. In der Mitte, ungefähr auf dem Stück zwischen Townsville und Cairns, kommt das Riff besonders dicht an die Küste heran. Dies liegt zum Teil an den geringen Tiefen, in denen die Korallen kleine, verstreut liegende Riffe mit winzigen Inseln und zahlreichen kleinen Lagunen bilden. Jenseits dieses geschützten Streifens hat die langsame Senkung des Kontinentalschelfs die Bildung entfernterer und größerer Riffe erlaubt, so wie die von Holmes und Flinders oder Dart und Lihou.

Der nördliche Teil ist vielleicht der reichste und atemberaubendsten des gesamten Barriereriffs. Weniger als 50 Kilometer von der Küste entfernt (16 Kilometer bei Cape Melville) bildet das Riff einen fast ununterbrochenen Damm von bis zu 20 Kilometer langen Korallenbändern, die nur von engen Durchfahrten unterbrochen werden. Wie im Falle des

A

B

A - Man spricht zwar nur von einem (zusammenhängenden) Großen Barriereriff, dabei handelt es sich in Wirklichkeit um einen komplexen Gürtel von Riffen, Inseln und Kanälen, die sehr unterschiedlich sind und die verschiedensten Formen haben können.

B - Im Schutz eines über die Wasseroberfläche hinausgewachsenen Riffs hat sich ein Sandstrand gebildet.

C - Der Taucher bewundert einen riesigen Steinkorallen-Block, der sich bei Heron Island entwickeln konnte.

D - Die regelmäßige Anordnung dieser Tischkorallen ermöglicht es jeder einzelnen Kolonie, solare Energie zu nutzen, die von den in ihnen lebenden symbiotischen Algen benötigt wird.

C

D

E

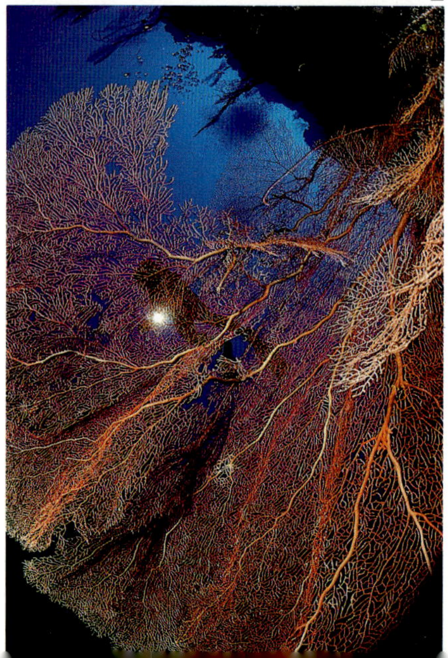

E - Das Licht der Tauchlampe zeigt deutlich die feinen Strukturen einer großen Fächergorgonie, die an der Steilwand eines Riffs in der Coral Sea angesiedelt ist.

Providential-Kanal („durch göttliche Vorsehung geschaffener Kanal") vermitteln die Namen dieser Passagen die Freude, die in vergangenen Zeiten die Seefahrer bei ihrem Anblick empfanden: Sie fürchteten, zwischen Küste und Korallenriff für immer gefangen zu sein und Schiffbruch zu erleiden.

Der westliche, mittlere und östliche Pazifik

Der Westpazifik umfaßt die riesige Region, die sich von der Inselgruppe der Salomonen und den Neuen Hebriden bis hin zu den Fidschi- und den Tonga-Inseln erstreckt. Der Meeresboden ist durch tiefe Gräben und durch Rücken gekennzeichnet, die die Tiefseebecken begrenzen, und die mit Inseln und Inselketten besetzt sind. Jene sind Reste einer Landbrücke zwischen Australien, Neuguinea und Neukaledonien, die manchmal unter dem Namen Melanesien zusammengefaßt werden. Atolle sind selten in diesem Gebiet, häufiger dagegen Saum- und Barriereriffe. Letztere sind an den Ost- und Westküsten Neukaledoniens besonders gut entwickelt. Parallel zu dessen Ostküste erheben sich die Loyalty-Inseln. Noch weiter östlich erstrecken die vulkanisch entstandenen Fidschi-Inseln, die durch Korallenriffe im Nordwesten und unterschiedliche Formationen im restlichen Teil des Archipels gekennzeichnet sind. Dort kann man an Saumriffen, üppig bewachsenen Koralleninselchen, Quasi-Atollen und echten Atollen tauchen. Die Tonga-, Samoa- und Cook-Inseln sind kontinentalen Ursprungs, während die Gesellschaftsinseln typische Vulkaninseln sind. Letztere bilden zusammen mit den Tuamoto-, Gambier-, Tubuai- und Marquesas-Inseln das sogenannte Polynesien, eine Ansammlung von etwa 120 Inseln mit einer Gesamtfläche von 4000 Quadratkilometern, die über einem Abschnitt des Ozeans von der Größe Europas verstreut liegen. Diese schließen auch circa 40 Vulkaninseln ein, zu erkennen an ihrer massiven Form, ihrer Höhe (die höchste erreicht 2237 Meter) und dem schwarzen Sand ihrer Strände. Die restlichen sind typische Koralleninseln und ragen nur drei bis fünf Meter über den Meeresspiegel hinaus. Meistens sind sie von Korallenbauten unterschiedlicher Größe und Be-

F

G

H

I

F - Die winzigen und praktisch kaum besiedelten Inseln von Palau sind von Korallenformationen umgeben. Tiefe Kanäle liegen zwischen den Inseln, deren Wände mit wundervollen, farbenprächtigen Krustentieren besetzt sind.

G - Um die vulkanischen Fidschi-Inseln herum, die im Zentralpazifik liegen, befinden sich auch Riffe und Atolle. Im Bild erkennt man einen Riffkanal, der von der Lagune ins offene Meer hinausführt.

H - Diese Luftaufnahme zeigt einige aneinanderhängende, pazifische Riffe nahe bei den Philippinen.

I - Riffe können für die Schiffahrt eine große Gefahr darstellen. Die zur Warnung darauf errichteten Leuchttürme stellen im Pazifik häufig auf Hunderte von Meilen das einzige menschliche Lebenszeichen dar.

A

B

Das größte (100 Kilometer breit) liegt bei Kwajalein, in der Ralik-Kette östlich der Marshall-Inseln. Eine Beschreibung der Korallengebiete des Pazifiks wäre ohne die Erwähnung der Hawaii-Inseln nicht vollständig. Am Rande des Tropenbandes gelegen und durch die ostwärts driftende Pazifische Platte von Nordwest nach Südost ausgerichtet, erscheinen diese Inseln ärmer an Tierwelt und Korallen als die bisher beschriebenen - so sehr, daß in bestimmten Gebieten die Riffe hauptsächlich aus Krustenalgen bestehen. Nichtsdestoweniger gibt es dort eine große Anzahl von Saumriffen, Barriereriffen und Atollen. Erstere bedeutung eingefaßt. Auf den Marquesas gibt es keine Riffe; entlang der Gambier- und Gesellschaftsinseln kommen Saumriffe vor. Die Atolle der letzteren Inselgruppe weisen verschiedene Grade der Entwicklung auf, je nachdem, welches Atoll man gerade betrachtet. Bora-Bora, bei dem nur die Spitze des Vulkanberges noch zu sehen ist, wird als Quasi-Atoll angesehen. Der äußere Rand seiner Lagune besteht heute aus reich bewachsenen Koralleninseln, die denen von Tetiaroa ähneln. Die Situation von Moorea ist dagegen anders; Täler zerfurchen den heute erloschenen Vulkankegel und enden in tiefen Buchten, die durch Saumriffe vor den Wellen geschützt und in Lagunen verwandelt wurden. Der Vulkankegel von Huahine, obgleich groß und noch hoch aufragend, ist von fast ununterbrochenen Riffen umgeben. Typisch für diese Riffe ist das Vorhandensein tiefer, meistens windwärts gelegener Kanäle, die „hoa“ genannt werden. Diese sichern dank der starken, durch die Gezeiten hervorgerufenen Strömungen die ständige Versorgung der Lagune mit frischem, nährstoffhaltigem Wasser und den Artenaustausch mit dem offenen Meer. Besonders gut entwickelt sind die mehr als 80 Atolle des Tuamoto-Archipels, wo (bei Rangiroa) das zweitgrößte Atoll des mittleren Pazifiks zu finden ist.

A - Neukaledonien: Bereits aus der Luft kann man deutlich die Korallenriffe erkennen.

B - Mitten in der Lagune von Pine Island hat sich ein riesiger Steinkorallen-Block entwickelt.

C - Der Taucher erkundet einen pazifischen Riffbereich, der von einer einzigen, riesigen Steinkoralle eingenommen wird.

D - Am großen Riff von Neukaledonien brechen sich die Wellen. Die Atolle im Hintergrund werden durch tiefe Kanäle voneinander getrennt. Dort herrschen starke Gezeitenströmungen.

E - Diese Steilwand vor Neukaledonien wird von Riesengorgonien (Subergorgia mollis) beherrscht. Sie sind sehr farbenprächtig, himmlisch fein geformt und wirken wie aus Glas. Die Weichkorallen der Ordnung Alcyonacea gehören zur Klasse der Oktokorallen: Ihre Polypen haben acht federgleiche Tentakel.

C

D

E

herrschen die Küsten von Hawaii, Maui, Molokai, Oahu und Kauai. Zu den bekanntesten Atollen gehören Midway, Pearl, Hermes und Kure, das nördlichste Atoll im ganzen Pazifik. Der östliche Pazifik ist ein unbedeutendes Gebiet in der Biogeographie der Korallen. Durch eine Entfernung von mehr als 4000 Kilometer tiefen Wassers von den Korallengebieten des mittleren Pazifik getrennt, hat diese Region unter ihrer Isolation und Entwicklungsgeschichte gelitten. Die wichtigsten Steinkorallenbauten befinden sich entlang der Küsten Mittelamerikas, wo sie hauptsächlich durch Saumriffe vertreten sind. Im Golf von Chiriqui in Panama und nahe der Gorgonen-Insel in Kolumbien liegen die bekanntesten. Weitere Formationen wurden beim El Pulmo-Riff (Baja California), im Golf von Papagayo, im Golf von Panama (Contadora-Insel) und im sogenannten Golfito (Costa Rica) beschrieben. Parallel zur Küste liegt eine Reihe von Inseln, zum Beispiel die Revilla Gigedo-, die Kokos- und die Malpelo-Insel, welche die höchsten Stellen eines langen Rückens darstellen - die perfekte Überleitung zu den Galapagos-Inseln. Obwohl diese mitten auf dem Äquator liegen, bilden sie durch den Einfluß des kalten Peru-Stromes den südlichsten Punkt im Ostpazifik, an dem noch Korallen wachsen.

F

G

H

I

J

F - Feingegliederte Seesterne haben sich auf dem Meeresgrund bei den Galapagos-Inseln versammelt.

G - Auf dem Atoll von Bora Bora sitzen einige Koralleninseln auf, die mit ihrem üppigen Grün einen schönen Farbkontrast zu Lagune und Meer bilden.

H - Die Galapagos-Inseln liegen praktisch an der Grenze des Verbreitungsgebietes der Korallen. Ihre isolierte Lage und die Einflüsse des Meeres machen diese Inseln zu einer Experimentierstation der Natur, und das gilt auch für die Unterwasserwelt. In diesen Gewässern treffen warme und kalte Strömungen aufeinander, so daß hier sowohl Korallen als auch Pinguine leben können. Das Foto zeigt die großen, roten Krabben, die typisch für die Küsten der „Verzauberten Inseln" sind, wie die Galapagos-Inseln poetisch auch genannt werden.

I - Eine Suppenschildkröte (Chelonia mydas) schwimmt über das Riff, an dem man feine Federsterne und große Korallenformationen erkennen kann.

J - Eine Gruppe von Kalifornischen Seelöwen (Zalophus californianus) posiert vor den Galapagos-Inseln für den Fotografen.

DER ATLANTIK

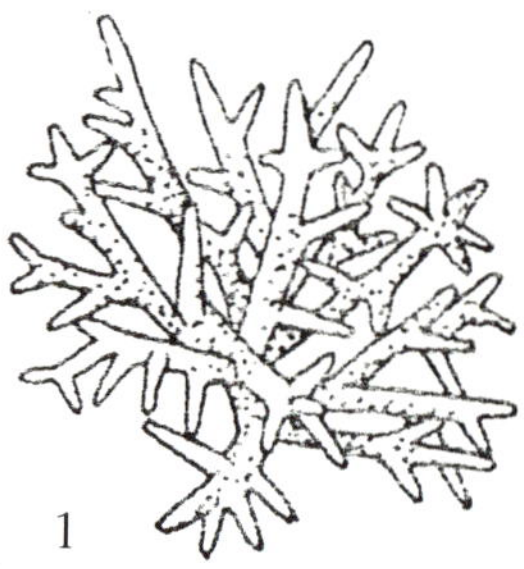
1

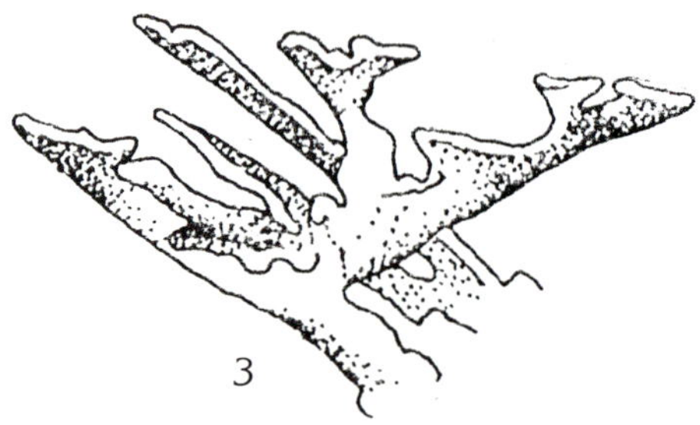
3

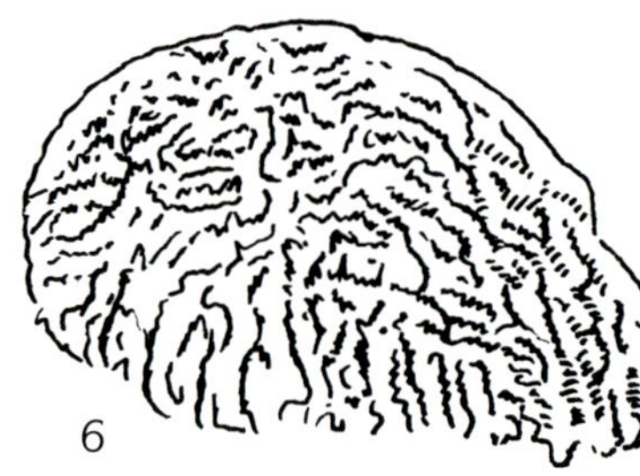
6

5

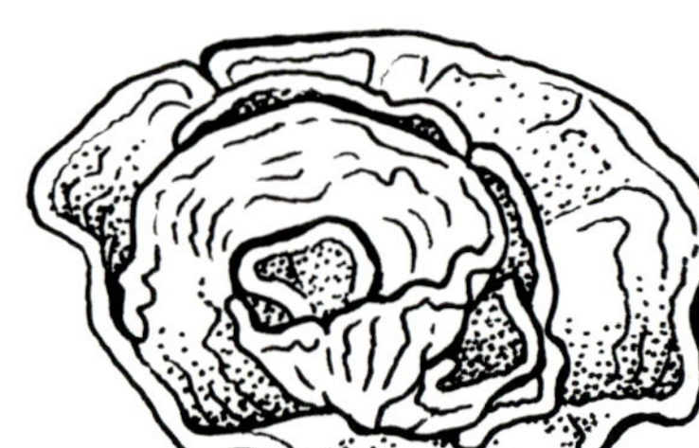
7

Das Karibische Meer ist etwa 800 Kilometer breit und ungefähr 2000 Kilometer lang. Das ist - verglichen mit dem Pazifik - eine relativ bescheidene Fläche, welche aber beherrscht wird durch die von Ost nach West fließende karibische Strömung und cinc küstennahe Gegenströmung, die zusammen eine große Zahl interner Wirbel erzeugen. Viele Lebewesen dieser Region haben planktonische Larven, die vor ihrer Festsetzung am Boden lange Zeit im offenen Meer überleben können. Wenn man all dies bedenkt, versteht man leicht den Grund für die relativ einheitliche Fauna dieses Gebietes, das sich praktisch von den Nordküsten Südamerikas bis nach Florida, den Bahamas und den Bermudas erstreckt. Diese nördliche Inselgruppe liegt gut 1000 Kilometer vor den Küsten der Vereinigten Staaten und kann als Außenposten der Karibik betrachtet werden, was dem Einfluß des Golfstromes zu verdanken ist. Korallenbauten finden sich auch entlang der Küsten von Texas und vor allem vor Florida, von den Dry Tortugas bis Key Largo. Im Osten des Floridagrabens erstreckt sich eine riesige Plattform fossiler Korallen, die sich erweitert und die Bänke der Bahamas bildet. Diese bestehen aus mehr als 3000 Inseln, „cays“ (kleinen, halb untergetauchten Formationen, die zum Teil koralliner Herkunft und zum Teil das Ergebnis einer Verbindung aus Sand und Detritus sind) und erhöhten Felsbänken, die auf von tiefem Wasser umgebenen Plattformen liegen. Wegen ihrer Grotten und ihres „Blue Hole“ ist die am Rand einer 4000 Meter tiefen Senke liegende Insel Andros besonders interessant. Die günstigen Bodenbedingungen haben hier die Entwicklung des zweitgrößten Riffs im Westatlantik ermöglicht. Eine lange, sich von Kuba bis nach Aruba erstreckende

Die Zeichnung verdeutlicht die unterschiedlichen Standorte der verschiedenen Korallen-Arten in der Karibik:

1. Geweihkoralle (Acropora cervicornis)
2. Bruchstücke und abgebrochene Teile von A. cervicornis
3. Elchgeweih-Koralle (Acropora palmata)
4. Bruchstücke und abgebrochene Teile von A. palmata
5. und 6. Bergkorallen (Montastrea sp.)
7. Salatkorallen (Agaricia sp.)

Inselkette bilden die Westindischen Inseln, die Großen und Kleinen Antillen. Hier wird das Wachstum koralliner Strukturen beträchtlich durch die Anwesenheit geeigneter Felssubstrate und vom Klima beeinflußt. Die zum Karibischen Meer hin gelegenen Inseln und Küsten sind normalerweise besser geschützt, und die reichen Meeresböden vor Kuba, Hispaniola und Puerto Rico sind durch gut entwickelte Saumriffe gekennzeichnet. Obwohl dieser Typ von Korallenbauten im Atlantik praktisch unbekannt ist, liegt seltsamerweise im Norden von Kubas Ostspitze ein kleines Atoll namens Hogsty Reef. An der dem Atlantik zugekehrten Küstenseite, insbesondere der Kleinen Antillen, ist der Meeresboden nicht so artenreich. Dies verbessert sich allerdings entlang der Küsten der Niederländischen Antillen: Bonaire, Curaçao und Aruba - berühmt als Platz der ersten Unterwasserforschungen von Hans Hass.

Vor dem direkten Einfluß des Atlantik durch die Großen Antillen gut geschützt, liegen Jamaika und die Cayman-Inseln in der Nähe relativ tiefer Gewässer. Das erlaubt das Entstehen üppiger Riffe, wobei die Bildung steiler, rasch auf 50 Meter und tiefer abfallender Wände das Wachstum hinaus ins Meer begrenzt. Gut ausgebildete Barriereriffe schützen die Küsten Mittelamerikas. Besonders interessant ist dabei jenes, das auf einer Länge von mehr als 250 Kilometern vor Belize liegt und nach dem Großen Barriereriff Australiens als zweitgrößtes Barriereriff der Welt gilt. Ein typisches Phänomen dieses Gebietes sind die gewaltigen „Blue Holes“ (Blaue Löcher), so wie jenes, das sich in der Mitte des Lighthouse-Riffs auftut -

A

A - Dieses Bild aus dem Space Shuttle zeigt das südliche Florida. Am Bildrand unten ist ein Teil der Florida Keys erkennbar.

B

C

B - In der Luftaufnahme enthüllen die Bahamas Banks ihre komplexe Struktur. Die hell erscheinenden Gewässer sind weniger als drei Meter tief, die dunkelblauen dagegen zeigen Tiefen von über 2000 Meter an.

C - St. Croix gehört zu den amerikanischen Jungferninseln. An seiner Ostseite finden sich Korallenriffe. Diese Riffe und die kleine Insel selbst bilden den National Marine Park von Buck Island.

A

A - Diese kleine Insel bei Martinique weist als Besonderheit eine Salzwasser-Lagune auf. Eine reiche Vegetation hat sich auf der Insel entwickelt, und weiße Sandstrände laden zum Verweilen ein.

B - Dieses Bild zeigt Petite Terre, eine Nachbarinsel von Guadelupe. Die Verbreitung von Korallenformationen ist bei diesen karibischen Inseln von der Küstenform abhängig. Die Riffe wiederum schützen die Inseln vor der Gewalt der Dünung, so daß sich Strände und Vegetation entwickeln können.

ein dunkelblaues, kreisrundes Loch, das den Ausgang einer 125 Meter tiefen Höhle markiert, umgeben vom hellblauen Wasser der flachen Lagune. Vielleicht wegen des zeitweisen Einstroms von kaltem, aus der Tiefe aufsteigendem Wasser sind die Korallengründe Venezuelas (Archipel von Los Roques) entschieden ärmer. Sie repräsentieren den vorletzten Außenposten der amerikanischen Riffe. Aus den Mündungsgebieten des Orinoko und des Amazonas strömen große Mengen Süßwasser mit darin enthaltenen Schwebstoffe ins Meer und behindern das Wachstum der Korallen. Deshalb treten Barriereriffe erst wieder hin-

B

C

C - Sehr starke Brandung hemmt das Korallenwachstum. Sie kommen deshalb hier an der Pointe des Chateaux von Guadelupe nur an den geschützteren Stellen vor.

D - Die unterschiedlichen Farben des Wasser vor Cayo Largo, einer Kuba vorgelagerten Insel, deuten auf Wassertiefen von sechs bis 60 Meter hin. Die Gewässer dieser Insel sind berühmt für ihren Reichtum an Langusten.

D

H - Ein Gezeitenkanal teilt dieses Riff entlang eines Küstenstrichs von Honduras. Der Kanal führt lebenserhaltendes ozeanisches Wasser auch in die Innenbereiche des Riffs.

E

E - Die weißen Sandstrände von Caneel Bay, einem Küstenstreifen der Jungferninsel St. John, haben sich aufgrund der vorherrschenden Strömungen und Winde bilden können. Sie haben die Korallensedimente hier zusammengetragen.

F

F - Die karibischen Gewässer sind charakterisiert durch eine beachtliche Vielfalt der Hornkorallen. Das Foto zeigt einen sogenannten Venusfächer (Gorgonia flabellum).

G

G - Grenadinen: Die Korallen siedeln an der Außenseite des hufeisenförmigen Riffs, das die vier kleinen Inselchen als nahezu ununterbrochene Barriere umringt. Innen hat sich eine Lagune gebildet, in der wiederum einzelne Korallenformationen durch Ebbe und Flut Nahrung zugetragen bekommen.

H

ter Kap São Roque auf und reichen dann bis Rio de Janeiro. Dies sind allerdings Saumriffe, die nur zum Teil aus Korallen bestehen und eher großen Felsriffen ähneln. Die meisten der riffbildenden Arten sind hier Kalkalgen und festsitzende, kalkabscheidende Wirbellose. Vor dem Kap São Roque scheint die Insel Fernando di Noronha mit ihren trotz des klaren Wassers nur spärlichen Steinkorallengebilden die Kapverdischen Inseln auf der anderen Seite des Atlantiks anzukündigen. Dort befinden sich die einzigen Korallenformationen im Westatlantik, die diesen Namen verdienen. Doch auch sie beherbergen nur fünf Korallenarten und stellen ein blasses Abbild der viel üppigeren Korallenriffe der Karibik und des Indopazifik dar.

BIOLOGIE DER KORALLENRIFFE

A - Die großen Fächer der Riesengorgonien (Ordnung Gorgonacea) sind äußerst flexibel. Der Grund ist in der geringen Verkalkung ihres hauptsächlich aus hornigem Material aufgebauten Skeletts zu suchen. Diese koloniebildenden Wirbellosen unterscheiden sich von den Steinkorallen insofern, als ihre Polypen acht federige Tentakel aufweisen anstelle von sechs (oder einer Vielzahl davon).

B - Ein festes Skelett sowie die verzweigte Struktur lassen die Feuerkorallen den echten Korallen ähnlich erscheinen. Es handelt sich jedoch nur um eine optische Ähnlichkeit. Die Feuerkorallen gehören zur Ordnung der Hydrozoa und sind den Quallen (Medusae) näher verwandt als den Korallen. Die Feuerkorallen enthalten Nesselzellen (Nematozysten), die erhebliche Nesselungen hervorrufen können.

C - Steinkorallen und „Nicht-Steinkorallen" (Feuerkorallen, Gorgonien, Weichkorallen und Schwarze Korallen) versammeln sich auf geeignetem Hartsubstrat, überlappen sich und konkurrieren um Nahrung und Lebensraum. Anpassung führt dazu, daß man in ein und derselben systematischen Gruppe die unterschiedlichsten Formen und Farben antreffen kann.

Der Ausdruck Koralle, wie er im allgemeinen von Tauchern benutzt wird, führt zu einer ganzen Reihe von Mißverständnissen. Die Ursache hierfür liegt in der Tatsache begründet, daß viele Bücher, die sich mit diesen außergewöhnlichen Organismen befassen, mit dem Wort Koralle alle Kreaturen meinen, die über ein hartes Skelett verfügen. Diese Definition wird daher häufig benutzt, um Lebewesen zusammenzufassen, die sich im Grunde genommen stark voneinander unterscheiden: Madreporaria (die echten riffbildenden Steinkorallen), Hornkorallen, Hydrozoen, Moostierchen etc. Der Begriff „Koralle" sollte daher nur für Arten, die der Gattung Corallium angehören, verwendet werden (ein klassischer Vertreter ist die rote Edelkoralle des Mittelmeeres aus der Gruppe der Gorgonien).

A

B

C

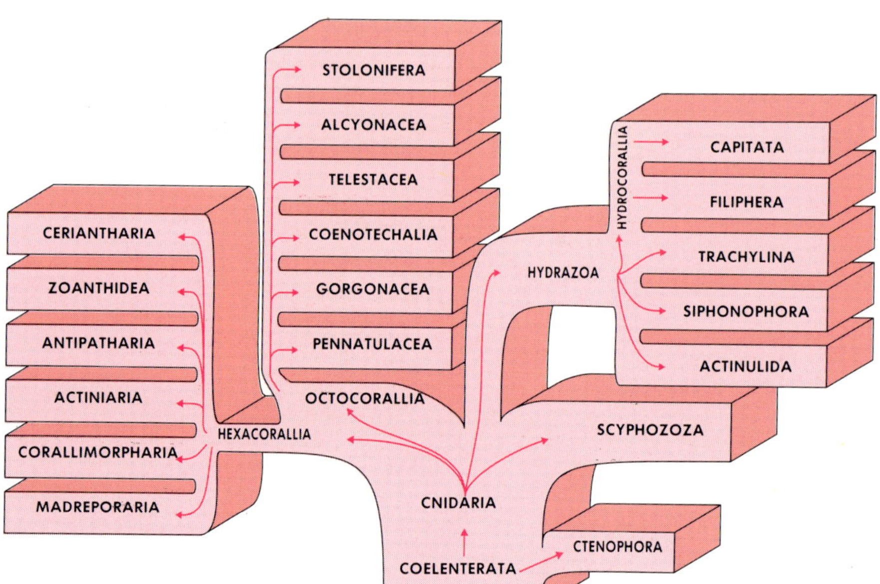

Die Zeichnung stellt schematisch die Einteilung der Hohltiere (Coelenterata) des Stammes Cnidaria dar. Hierzu gehören alle die Organismen, die in ihrer Gesamtheit zur Welt der Korallen gezählt werden (Weich- und Feuerkorallen, Gorgonien, Schwarze Korallen und so weiter). An der Bildung von Riffen sind sie überwiegend nicht beteiligt - dies ist im wesentlichen das Werk der Steinkorallen (Madreporaria).

D

E

STRUKTUR DER KORALLEN

Obgleich enorme Unterschiede in Gestalt und Größe zwischen den einzelnen Arten bestehen - leicht zu überprüfen anhand einer Fotografie eines tropischen Korallenriffs -, besitzen alle Korallen den gleichen Grundbauplan, der identisch ist mit dem aller Coelenteraten (Hohltiere). Die Hohltiere bilden eine Gruppe von Tieren, die zum Unterreich der Vielzeller (Metazoa) gehören. Sie verdanken ihren Namen der Ausbildung eines Hohlraums, der nur bei diesen Tieren vorkommt. Dieser Gastralraum hat zwei wesentliche Funktionen: Zum einen dient er als Verdauungshöhle und zum anderen zur Abfallbeseitigung, wobei hierfür nach außen nur eine einzige Körperöffnung zur Verfügung steht. Ein weiteres charakteristisches Merkmal, typisch für die sessile Lebensweise dieser nur im Larvalstadium freibeweglichen Tiere, ist ihre Radiärsymmetrie, d.h., jedes Tier kann in unendlich viele radiale Symmetriemuster unterteilt werden, entsprechend den Radien eines scheinbar vorhandenen Kreises. Neben diesen gemeinsamen Merkmalen hat der Stamm der Cnidaria (Nesseltiere) - zu denen auch die Korallen gehören - eine weitere gemeinsame Struktur, die Polyp genannt wird. Dieser Polyp, der die Grundeinheit der Koralle darstellt, kann als eine

D - Diese Nahaufnahme einer Steinkoralle (Montastrea sp.) zeigt die Anordnung der einzelnen Polypen. Jeder einzelne von ihnen wird umrahmt und beschützt von einem kalkigen Ringwall, der „Theka".

E - Die Entfaltung der Polypen, die häufig nach einem festen Tagesplan erfolgt, kann das Erscheinungsbild des Korallenblocks erheblich verändern. Das Rippenmuster, das man an diesen Korallen aus der Familie Favidae erkennt, ist Ausdruck der radiären Symmetrie, in der sie auch innerlich ausgeformt sind.

Die Zeichnung verdeutlicht die koloniale Struktur der Korallen. Diese Hohltier-Kolonien bestehen aus einer großen Anzahl einzelner Organismen – der Polypen–, die durch ein gemeinsames, kalkiges Gerüst miteinander verbunden sind. Obwohl die Steinkorallen ihrer Natur nach unbeweglich sind, können sich die einzelnen Polypen zusammenziehen (links) und expandieren (rechts), wobei sie dann ihre Tentakel zeigen und in bestimmten Fällen ihr Aussehen dramatisch verändern.

A

A - Der Bauplan des Polypen kann vereinfacht als ein sackförmiges, weiches Gewebe bezeichnet werden, das mit der Umwelt über die Mundöffnung kommuniziert. An der Spitze erkennt man klar die Tentakel, deren Zahl sechs oder ein Mehrfaches davon beträgt.

sackförmige Struktur beschrieben werden, der mit seiner Basis fest am Boden haftet und dessen Öffnung nach oben zeigt, wobei die Öffnung von einer unterschiedlichen Anzahl von Tentakeln umgeben ist. Die Zahl der Tentakeln (acht, sechs oder ein Vielfaches davon) unterteilt die Gruppe der Blumentiere (Anthozoa) in Octocorallia und Hexacorallia. Die Steinkorallen (Madreporaria) gehören in die Unterklasse der Hexacorallia. Eine Definition, die aus der ersten Hälfte unseres Jahrhunderts stammt und die in der Wissenschaft heute noch gebräuchlich ist, ist die Unterteilung der Korallen in hermatypische, riffbauende Korallen (aus dem Griechischen herma = Barriere) und ahermatypische Korallen. Zu den letzteren gehören die Gorgonien (Hornkorallen) mit ihren flexiblen, hornigen Skeletten und die Weichkorallen, die unfähig sind, komplexere Strukturen zu bilden, welche den Meereswellen widerstehen können. Im Laufe der Jahre wurde diese ursprüngliche Einteilung in unterschiedlicher Weise ausgelegt und führte schließlich zu einer Vielzahl von Klassifizierungen. Eine der wichtigsten Einteilungen unterscheidet die Korallen nach dem Vorkommen ihrer symbiontischen Algen (Zooxanthellen). Neuere Untersuchungen haben in der Tat gerade die Vorherrschaft hermatypischer Arten und Arten mit Zooxanthellen unter den Riffbildnern belegt. Riffe können aber in besonderen Fällen gänzlich oder teilweise auch von Organismen, die

B

B - Das harte und kompakte Kalkgerüst ist bei manchen Steinkorallen vollkommen unter den expandierten Polypen verborgen.

C

C - Bei diesen Korallen sind manche Polypen voll geöffnet, andere in verschiedenen Phasen der Kontraktion. Der kleine Fisch verdeutlicht die Größe dieser Korallenart.

D - Bei den Korallen der Gattung Favites, die im Indopazifik weit verbreitet und dort mit etwa 20 Arten vertreten sind, sind die Koralliten miteinander verschmolzen. Die Ringwälle sind erhöht und umgeben regelmäßig den Mund der Polypen (Mitte, Polypen in unterschiedlichem Maße expandiert). Die Tentakel werden hauptsächlich nachts entfaltet.

D

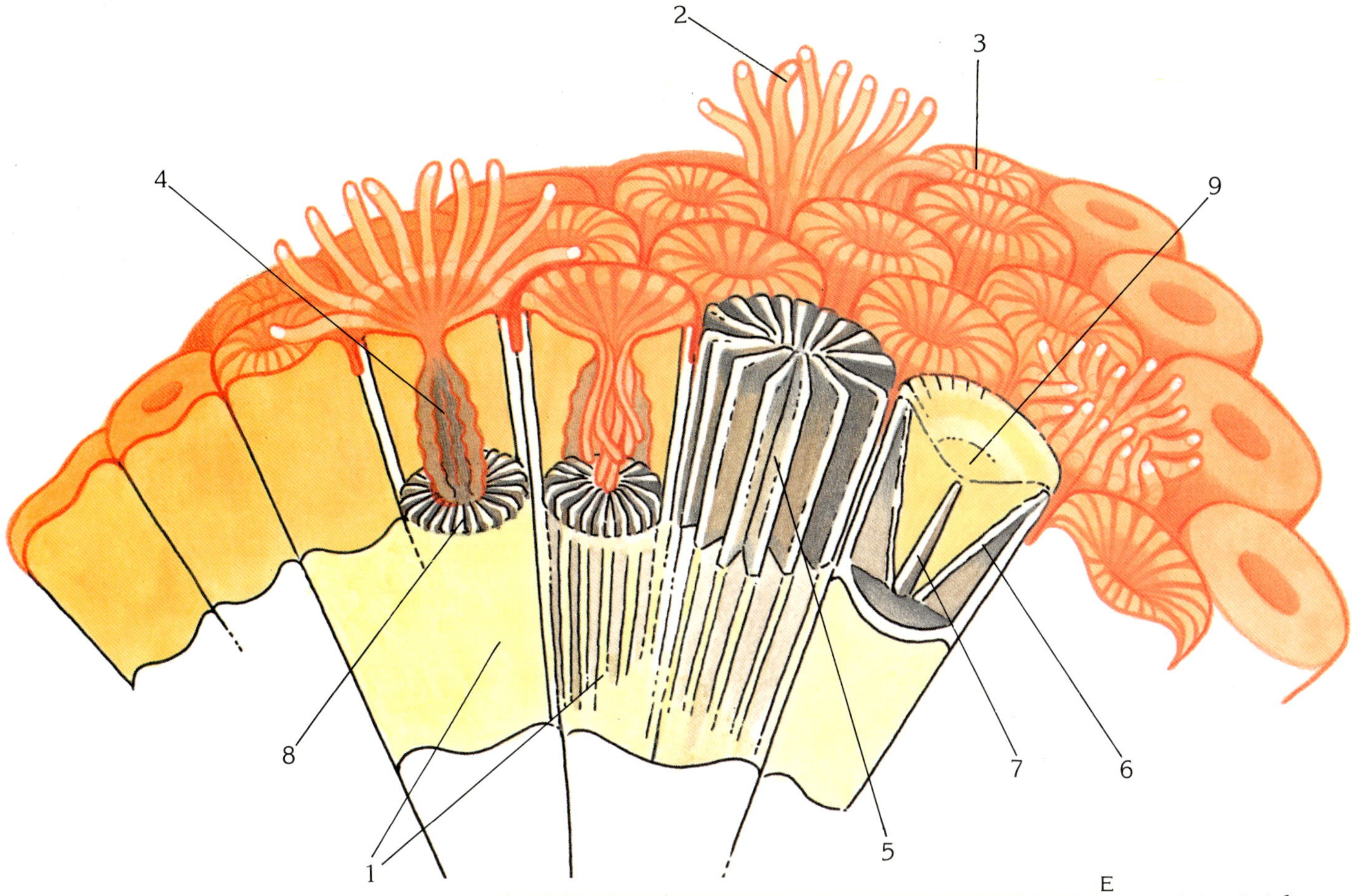

Dieser Querschnitt durch eine Steinkoralle zeigt die charakteristischen Merkmale der Polypen sowie deren Anordnung in einer Kolonie:

1. Kalkskelett abgestorbener Koralliten
2. Polypen mit entfalteten Tentakeln
3. Eingezogene Tentakel
4. Gastrovaskular-Höhle
5. Sklerosepten
6. Theka
7. Columella
8. Fußscheibe
9. Korallit

einer anderen Tier- oder sogar Pflanzengruppe angehören, aufgebaut werden. Beispiele hierfür sind die Algenriffe der Bermudas oder die Riffe von Ferdinando di Noronha und die Riffe Brasiliens, die durch Rhodophyten (rote Kalkalgen der Gattungen Neogoniolithon und Porolithon) oder durch Wurmschnecken (Dendropoma sp.) gebildet worden sind.
Bei näherer Untersuchung variieren die Korallenpolypen zwischen Größen von wenigen Millimetern bis zu fast einem Zentimeter, wobei sie zylindrisch oder flach sein können. Seziert man den Polypen, dann ist zu erkennen, daß das Gewebe aus zwei Schichten besteht: einer äußeren Schicht (Ektoderm) und einer inneren Schicht (Entoderm), die

E

E - Diese Steinkoralle, leicht unterscheidbar wegen ihrer feingewundenen Blattstruktur, kommt im Indopazifik häufig vor und ist dort mit etwa 15 Arten vertreten. Ihr komplexer Bau ist darauf zurückzuführen, daß diese Art soviel Oberfläche wie möglich zur Lichteinstrahlung für die Zooxanthellen schaffen will. Diese symbiontischen Algen leben im Gewebe der Koralle und sind für deren Überleben wesentlich.

F

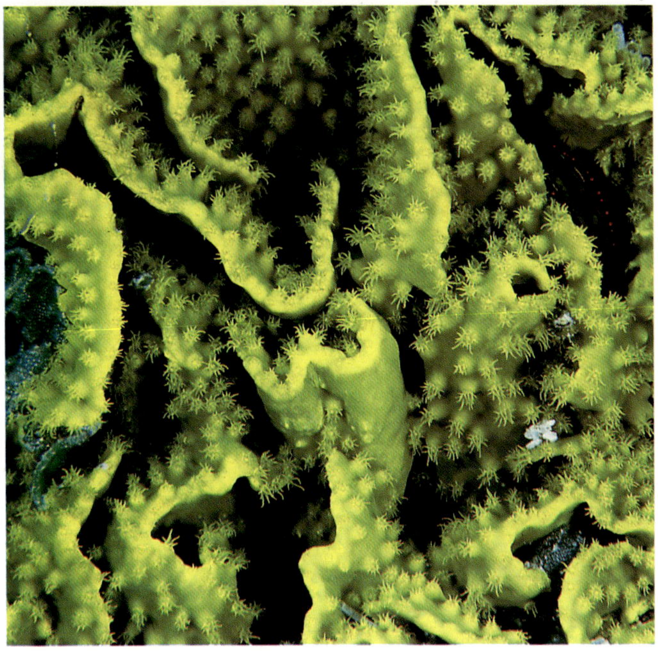

F - Diese Nahaufnahme einer Turbinaria-Koralle zeigt, daß die kleinen, konisch geformten Koralliten klar voneinander getrennt sind und fast ausschließlich an den Ecken der Windungen sitzen. Die Tentakel der Turbinaria-Korallen sind im allgemeinen auch während des Tages geöffnet.

durch eine gallertartige Schicht voneinander getrennt sind. Jede Schicht hat eine besondere Aufgabe (Verteidigung, Ernährung, Kalksynthese) und bildet spezifische Strukturen aus. Jeder Polyp kommuniziert mit der Außenwelt über seine Mundöffnung, eine ovale oder längliche Spalte, die in ein kurzes Schlundrohr übergeht (Pharynx) und in den Gastrovaskularraum führt. Dieser ist der Länge nach durch Zwischenwände (Mesenterien) in eine Reihe von Radialkammern unterteilt, die in einem zentralen Hohlraum zusammenlaufen. Die Mesenterien spielen beim Verdauungsprozeß eine wichtige Rolle und sind ebenso am Vermehrungsprozeß beteiligt. Hier findet die Entwicklung der Gonaden statt. Die Außenwand des Polypen ist in einen unteren Abschnitt (Fußscheibe) und einen oberen Abschnitt unterteilt. Die Fußscheibe ist verantwortlich für die Sezernierung von Kalziumkarbonat; sie ist von einem Kalkkelch umgeben. Der obere Abschnitt kann anschwellen und dabei das Skelett verhüllen. Bei Solitärpolypen oder fossilen Polypen ist es besonders einfach, die einzelnen Details des Skeletts oder des Koralliten zu erkennen: Dieser ist entweder typisch zylindrisch oder kelchförmig und hat einen runden oder einen ovalen Querschnitt. Bei den Solitärkorallen kann man eine Reihe von elementaren Bestandteilen unterscheiden, die eine Klassifizierung erlauben und so eine Identifizierung der Art ermöglichen. Die Struktur des Koralliten weist drei grundsätzliche Bauelemente auf: eine unterschiedlich dicke Basalplatte, die am Substrat verankert ist; einen Ringwall oder Theka, glatt oder gemasert oder mit Reihen aus Körnchen (Rippen); einen Hohlraum oder Kelch von unterschiedlicher Tiefe, der von der Theka umringt ist und so den Polypen schützen soll. Innerhalb des Kelches können andere Strukturen voneinander unterschieden werden, wie etwa die Sklerosepten oder Septen, dies sind vertikale, radial angeordnete Unterteilungen, die mit ihren freien Enden ins Zentrum des Kelches ragen, alternierend mit den Mesenterien. Im Zentrum des Kelches ist gewöhnlich, aber nicht immer, eine Columella (Säule) zu finden, die aus ein oder mehreren Nadeln, Blättern oder einer schwammförmigen Masse besteht; daneben erheben sich filigrane oder blättchenartige Strukturen vom Boden des Kelches, die zwischen den Septen und der Columella liegen. Die Septen des Kelches sind im allgemeinen von verschiedener Größe und erstrecken sich in unterschiedlichem Maße bis zum Zentrum des Hohlraums. Man kann sechs (größere) Septen der ersten Ordnung von sechs der zweiten Ordnung, die alternierend zur ersten Ordnung stehen, unterscheiden, sowie zwölf weitere Septen der dritten Ordnung,

A

B

A, B - Die Pilzkorallen der Gattung Fungia gehören zu den ungewöhnlichsten Bewohnern der Korallenriffe. Diese Korallen, die wegen ihrer Scheibenform unverwechselbar sind, sind nur in ihrer Jugend durch einen Fuß an das Substrat gebunden. Danach lösen sie alle Verbindungen zum Meeresboden und können sich frei – aber natürlich sehr langsam – fortbewegen. Obwohl sie mehrere Dezimeter Durchmesser erreichen können, handelt es sich bei den Pilzkorallen immer um ein einzelnes Tier und nicht um eine Korallenkolonie. Das obere Foto zeigt eine Pilskoralle mit gerade expandierenden Tentakeln. Wenn sie voll entfaltet sind, werden sie das Kalkskelett voll überdecken und der Koralle so ein völlig verändertes Aussehen verleihen. Die Tentakel befreien die Oberfläche der Pilzkorallen höchst effizient von Ablagerungen wie Sediment und Schlamm. Das ist besonders wichtig, da diese Korallen sich häufig auf Sandgrund aufhalten.

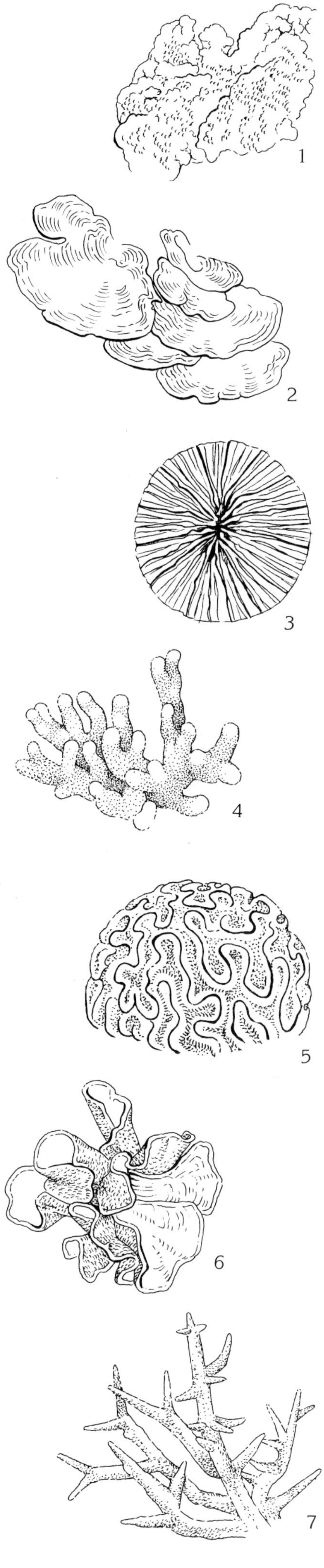

C - Die Bauformen, die die verschiedenen Arten von Steinkorallen entfalten, können in einige allgemeine Typen eingeteilt werden, wie sie unten dargestellt werden (1 bis 7). Zu jedem unterschiedlichen Bautyp werden einige Steinkorallen-Gattungen angegeben, die ihre Kolonien in dieser Art aufbauen:

1. Krustenartig: Hydnophora, Pseudosiderastrea, Anomastrea
2. Geschichtet: Acropora, Pachyseris, Echinophora, Merulina
3. Nicht seßhaft: Fungia, Cycloseris, Polyphyllia, Diaseris, Heliophungia
4. Fingerförmig: Goniopora, Montipora, Dendrophyllia, Tubastrea, Dendrogyra
5. Massiv: Porites, Favia, Diploastrea, Goniastrea, Platygyra, Favites, Solenastrea, Isophyllia, Leptoria, Goniopora
6. Blattförmig: Echinophyllia, Pachyseris, Montipora, Echinopora, Turbinaria, Agaricida
7. Verzweigt: Porites, Seriatopora, Acropora, Pocillopora

die zwischen den vorhergehenden angeordnet sind. In einer Linie mit den Septen liegen die Rippen, die einen unterschiedlichen Grad der Entwicklung widerspiegeln. Die Sklerosepten entstehen aus der Absonderung von Kalkstein an der Basis des Polypen, der sich dadurch langsam nach oben schiebt. Wenn die Kolonie wächst, bleibt vom Koralliten eine dicke horizontale Scheidewand zurück, die Dissepiment genannt wird und die die Kolonie in verschiedene Ebenen unterteilt. Dieser Vorgang bestimmt das vertikale Wachstum der Kolonie. Die Polypen sind außerdem durch eine skelettale Matrix miteinander verbunden, die Coenosteum genannt wird und die, wie im Falle inkrustierender Arten, lediglich eine Basalschicht zwischen den verschiedenen Koralliten ausbildet oder eine baumförmige oder dicht gepackte kugelförmige Struktur bildet.

Die einfachste Gestalt von Korallen ist die Kelchform, die typisch ist für Solitärkorallen. Ein weiteres gutes Beispiel ist der primäre Korallit einer Korallenkolonie. Einige Solitärkorallen sind leicht von den anderen zu unterscheiden, weil ihre diskoidale Form wie der umgedrehte Schirm eines Pilzes aussieht. Hierzu gehören die Korallen der Gattung Fungia, die einen einzelnen riesigen Polypen haben, der von seinen Septen umgeben ist. Im juvenilen Stadium haftet der Korallit mit einem Stiel am Boden (Substrat), ist dann aber im ausgewachsenen (adulten) Stadium vom Substrat völlig losgelöst. Pilz-Korallen sind die einzigen Korallen, die fähig sind, ihren Ansiedlungsplatz zu verlassen. Bekannter unter den Korallen sind die koloniebildenden Arten, wie z. B. die aus der Familie der Faviidae, die einen sehr gut erkennbaren Koralliten haben, der meist von runder oder der von polygonaler Form ist, wenn die Polypen sehr eng stehen. Diese Korallen werden als plocoid bezeichnet. In anderen Fällen (cerioide Korallen) stehen die Koralliten so eng beieinander, daß eine charakteristische Verschmelzung der Kelchwände stattfindet (Gattung: Goniastrea). Der nächste Schritt in der strukturellen Evolution der Madreporaria hat den Verlust der Wände zur Folge, so daß die Septen ohne Unterbrechung vom Zentrum des einen Koralliten zum Zentrum des nächsten Koralliten gehen (tamnasteroide Korallen). Dies hat zur Folge, daß es sehr schwierig wird, einzelne Individuen zu unterscheiden, die noch dazu im wesentlichen sehr klein und ungleichmäßig bleiben. Bei einigen Korallen sind die einzelnen Koralliten und Polypen nur schwer zu unterscheiden, da sie in länglichen Reihen angeordnet sind, die zudem noch gewundende Furchen und Erhebungen bilden. Bei diesen „Hirnkorallen" (Gattungen: Platygyra, Diploria, Leptoria, Meandrina) entsprechen die emporragenden Teile den verschmolzenen Wänden, und die Polypen befinden sich in den Furchen, wo ihre winzigen Mundöffnungen zu sehen sind. Ungeachtet der Gültigkeit dieser Einteilung muß hervorgehoben werden, daß die Vielfältigkeit koloniebildender Korallen derart groß ist, daß es oftmals schwierig ist, eine Koralle in die eine oder andere Gruppe der obigen Kategorien einzuordnen. In vielen Fällen wird die äußere

Form, die sich in vier grundlegende Morphotypen (verzweigt, blattförmig, inkrustierend und kompakt) einteilen läßt, hauptsächlich von der Art der Polypenbildung bestimmt sowie durch Umweltfaktoren beeinflußt. Ein starker hydrodynamischer Einfluß fördert beispielsweise die Entwicklung von robusten Kolonien, während sich hingegen bei ruhigem Wasser dünne und mehr filigrane Madreporaria entwickeln, obwohl hierdurch das Entstehen massiver Formen nicht unbedingt verhindert wird. Dies erklärt auch, warum die am wenigsten exponierten Teile eines Korallenriffs im allgemeinen reicher in ihrer Artenvielfalt und Formengebung sind, als solche Gebiete, in denen Wellenschlag und Strömungen vorherrschen. Die Lichtintensität, mit ihrer engen Beziehung zu den symbiontischen Algen, spielt im Zusammenhang mit der Formengestaltung auf keinen Fall eine nur untergeordnete Rolle, sondern sie ist in der Lage, die Form einer Kolonie entscheidend zu beeinflussen. Ein weiteres charakteristisches Merkmal der Korallen, das für ihr „blumenartiges“ Aussehen sorgt, sind die Tentakeln. Diese sind fadenförmig und - anders als bei den Octocorallia - nicht gefiedert. Ihre Anzahl beträgt sechs oder ein Vielfaches von davon (deswegen: Hexacorallia). Anatomisch betrachtet sind sie Ausstülpungen des Polypen, die rund um die Mundöffnung angeordnet sind.

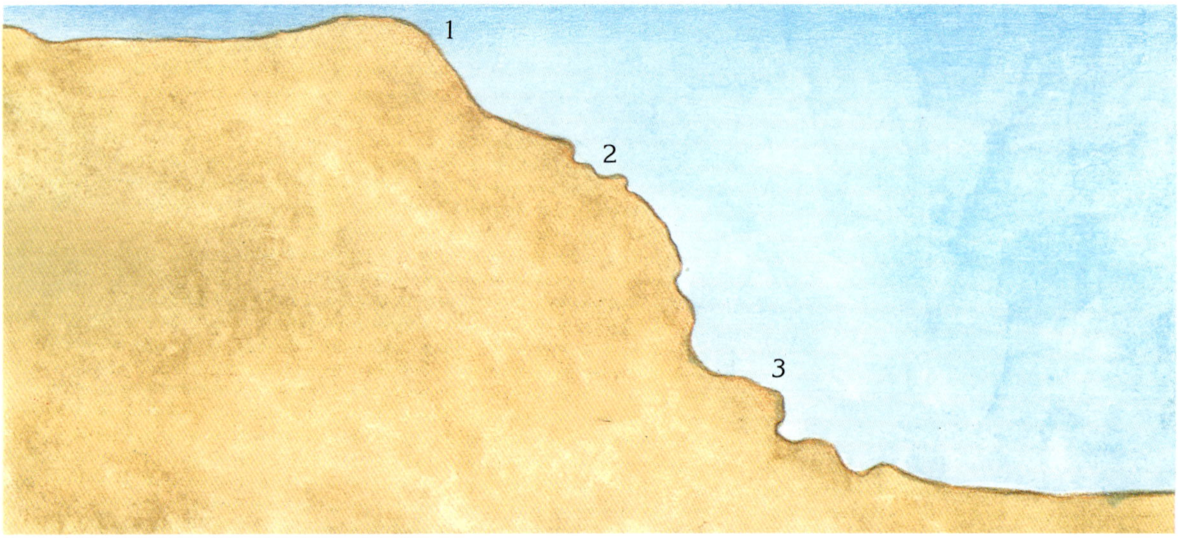

Die Steinkorallen der Gattung Montipora bilden ihre Kolonien in sehr verschiedenen Formen aus: blattartig, tischförmig, massiv oder auch krustenförmig. Häufig stellen diese Formvariationen lediglich eine Anpassung seitens der Korallen an die unterschiedlichen Umweltbedingungen (Licht, Brandungs- und Strömungsverhältnisse) dar, die ja zwischen Wasseroberfläche und Meeresgrund sehr differenziert sind.

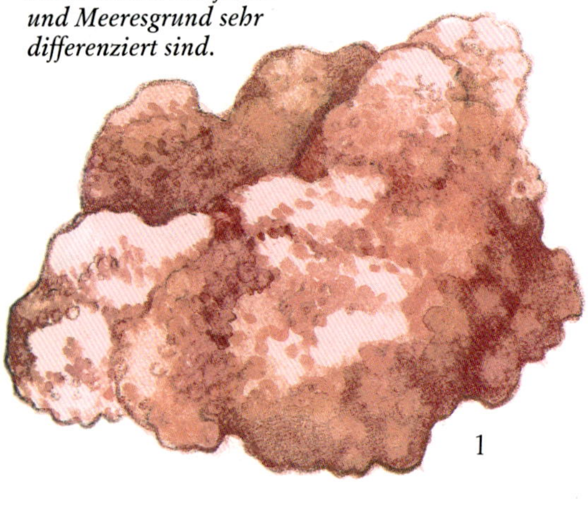

DIE VERMEHRUNG DER KORALLEN

Korallen vermehren sich sowohl sexuell als auch asexuell. Die sexuelle Vermehrung ist das Ergebnis der Befruchtung der Eier durch die Spermien. Neueste Untersuchungen haben gezeigt, daß die Fortpflanzung bei den Korallen sehr komplex ist, da es zur sexuellen Vermehrung jede denkbare Alternative gibt. Die Kolonien können hermaphrodit (zwittrig) sein, wobei die Eier- und Spermienerzeugung in demselben Mesenterium oder in verschiedenen Mesenterien, immer im gleichen Polyp oder in verschiedenen Polypen der gleichen Kolonie stattfinden kann. In anderen Fällen erfolgt die Produktion der Keimzellen (Gameten) innerhalb der gleichen Kolonie, dann aber zu unterschiedlichen Zeiten, wobei zuerst männliche und dann weibliche Merkmale in Erscheinung treten oder umgekehrt. Es gibt auch Korallen, die getrenntgeschlechtlich sind, die Anzahl hermaphroditer Arten ist jedoch deutlich höher. Dies trifft insbesondere auf Korallen aus dem Roten Meer und vom Großen Barriereriff von Australien zu. Zeitlich gesehen erfolgt die sexuelle Vermehrung der Korallen entweder monatlich, jahreszeitenabhängig oder nur einmal im Jahr. Wie auch immer der Vermehrungszyklus bei den einzelnen Arten ablaufen mag, fest steht, daß der Reifungsprozeß der Gonaden durch klimatische und astronomische Faktoren gesteuert wird, um zu erreichen, daß die Gameten aller Korallen einer Art simultan ausgestoßen werden. Dieser Vorgang ist besonders wichtig, wenn man berücksichtigt, daß es im Spätfrühling oder im Frühsommer im Großen Barriereriff von Australien zur sexuellen Vermehrung von mehr als hundert Korallenarten kommt. Tatsächlich treten aber die Faktoren, die dieses Phänomen steuern, nicht gleichzeitig, sondern nacheinander auf, wobei die Inten-

A

A - Bei der sexuellen Fortpflanzung der Korallen sind Dutzende von Arten und Tausende von Kolonien zur selben Zeit beteiligt. Wenn der Taucher die Gelegenheit hat, einen solchen Vorgang mitzuerleben, wird er Zeuge eines farbenprächtigen „Schneeschauers", dessen „Flocken" hoch zur Wasseroberfläche treiben.

B

C

D

B, C, D - Sexuelle Fortpflanzung bei den Korallen bedeutet das gleichzeitige Ausstoßen der weiblichen und männlichen Gameten durch alle Steinkorallen-Kolonien im selben Meeresgebiet. Die Synchronisation wird durch Naturphänomene wie die Mondphasen und Variationen der Wassertemperatur gesteuert. Stimuliert durch unsichtbare, aber zweifellos vorhandene Boten, entlassen die Gonaden winzige, farbige Pakete ins Wasser, die Eier und Spermatozoen enthalten. Diese öffnen sich an der Wasseroberfläche, um eine neue Generation von Polypen zu bilden. Die hier gezeigten Bilder stammen von der Massenreproduktion, die jährlich im späten Frühjahr oder frühen Sommer, ein paar Nächte nach Vollmond, am Großen Barriereriff stattfindet. Sie zeigen den Ausstoß zahlloser Gameten-„Pakete" durch drei unterschiedliche Arten von Steinkorallen.
Bild B zeigt eine Grüne Honigwaben-Koralle aus der Gattung Favia; Bild C eine Kolonie von Favites-Korallen; Bild D eine große Hirnkoralle (Platygyra sinensis), deren voll entfaltete Tentakel die regelmäßige Symmetrie der Polypen leider verbergen.

A

B

C

sität von Gebiet zu Gebiet schwanken kann. Die Temperatur scheint der Faktor zu sein, der den Prozeß der Keimzellenreifung auslöst, wobei dann aber der Temperatureinfluß auf die Synchronisation des Ablaichens vom Einfluß der Photoperiode überlappt wird, d.h. durch die graduelle Veränderung der Tages- und Nachtdauer. Viele Experten heben die Bedeutung der Mondphasen hervor, die bei der Regelung der Synchronisation des Ausstoßes der Larven oder Gameten eine entscheidende Rolle spielt. Der Ausstoß der Larven oder Gameten findet in der Regel einige Tage nach Vollmond und stets in der Nacht statt. Zur gleichen Zeit verhindert ein niedriger Tidenhub die weiträumige Verbreitung der Gameten. Die Gonaden der einzelnen Polypen reifen schnell. Im allgemeinen beginnt die Entwicklung der weiblichen Gonaden sechs Monate vor der Fortpflanzung, zwei Monate später beginnt die Entwicklung der männlichen Gonaden. In den Wintermonaten entwickeln sich die Gonaden langsam, dann aber, mit Ansteigen der Wassertemperaturen im Frühjahr, immer schneller. Annähernd einen Monat vor dem Ablaichen werden die Eier deutlich sichtbar, sie sind dann leuchtend rot, rosa, orange oder braun, grün oder blau gefärbt. Zu diesem Zeitpunkt sind sie bereits unter dem Korallengewebe oder durch die Mundöffnung sichtbar. Ein Zeichen, von dem die Experten wissen, daß es das bevorstehende Ablaichen ankündigt. Wenn dann gleichzeitig Zehntausende von Korallen ablaichen und sich dies über Entfernungen von Hunderten von Kilometern wie am Großen Barriereriff in Australien erstreckt, wirkt dieses Phänomen auf den Betrachter so, als wenn er mitten in einem buntschillernden Schneegestöber stehen würde. Es scheint als würde die gesamte Vermehrung einem geheimnisvollen Prozeß gehorchen, der sich von einer Korallenkolonie zur nächsten fortpflanzt, wobei die Gameten auf die unterschied-

A, B, C - Diese Fotos zeigen (von oben nach unten) den Ausstoß der Gameten bei der Art Goniastrea palauensis, einer Hirnkoralle aus der Familie Favidae. Langsam öffnet sich der Mund des Polypen, damit das Gameten-Paket heraustreten kann. Die winzige Kugel, die Eier und Spermatozoen enthält, wird kraftvoll ausgestoßen und beginnt dann ihren Aufstieg zur Wasseroberfläche, wo sie sich öffnet und die Geschlechtsprodukte freisetzt.

lichste Art und Weise - von Art zu Art anders - aus der Mundöffnung herausgestoßen werden.
Einige Korallen entlassen ihre Spermien und Eier in separaten Bündeln, einige produzieren einen kontinuierlichen Fluß von Keimzellen in Form feiner Wolken oder langer körniger Ketten, andere wiederum pumpen sich periodisch mit Wasser voll und schleudern dann die Gameten kraftvoll hinaus. Die Synchronisation des Ablaichens wird so perfekt gesteuert, daß Korallen, die vor dem Ablaichen im Riff gesammelt und in Aquarien ausgesetzt wurden, exakt zum gleichen Zeitpunkt ihre Keimzellen freisetzten wie ihre Artgenossen im Riff. Die Morgendämmerung nach einer Nacht des Ablaichens beleuchtet ein Meer, das mit einem bunten klebrigen Film überzogen ist. Alte japanische Legenden sehen in diesem Ereignis einen Beweis für die große Fruchtbarkeit der Meeresgöttinnen. Bei näherer Betrachtung besteht dieser Film aus Eiern, Spermien und Larven, die sich inzwischen gebildet haben. Das Zusammentreffen von Eiern und Spermien der gleichen Art muß so schnell wie möglich erfolgen und wird höchstwahrscheinlich durch chemische Faktoren ermöglicht, während strukturelle Unterschiede eine Kreuzung zwischen verschiedenen Arten verhindern. Nachfolgend kommt es zur Bildung einer kleinen, birnenförmigen Ciliaten-Larve, deren Größe zwischen 0,5 und 2,5 Millimeter schwankt. Durch das nächtliche synchrone Ablaichen sehr vieler Korallen werden folgenden Ziele erreicht: a) eine Erhöhung der Trefferquote für die Gameten der gleichen Art und b) eine Reduktion der Mortalität, die durch Fische, die Zooplankton fressen, erzeugt wird. Diese Hypothese wird von einer Reihe von Experten gestützt, die davon überzeugt sind, daß die relative Stabilität der Umweltparameter innerhalb des Riffs es nicht erforderlich macht, daß es zu einer derartigen Explosion des Lebens kommt, vergleichbar etwa mit der Planktonblüte, wie sie im Frühjahr in den gemäßigten Breiten der Erde stattfindet. Wie so häufig im Tierreich sind Räuber Opportunisten, die sich von dem ernähren, was die Umwelt in größeren Mengen hergibt und was mit dem geringsten Aufwand zu erbeuten ist. Während des Ablaichens der Korallen werden viele Fischarten zu diesen besagten Opportunisten. Untersuchungen, die sich mit den Ernährungsgewohnheiten verschiedener Jungfischarten beschäftigten, zeigten in der Tat, daß die meisten Fische zwölf Stunden nach dem Massenablaichen der Steinkorallen einen prall gefüllten Magen hatten. Ein Beweis für die unwiderstehliche Anziehungskraft, die Eier und Spermien auf Fische ausüben. Nur die ungeheuer große Zahl der beteiligten Korallen ermöglicht das Überleben so vieler Larven, daß der Fortbestand einer einzigen Art gesichert ist.
So wie die externe Befruchtung die am weitesten verbreitete Form der Vermehrung der Korallen bei Au-

D

E

D, E - Alle Polypen einer Kolonie sind an der Massenreproduktion beteiligt und entlassen gleichzeitig oder rasch hintereinander die farbigen Gameten, die Eier und Spermatozoen enthalten. Auf dem oberen Bild kann man die Spitzen einiger Arme der Steinkoralle Acropora tenuis erkennen und den Vorgang des synchronen Ausstoßens verfolgen und auf dem unteren Bild die nicht kugelrunden, sondern eigenartig „gekrönten" Gameten der Art Acropora secale.

A

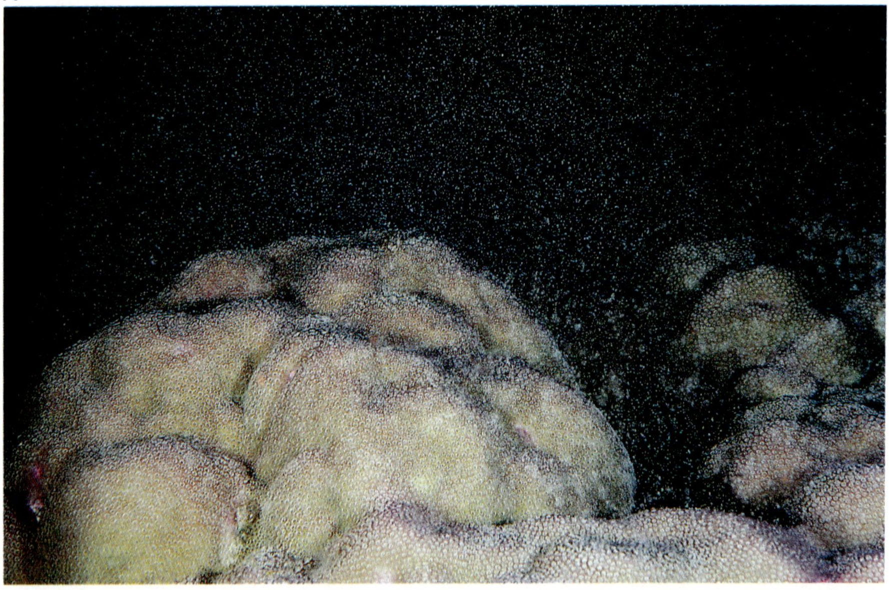

B

A - Eine Wolke soeben ausgestoßener Gameten umhüllt diese große Kolonie kissenförmiger Steinkorallen. „Coral Spawning“ nennt man im Englischen diesen erst vor wenigen Jahren wissenschaftlich erforschten Reproduktionsprozeß, der mit „Geschlechtsprodukte ablegen“ sicherlich ungenügend im Deutschen umschrieben wäre.

B - Manche Arten von Steinkorallen, beispielsweise diese Pilzkoralle (Fungia favites), sind keine Hermaphroditen, sondern eindeutig männlich oder weiblich organisiert. Hier entläßt eine männliche Pilzkoralle eine kleine Sperma-Wolke, die die von einem weiblichen Exemplar ausgestoßenen Eier befruchten soll.

stralien und im Roten Meer zu sein scheint, so ist die interne Befruchtung die häufigste Art der Vermehrung im Karibischen Meer, um Hawaii und im zentralen Pazifik. Bei der internen Befruchtung dringen die Spermien in den Gastrovaskularraum des Polypen ein und befruchten die an den Mesenterien haftenden Eier. Bei diesem Vermehrungstypus werden die Larven erst dann nach außen in die Umwelt abgegeben, wenn sie ein gewisses Entwicklungsstadium erreicht haben, um dadurch eine möglichst weiträumige Verbreitung zu erreichen. Einige Experten vertreten die Ansicht, daß Korallen mit kleinen Polypen weniger Eier produzieren als solche mit großen Polypen, und daß sich daher die interne Befruchtung in den ersteren vollzieht, während die externe Befruchtung bei den letzteren stattfindet. Pocillopora damicornis, die im Pazifik weit verbreitet ist, ist ein typisches Beispiel für eine Art mit einer internen Befruchtung. Ihre Larven enthalten im Moment ihrer Freisetzung bereits Zooxanthellen und außerdem noch eine gewisse Menge an Speicherfetten, die zusätzlich noch den Auftrieb begünstigen. Auch die besondere Fähigkeit dieser Larven, sich während ihrer planktonischen Lebensphase selbständig ernähren zu können, bleibt bei der Planula-Larve für mehr als 100 Tage erhalten, lange genug, um eine weiträumige Verbreitung zu sichern. So scheinen mindestens vier Korallenarten, die bei den Bermudas gefunden werden, ursprünglich von den Bahamas zu stammen, d.h., die Larven sind 1700 Kilometer durch den Golfstrom verdriftet worden, um von der Karibik zu den Bermudas zu gelangen. Noch außergewöhnlicher ist der Bericht über treibende Bimsstein-Bruchstücke, die durch vulkanische Eruption auf den Revilla Gigedo-Inseln in Mexiko entstanden sind und die, inzwischen besiedelt mit einer kleinen Korallenkolonie, bei den Marschall-Inseln gefunden wurden. Berechnungen ergaben, daß die Bimssteine eine Entfernung von 8700 Kilometer in annähernd 560 Tagen zurückgelegt hatten. Obwohl die Experten nicht ermitteln konnten, wo denn genau die Besiedlung stattfand, zeigt dies Ereignis doch, wie lange diese Organismen am Leben bleiben können. Planula-Larven, die aus der externen Befruchtung der Gameten entstanden und ursprünglich frei von Zooxanthellen sind, können in einer frühen Wachstumsphase die Zooxanthellen direkt aus dem umgebenden Wasser aufnehmen. Die Dauer der planktonischen Lebensphase stellt einen Faktor dar, der die Artzusammensetzung eines Riffs wesentlich zu beeinflußen scheint. Korallen des östlichen Pazifik bestehen im allgemeinen aus solchen Arten, deren Larven eine weiträumige Verbreitung finden. Ein gehäuftes Auftreten endemischer Korallenarten ist dagegen immer darauf zurückzuführen, daß die Larven eine sehr kurze planktonische Lebensphase haben. Untersuchungen, die an Steinkorallen der Gattungen Favia und Pocillopora durchgeführt wurden, zeigten, daß die Larven anfänglich positiv durch das Licht beeinflußt werden. Diese Fähigkeit ermöglicht es ihnen, im Oberflächenwasser zu verweilen, um so besser durch die Strömung verdriftet zu werden. Die planktonische Lebensphase ist für die Planula-Larve mit großen Gefahren verbunden, so daß bis zum Zeitpunkt der Ansiedlung von ihnen nur eine begrenzte Anzahl überleben wird. Die Ansiedlung wird durch eine Reihe von physiologischen Veränderungen hervorgerufen. Dabei ist das Auftreten von negativem Phototropismus eine der augenfälligsten Veränderungen. Durch den negativen Phototropismus bewegt sich die Planula zum Meeresboden, um nach einem geeigneten Substrat zu suchen. Die Wahl des Siedlungsplatzes ist im Leben einer Korallenlarve ein kritischer Moment, obgleich einige Korallenarten, wie etwa Seriatopora hystrix und Pocillopora damicornis, in der Lage sind, ihren ursprünglich gewählten Platz zu verlassen, wenn sich herausstellt, daß dieser für eine Besiedlung ungeeignet ist. Wichtige Faktoren, die die Anhaftung der Planula-Larve an das Substrat beeinflußen, sind zum einen die Lichtintensität am Meeresboden und zum anderen die Unebenheit des Meeresbodens. Von gleich großer Bedeutung für die Bildung neuer Korallenkolonien sind

C

D

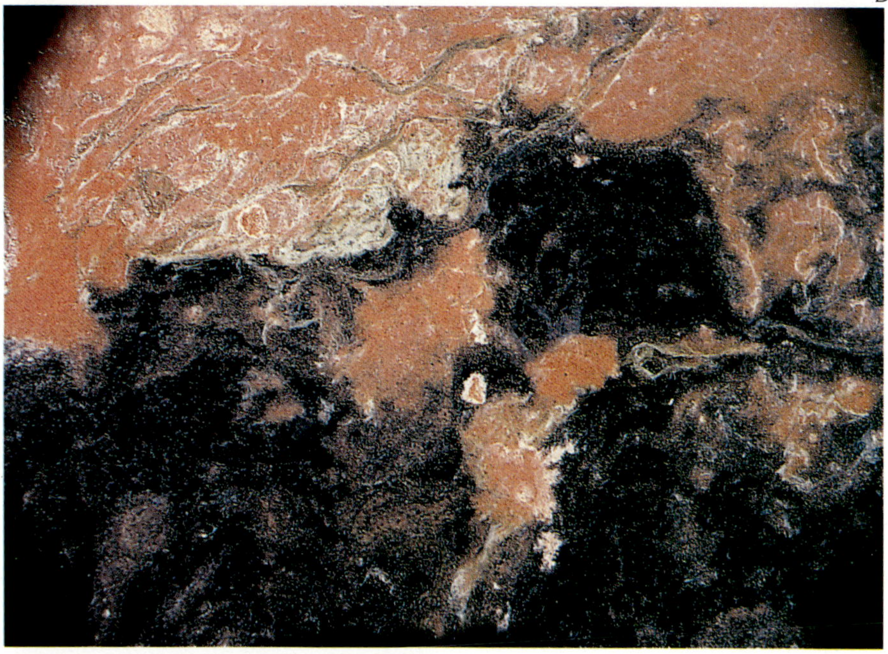

E

C - Die große Masse der zur selben Zeit von Tausenden und Abertausenden von Steinkorallen ausgestoßenen Gameten verwandelt die Wasseroberfläche in eine Art Gelatine. Dieser Futterbrei zieht eine große Zahl opportunistischer Räuber an.

D, E - Das „große Schneetreiben“ führt dazu, daß weite Flächen des Meeres von einer vielfarbigen Schicht aus Eiern, Spermatozoen und Larven bedeckt sind. In vielen Gebieten des Indopazifik sieht man darin einen Beweis für die Fruchtbarkeit des Meeres.

Störungen, die durch die Aktivitäten pflanzenfressender (herbivorer) Organismen wie Schnecken und Seegurken hervorgerufen werden können. Diese können beim Kriechen neu angesiedelte Larven zer-

1

Korallen können sich auch durch Teilung fortpflanzen. Insbesondere geschieht dies bei Steinkorallen-Kolonien, die an der Grenze ihrer physiologischen Wachstumsmöglichkeiten angelangt sind, oder in Gebieten, wo der Verfolgungsdruck auf den Nachwuchs sehr stark ist. Beispielsweise kann ein Stück von einer Steinkoralle, das von der Stammkolonie (1) abgebrochen und von den Wasserbewegungen während eines Sturms an einen anderen Platz verlagert worden ist, überlebt und sich langsam wieder ans Substrat angeheftet haben (2). Es wird dann erneut zu wachsen beginnen und eine neue, selbständige Kolonie aufbauen (3).

stören oder sie durch aufgewirbelte Sedimente ersticken. Daneben beeinflussen andere Faktoren die Wahl eines geeigneten Substrats, so kann z.B. eine bereits vorhandene Kolonie der gleichen Art die Neuansiedlung einer Larve verhindern. Ähnliches wird auch bei anderen sessilen Wirbellosen, die eine planktonische Larve haben (wie bei Seepocken, Austern oder Seescheiden), beobachtet. Korallen sind aufgrund ihrer einfachen Organisation in der Lage, sich asexuell zu vermehren. Dies gilt auch für hermaphrodite Arten. Beispiele hierfür findet man insbesondere im Ostpazifik, bei einigen hawaiianischen Inseln, um das südliche Australien und wahrscheinlich auch bei den Bermudas. Die asexuelle Vermehrung durch Teilung ist für viele Arten von großer Bedeutung. Ähnliches tritt in Gebieten auf, in denen die Abweidung junger Polypen extrem ist. Vermehrung durch Teilung ermöglicht eine schnellere Ausbreitung der Population. In Gebieten, in denen die Wachstumsbedingungen optimal sind, kann Wachstum durch Teilung vorherrschen, vor allem, wenn sich dort ein flacher sandiger Meeresboden befindet. Steilwände hingegen werden gerade im Falle der Steinkorallen von Larven besiedelt.

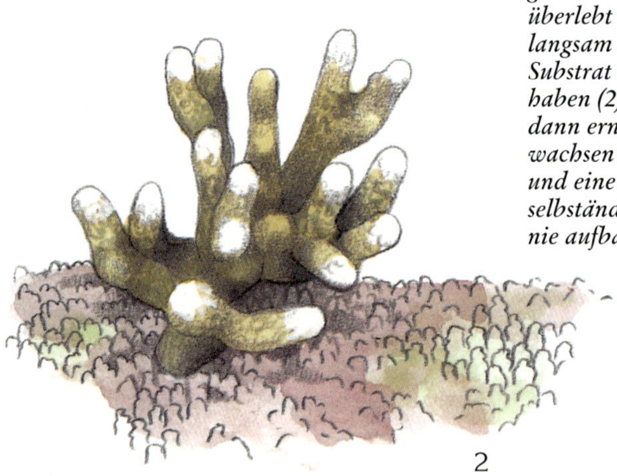

2

3

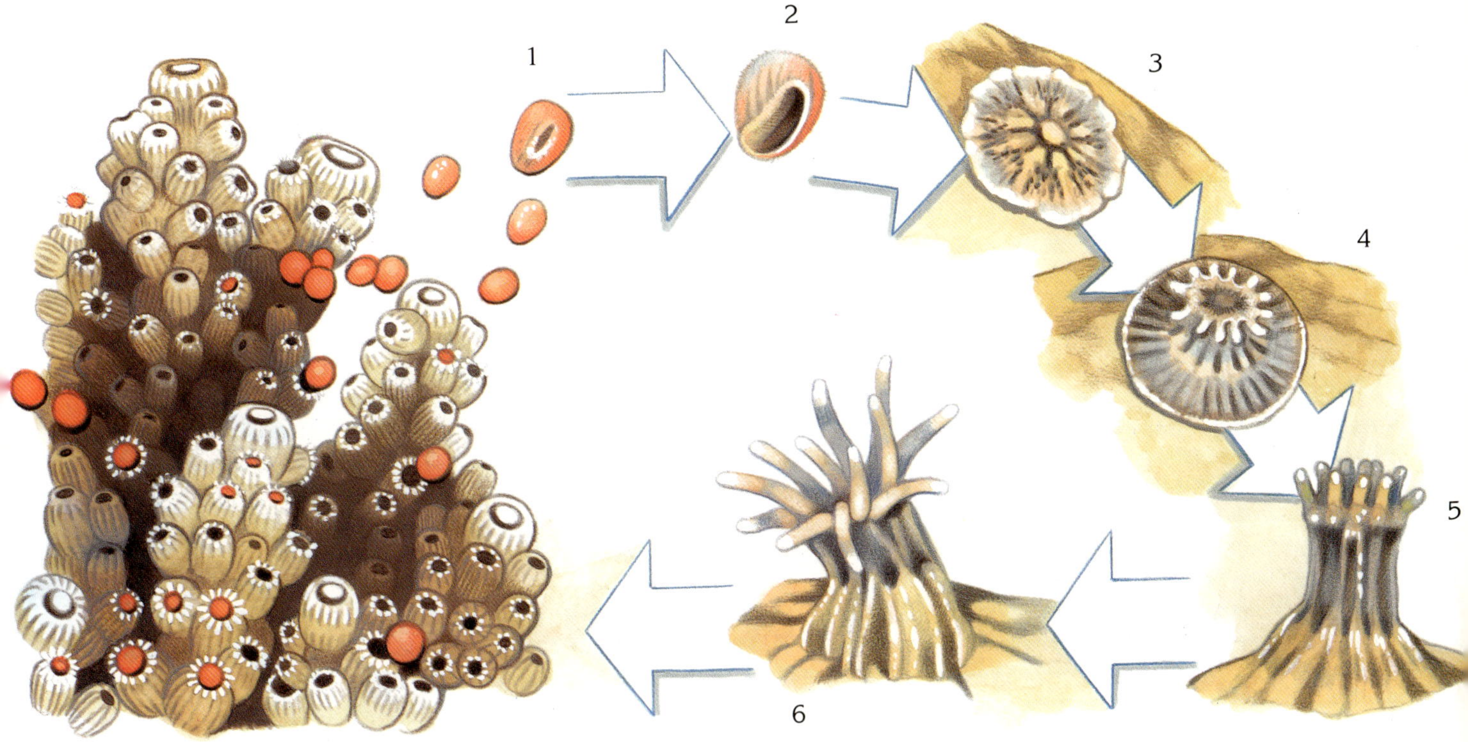

Die Zeichnung zeigt detailliert die Hauptphasen im Lebenszyklus einer Steinkoralle:
1. Im Reproduktionszeitraum stoßen die sexuell reifen Kolonien ihre Gameten aus.
2. Nach der Vereinigung von Eiern und Spermatozoen bildet sich eine kleine Larve heraus, die Planula. Diese kann eine gewisse Zeit bei planktonischer Lebensweise überleben, wobei sie von den Strömungen verdriftet wird.
3. Wenn die Zeit der Metamorphose gekommen ist, sinkt die Larve auf den Meeresgrund. Dort heftet sich das Tier als eine Art flacher Scheibe an. Die Mundöffnung ist dabei nach oben gerichtet.
4. Unmittelbar damit verbunden beginnen die Basalzellen des neu entstandenen Polypen damit, kalkhaltiges Material abzuscheiden, womit das Tier fest mit dem Substrat verbunden wird.
5. Langsam nimmt der Polyp Form an und bildet den Koralliten, den festen, tassenförmigen Kalkmantel, der Schutz und Halt gibt.
6. Das endgültige Auswachsen markiert gleichzeitig den Zeitpunkt, an dem die Entwicklung einer neuen Korallenkolonie beginnt.

Am Ende ihrer larvalen Lebensphase setzt sich die Planula am Substrat fest und durchläuft dann eine bestimmte Reihe von Veränderungen. Zuerst sezerniert sie eine dünne Schleimschicht, um danach eine abgeflachte Form anzunehmen, wobei der Mund nach oben gerichtet bleibt. Sind die Bedingungen des Meeresbodens nicht ideal, können einige Arten in diesem Stadium erneut in die planktonische Lebensphase zurückkehren, um einen besseren Siedlungsplatz zu suchen. Der untere Teil der festgesetzten Larve, der eine Scheibe gebildet hat, beginnt sofort, kalkhaltiges Material aus den ektodermalen Basalzellen abzuscheiden. Die Basalzellen produzieren chitinöse Filamente, zwischen denen feste Kristalle eingelagert werden, die aus einer mit Kalziumionen übersättigten Lösung gebildet werden. Diese primären Kristalle verbinden sich untereinander zu kristallinen Aragonit-Fasern, einer besonderen Form kalkhaltigen Materials. Aus Aragonit sind die strukturellen Teile des Koralliten gebildet: Theka, Rippen, Septen etc. Die Temperatur hat einen starken Einfluß auf den physiologischen Prozeß, der zur Einlagerung kalkhaltigen Materials führt. Die Synthese dieses Materials ist bei Temperaturen von weniger als 15 Grad Celsius sehr langsam, steigt aber beständig zwischen 15 Grad Celsius und 29 Grad Celsius an (Temperatur-Optimum: 25 bis 27 Grad Celsius), um sich bei Temperaturen von mehr als 30 Grad Celsius zu verlangsamen. Der Zusammenhang, der zwischen Synthese und Temperatur besteht, veranschaulicht sehr gut, warum es überhaupt zu Grenzen in der geographischen Verbreitung der Korallen kommt. Jedoch haben einige Untersuchungen gezeigt, daß sich die Populationen jeder Art spezifisch anpassen können. So hat z. B. Pocillopora damicornis bei Hawaii ein optimales Wachstum bei 27 Grad Celsius, während die gleiche Art am

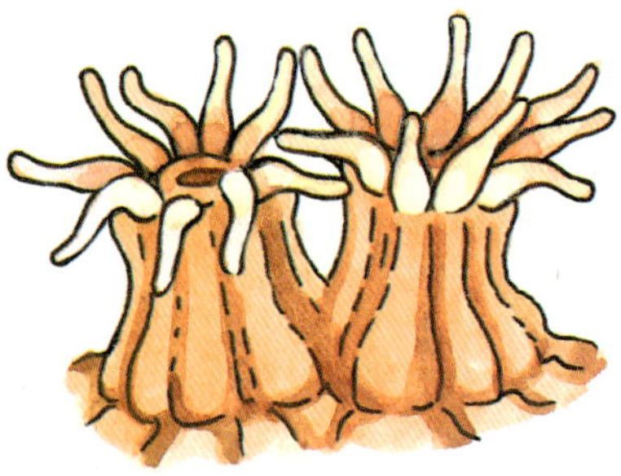

1

Die Anordnung der Polypen (1) hängt von den Wachstumsprozessen der Kolonie ab. Dies wird hier beispielhaft in Seitenansicht (obere Reihe) und in der Aufsicht (Querschnitte, untere Reihe) gezeigt. Beim sogenannten intratentakulären Wachstumsprozeß schnürt sich die Mundscheibe des Polypen (2) derart ein, daß sie einer „8" ähnlich sieht (3). In der Endphase (4) bilden sich zwei getrennte Polypen heraus, die nebeneinander sitzen und noch durch das Kalkgerüst und eine dünne Gewebeschicht miteinander verbunden sind.

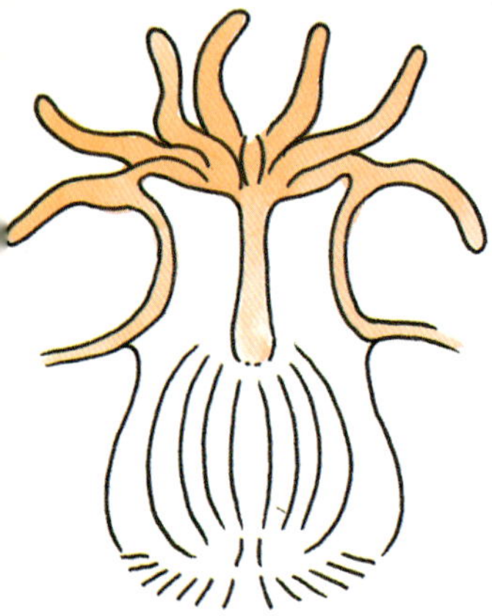

2

3

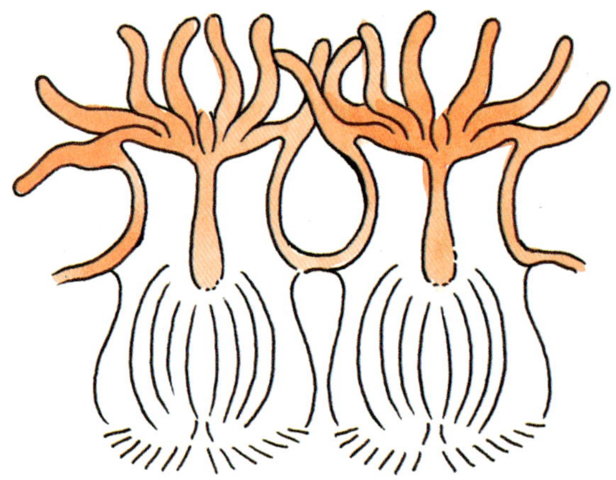

4

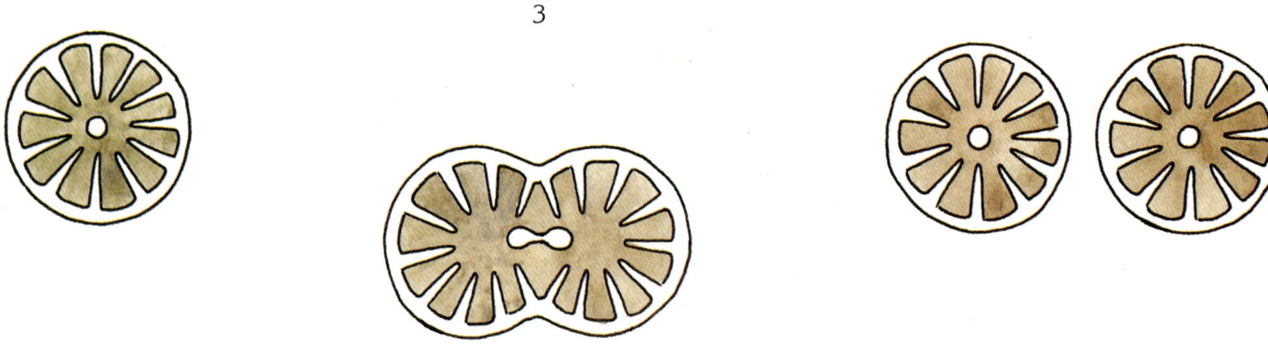

Eniwetok-Atoll (Marschall-Inseln) zwei Temperatur-Optima bei 27 Grad Celsius und 31 Grad Celsius zu haben scheint. Die regelmäßige Zufuhr von Aragonit-Kristallen führt schließlich zur Bildung des ersten Koralliten, einer solitären Existenz, die aber nur annähernd eine Woche andauert.

Die Prozesse, die zur Bildung einer Madreporen-Kolonie führen, lassen zwei grundsätzliche Vorgänge unterscheiden. Der erste wird intratenta-

A

A - Die regelmäßige Verteilung der Koralliten bei dieser massiven Steinkoralle aus der Familie der Favidae erklärt sich durch die entsprechende, regelmäßige intratentakuläre Teilung der Polypen, die bei dem zentral sitzenden, gelben Polypen begonnen hat.

1a

B

B - Die Größe eines jeden Polypen ist durch die Art fest vorgegeben – nicht aber die Größe der Kolonie, die von vielen Variablen und Umwelteinflüssen abhängig ist.

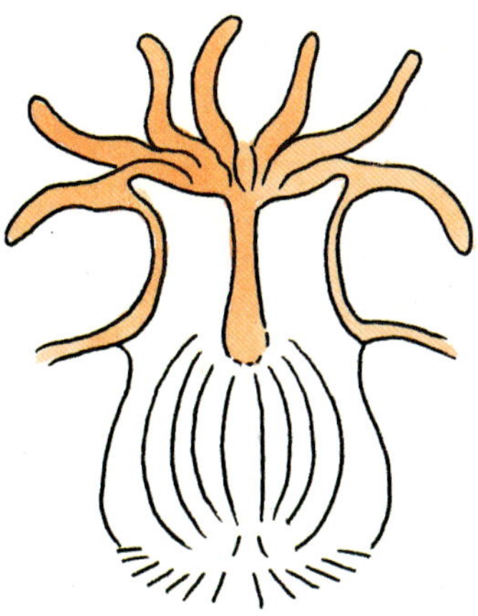

2a

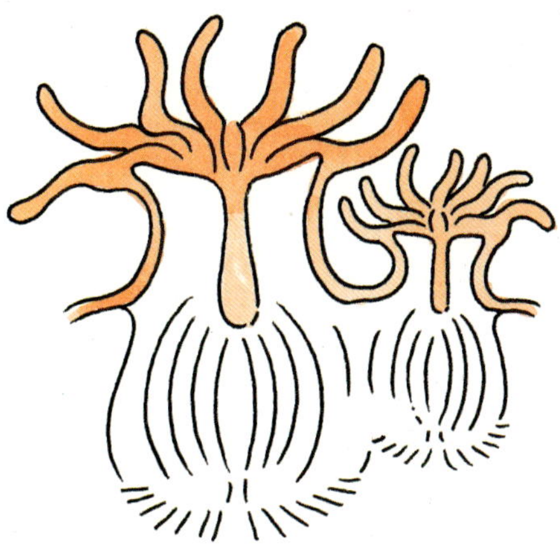

3a

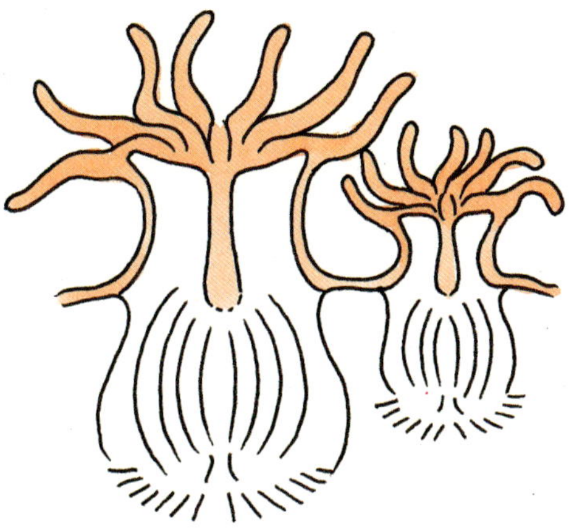

4a

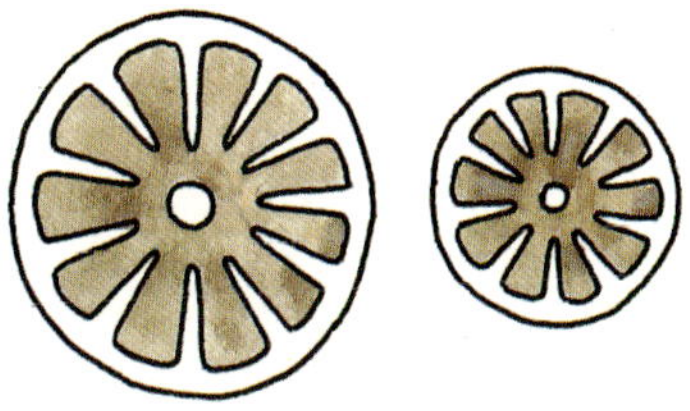

Wenn Polypen dicht nebeneinander stehen, aber unterschiedlich groß sind (1a), ist dies häufig auf einen extratentakulären Prozess des Koloniewachstums zurückzuführen. Auch diese Entwicklung wird wiederum in der Seitenansicht (obere Reihe) sowie in der Aufsicht (untere Reihe) gezeigt:

Aus einer Ausstülpung in der äußeren Wand des Mutterpolypen (3a) entwickelt sich allmählich ein Polyp mit Mund und Tentakeln. Im Endstadium (4a) gibt es keine Verbindung zwischen den beiden Polypen mehr, und der neu entstandene Polyp beginnt damit, seinen eigenen Koralliten auszubilden.

kulär genannt und ähnelt der Zellteilung. Dabei schnürt sich die Mundscheibe des „Mutter“-Polypen derart ein, daß sie einer Acht ähnlich sieht. Dieser Vorgang setzt sich so lange fort, bis zwei getrennte Mundöffnungen erscheinen, alle Organe (Tentakeln, Mesenterien etc.) und Skelettstrukturen (Theka, Rippen) verdoppelt sind und sich zwei gleich große Polypen gebildet haben. Der andere Vorgang, durch den sich die Korallen vermehren, wird extratentakulär genannt. Hierbei kommt es zu einer Ausstülpung in der äußeren Wand des Mutterpolypen. Diese Ausstülpung wächst fortschreitend weiter, bis sich eine kleine Mundöffnung gebildet hat. Dann erscheint ein Tentakelkranz, und schließlich ist ein neuer kleiner Polyp entstanden, der sofort damit beginnt, sein eigenes Kalkskelett zu sezernieren.

A

B

C

D

A, B, C, D - Steinkorallen, die Riffbauer, treten in den unterschiedlichsten Formen auf, wobei sowohl zwischen den einzelnen Arten, als auch innerhalb derselben Art große Differenzierungen vorkommen können. Dies hängt vom Habitat ab, in dem sich die jeweilige Kolonie entwickelt. Die Abbildungen zeigen von oben nach unten die wichtigsten Bauformen: massiv, verzweigt, kissenförmig und blattförmig.

Welche Methode auch immer zur Bildung eines neuen Polypen führt, der Prozeß wiederholt sich mit wachsender Geschwindigkeit, wie bei einer Kettenreaktion, um schließlich eine Kolonie zu erzeugen, die aus Tausenden und Abertausenden von identischen Polypen besteht. Alle Polypen stammen vom ersten Koralliten ab, und alle bleiben durch eine gemeinsame kalkhaltige Matrix miteinander verbunden. Die Dichte schwankt von wenigen Polypen bis zu mehreren Dutzend Polypen pro Quadratzentimeter. Andere Larven, von gleicher oder von anderen Arten, können sich ansiedeln – oder sie siedeln in unmittelbarer Nachbarschaft, so daß sich letztendlich über einen Zeitraum von Tausenden von Jahren ein Riff bildet. Schließlich wird eine außergewöhnliche Quelle des Lebens entstehen, die weiterwachsen wird, angetrieben von einer Verkettung von Ursache und Wirkung, die wie folgt zusammengefaßt werden kann: Vergrößerung der Produktivität und Biomasse, Vergrößerung der besiedelten Oberfläche, Vermehrung der besetzten ökologischen Nischen und Vermehrung der Artenzahl. Obwohl die Stoffwechselvorgänge, die zur Kalksynthese führen, bei allen Madreporaria gleich sind, ist dennoch die Geschwindigkeit, mit der die Skelette gebildet werden, recht unterschiedlich. Kompakte Korallen wachsen weniger als einen Zentimeter pro Jahr, Acroporaria hingegen wachsen, wenn sie unter sehr guten Bedingungen leben, mehr als 20 Zentimeter im Jahr. Welcher Vorgang ist für die Kalkbildung verantwortlich? Das Kalzium, das zur Bildung der Skelette notwendig ist, wird in ionischer Form direkt dem Meerwasser entzogen (Ca^{++}). Um aber festes Kalziumkarbonat ($Ca(HCO_3)_2$) zu bilden, muß es mit Bikarbonat-Ionen (HCO_3-) zur Reaktion gebracht werden, die aus der Aufspaltung von Kohlensäure (H_2CO_3) stammen. Unglücklicherweise ist diese Reaktion nicht nur sehr uneffektiv, sondern dazu

Das Größenwachstum der Kolonie vollzieht sich dank der unaufhörlichen Ausbildung neuer Polypen. Ihre Kalkskelette werden nach dem Absterben zur Basis für das Wachstum neuer Polypen. Größe und Form jeder Kolonie variieren von Art zu Art. Dennoch kann man zwei Haupttypen unterscheiden: Massive (beispielsweise die Hirnkorallen und die Favidae) und verzweigte Korallen (beispielsweise Acroporidae und Pocilloporidae). Der fachgerecht präparierte Längsschnitt durch eine Steinkoralle ermöglicht es dem Fachmann, das Alter der Kolonie und das Ausmaß des jährlichen Wachstums zu bestimmen. Letzteres hängt sowohl von den Jahreszeiten und Umweltbedingungen als auch vom physiologischen Zustand der Kolonie selbst ab.

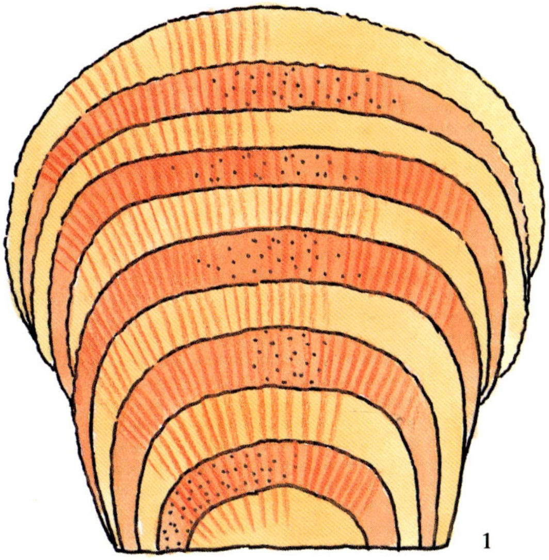
1

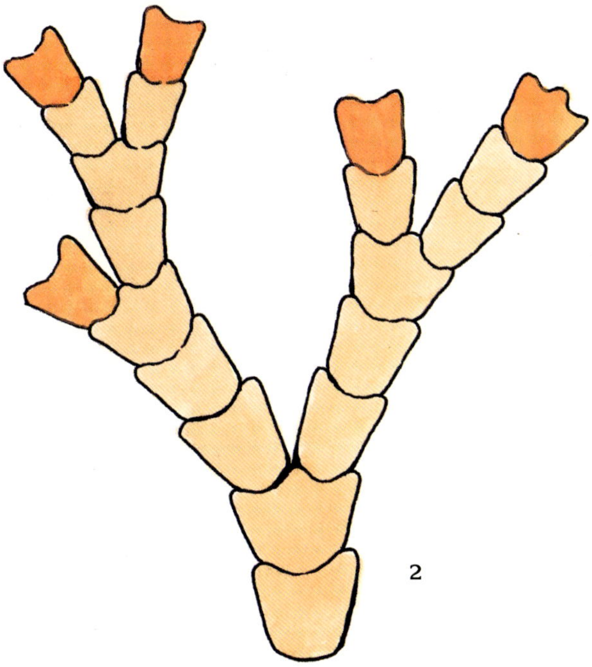
2

E

F

E - Jede Korallenart setzt sich dort am Riff fest und entwickelt sich, wo die Umweltbedingungen am günstigsten sind. Ähnlich wie bei der Lebensgemeinschaft Wald üben die Korallen an einem Riff Einfluß aufeinander aus und konkurrieren um Lebensraum.

auch noch instabil, weil die festen Substanzen die Tendenz haben, sich aufzulösen, sobald sie sich gebildet haben. Um für die Riffbildung genügend Kalziumkarbonat zu erzeugen, ist es notwendig, daß die Kohlensäure, die aus der Vereinigung von Kohlendioxid und Wasser entsteht, so schnell wie möglich wieder entfernt wird. Die Korallen haben für diesen Prozeß in den Zooxanthellen einen leistungsstarken Partner gefunden.

G

F - Verzweigte Formen kommen besonders häufig bei der Familie der Acroporidae vor. Die Abbildung zeigt deutlich, daß die baum- beziehungsweise tischförmige Bauform eine besonders gute Ausbeute des Lichtes ermöglicht.

G - Diese Steinkoralle mit finger- beziehungsweise säulenartiger Bauform hat sich nur wenige Meter unter der Wasseroberfläche angesiedelt.

Lebensnotwendig: Die Zooxanthellen

Die für die meisten Polypen charakteristische braun-grüne oder blaugrüne Färbung muß der Anwesenheit von Zooxanthellen in ihrem Gewebe zugeschrieben werden. Zooxanthellen sind einzellige Algen oder genauer formuliert Dinoflagellaten der Art Symbiodinium adriaticum, die in den entodermalen Zellen der Koralle leben. Diese Algen stehen mit den Korallen in einer sehr engen Verbindung. Es handelt sich um eine Endosymbiose, also um ein gegenseitiges Abhängigkeitsverhältnis, von dem beide Organismen profitieren. Die Zooxanthellen versorgen den Polypen mit Energie in Form von Produkten, die sie aus der Photosynthese herstellen. Dazu gehören Zucker, Aminosäuren, Glyzerin und eine geringe Menge an Vitaminen und hormonalen Substanzen.

Die Algen reichern die Umgebung außerdem mit Sauerstoff an und verarbeiten potentiell giftige Substanzen wie Kohlendioxid, Phosphor und Stickstoff. Diese Stoffe stammen hauptsächlich aus dem Stoffwechsel der Koralle. Sie stellen ebenso den Beitrag der Koralle an der Symbiose dar, wie die sichere Umgebung, in der die Algen vor Freßfeinden geschützt sind. Eine besondere Bedeutung kommt dem Kohlendioxid zu: Dieses Gas, das von allen Organismen als Endprodukt der Atmung abgegeben wird, neigt dazu, sich mit Wasser zu Kohlensäure zu verbinden. Kohlensäure aber ist in der Lage, das Kalkskelett der Koralle aufzulösen beziehungsweise den Aufbau des Skeletts zu verlangsamen.

Der Prozeß der Photosynthese, deren Ausgangsprodukte Kohlendioxid und Wasser sind, ermöglicht es den Zooxanthellen, kontinuierlich Kohlendioxid zu verarbeiten. Dadurch wird der Säuregehalt der Umgebung auf einem niedrigen Niveau gehalten, was dazu führt, daß die Koralle wie zuvor beschrieben ihr Skelett aufbauen kann.

A

B

A, B - Die prächtig gefärbten Gewebe der Riesenmuschel (Tridacna sp.) beherbergen Tausende mikroskopisch kleiner, symbiontischer Algen. Diese Symbiose zwischen Tier und Pflanze ist identisch mit der zwischen Polyp und Zooxanthellen bei den Korallen. Bei der Tridacna sind die Algen hauptsächlich in den dem Licht ausgesetzten Teilen des Mantels zu finden. Die Außenhaut des Mantels gleicht einer dünnen, transparenten Folie - die Lichtdurchlässigkeit ist wesentlich für das Überleben der Zooxanthellen.

Diese Zusammenhänge erklären, warum Korallen die Zooxanthellen hermatypisch behausen. Das schnelle Wachstum der Korallen ist ausschließlich diesen symbiontischen Algen zu verdanken, die in einer beträchtlichen Menge in dem Gewebe der Koralle vorkommen. Man hat berechnet, daß in jedem Quadratzentimeter des Korallengewebes rund eine Million Algen leben, die sich ständig erneuern. Dadurch ist eine bestimmte Konzentration an Algen in den Korallen sichergestellt. Wenn die Zooxanthellen den Korallen entzogen werden, vermindert sich die Neubildung des Skeletts bis zum völligen Stillstand.

Die Gefährdung der Korallen, die bereits durch veränderte Umweltbedingungen (Verschmutzung durch giftige Substanzen, Temperaturanstieg) gegenwärtig ist, ist eine der größten Bedrohungen für die Koral-

C

C - Die braun-grünliche Färbung gewisser Steinkorallen rührt gewöhnlich von den im Gewebe lebenden symbiontischen Algen her. Diese werden Zooxanthellen genannt. Biologisch werden sie zur Art Symbiodinium adriaticum gezählt.

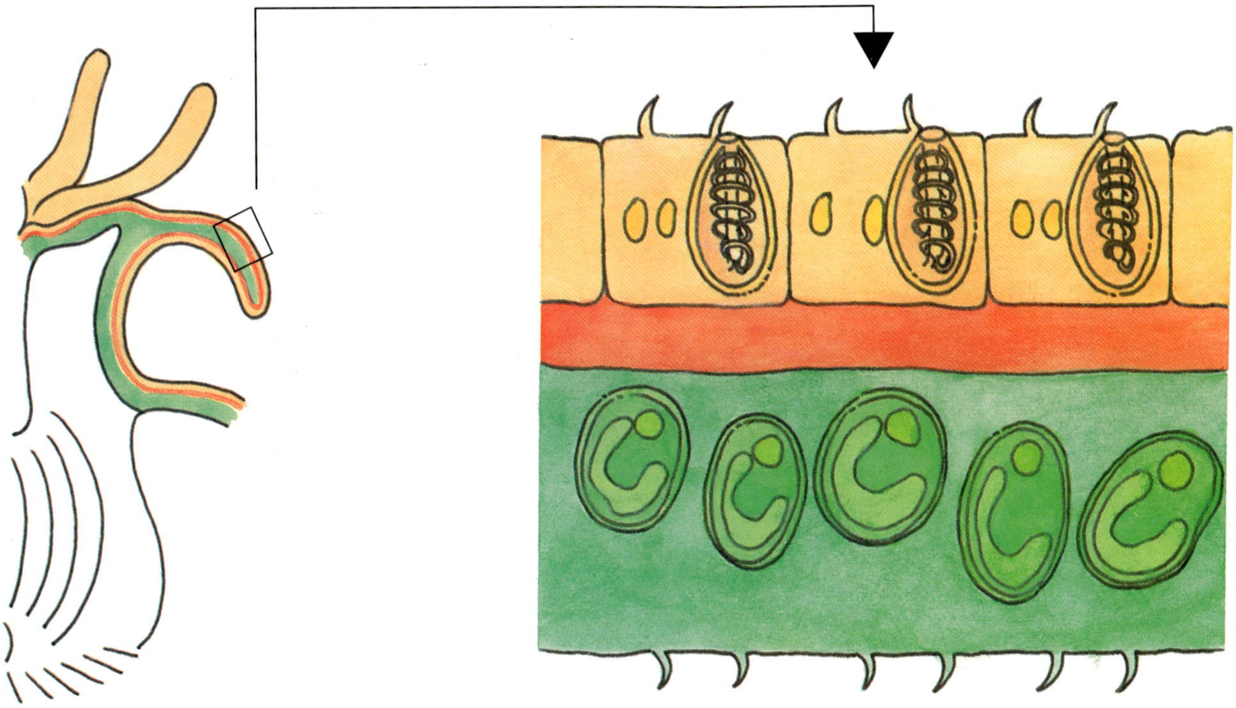

Die Schnittzeichnung zeigt die Anordnung der Hauptgewebe bei einem Polypen:
1. Lachsrosa = Ektoderm
2. Rot = Mittelgallerte (Stratum, Mesogloea)
3. Grün = Entoderm

Starke Vergrößerung eines Ausschnittes vom Tentakel eines Polypen. Die Farbe der Gewebe entspricht der Zeichnung links. Die eiförmigen Gebilde im Ektoderm sind die Nesselkapseln (Cnidoblasten), in denen der Nematocyst spiralig aufgerollt ist. Die Nesselkapseln dienen zur Verteidigung sowie zum Beuteerwerb. Die rundlichen Gebilde im Entoderm sind symbiontische Algen, die Zooxanthellen. Diese Photosynthese betreibenden Zellen findet man nicht nur in den Tentakeln, sondern auch in den tiefer liegenden Teilen des Polyps, in denen die Nahrung verdaut wird. Auch dort erhalten sie noch genügend Licht, denn das Gewebe des Polypen ist dünn und recht transparent.

len. In einigen Gebieten (zum Beispiel auf den Bermudas in den Jahren 1987 und 1988) haben die genannten Umweltveränderungen zuerst den Tod der Algen verursacht und demzufolge das Absterben der Madreporen. Sichtbar wurde dieser Vorgang in der völligen Ausbleichung weiter Areale der Korallenriffe.

Die Anwesenheit von Zooxanthellen erklärt auch, warum sich Korallen am besten in den ersten 20 bis 30 Metern unterhalb der Wasseroberfläche entwickeln, und warum sie bis auf wenige Ausnahmen unterhalb von 90 Meter Tiefe überhaupt nicht mehr vorkommen. Die lebensnotwendige Voraussetzung für die Leistungsfähigkeit des Stoffwechsels der Korallen und Zooxanthellen ist das Licht. Studien am Großen Barriereriff, wo einige Kolonien von Korallen für ein Experiment untersucht wurden, haben gezeigt, daß Korallen innerhalb von sechs Monaten absterben, wenn man sie vom Licht abschirmt.

Die Beziehung zwischen Korallen und symbiontischen Algen ist aber noch weitreichender als bisher beschrieben. Mit radioaktiven Markern konnte man nachweisen, daß verzweigte Kolonien ein Transport- und Zirkulationssystem besitzen, über das die von den Algen produzierten Substanzen bis in die Spitzen der Verzweigungen – die wachstumsintensivsten Bereiche – gelangen.

Das Abhängigkeitsverhältnis zwischen den Zooxanthellen und den Nesseltieren ist so groß, daß in Abwesenheit von Korallen gezüchtete Algen die Produktion der organischen Substanzen, die von den Polypen genutzt werden, um 30 bis 40 Prozent reduzieren. Korallen wiederum sondern eine Substanz ab, die die Algen wie ein Filter vor den schädlichen UV-Strahlen schützt. Dieses Phänomen wird besonders bei Korallen beobachtet, die dicht unter der Wasseroberfläche leben, oder die bei Ebbe sogar zeitweise die Wasseroberfläche durchbrechen. Ohne diesen Schutz würden die Zooxanthellen von den UV-Strahlen zerstört.

Die Beziehung zwischen Licht und Wachstum der Korallen wird ebenfalls beim Prozeß der Kalkabscheidung deutlich. Untersuchungen haben gezeigt, daß die Synthese von kalkhaltigem Material periodisch verläuft, und zwar nicht nur über

A

A - Wie dieses Foto deutlicht zeigt, pflegen die Steinkorallen-Kolonien ihr Wachstum so auszurichten, daß sie immer dem Licht ausgesetzt sind. Genau wie auch im Wald entwickelt sich jede Art so, daß die vorhandenen, natürlichen Ressourcen bestmöglich für Wachstum und Überleben ausgenutzt werden können.

B

B - Ähnlich wie Krustenalgen haften diese blattförmigen Krustenkorallen am Substrat. Die Koralliten sind dabei in konzentrischen und waagrechten Reihen angeordnet. Das ermöglicht es der Kolonie, die größtmögliche Zahl von Zooxanthellen dem Sonnenlicht auszusetzen, und dies wiederum ist entscheidend für das Wachstum der Koralle und die Kalksynthese. Häufig verändern sich die Wuchsformen derselben Arten, und zwar mit zunehmender Tiefe von massiv zu blattartig. Der Abstand von der Wasseroberfläche beeinflußt direkt die Transmission der Lichtwellen im Wasser. Da die Lichtenergie beim Durchgang durchs Wasser reduziert wird, muß sich die Korallenkolonie entsprechend anpassen.

C

C - Diese Lebensgemeinschaft von Steinkorallen und Gorgonien verdeutlicht die Wichtigkeit bestimmter Umweltfaktoren für diese Organismen. Bei den Fächerkorallen sind es hauptsächlich die Strömungen, bei den Steinkorallen ist es das Sonnenlicht.

D - Die zarten, fluoreszierenden Farben dieser Korallenkolonie rühren von der hohen Konzentration der Zooxanthellen her. In manchen Fällen kann die unglaubliche Zahl von einer Million Zellen pro Kubikzentimeter Korallengewebe erreicht werden.

ein Jahr gesehen, sondern auch im Laufe eines Tages.

Eine detaillierte Studie, die über 24 Stunden die mikroskopischen Wachstumsvorgänge einer Korallenkolonie untersuchte, konnte belegen, daß die Kalksynthese tagsüber zwei- bis dreimal schneller verläuft als nachts. Der Wechsel von Helligkeit und Dunkelheit beeinflußt außerdem die Art der Kalkkristalle, die vom Gewebe des Polypen gebildet werden. Man unterscheidet rhombische Kristalle, die überwiegend nachts, und nadelförmige Kristalle, die vor allem tagsüber gebildet werden. Der jährliche Rhythmus kann mit Röntgenstrahlen, ultraviolettempfindlicher Färbung oder einem Densitometer (fotosensibler Schwärzungsmesser) sichtbar gemacht werden.

Die Wachstumsringe erlauben es, die Wachstumsgeschwindigkeit von verschiedenen Arten oder in unterschiedlichen Regionen zu bestimmen. Mit diesen Techniken konnten sogar fossile Korallen untersucht werden, wobei man entdeckte, daß vor rund 370 Millionen Jahren ein Jahr etwa 400 Tage dauerte. Diese Entdeckung bekräftigt astronomische Theorien, nach denen die Geschwindigkeit der Erdrotation allmählich abnehmen soll.

D

E

F

E, F - Manche Korallenarten können das unglaublich feine und dehnbare Ektoderm aufblähen, indem sie sich mit Wasser aufpumpen. Sie vergrößern auf diese Weise die dem Licht zugewendete, mit Zooxanthellen besetzte Fläche. Nachts werden die Blasen zurückgebildet, und die Tentakel treten in Aktion.

Eine Welt von Räubern

Korallen können verschiedene Methoden und Quellen nutzen, um ihre Nahrungsbedürfnisse zu stillen. Man weiß, daß sie organische und anorganische Substanzen direkt aus dem umgebenden Meerwasser aufnehmen können. Dabei ist bisher nicht ausreichend geklärt, wie wichtig dieser Beitrag unter dem Gesichtspunkt des Energie-Gewinnes ist. Daneben können Korallen einen gewissen Teil der eigenen Zooxanthellen nutzen. Diese Hypothese wird durch die Tatsache erhärtet, daß man bisher in den Korallen fast keine freien Zooxanthellen finden konnte. Die bedeutendste Nahrungsquelle stellt das Plankton dar. Dabei sind größere Korallen auch in der Lage, größere Organismen zu fangen, die tot oder geschwächt sind. Viele Korallen sind aktive und effiziente Räuber, die mit ihren Tentakeln jede Beute fangen, die sich in ihrem Umfeld aufhält oder die ihr mit der Meeresströmung zugetrieben wird. Die Tentakeln sind mit Nesselzellen ausgestattet, um die Beute zu fangen und zu töten. Hierbei handelt es sich um kugelförmige Zellen (Cnidoblasten), die ein langes und sehr dünnes Filament (Nematocyst) enthalten, das zu einer Spirale aufgewunden ist. Kommt ein Beutetier mit einer solchen Zelle in Kontakt, dann explodiert diese, und der Nematocyst wird kraftvoll herausgeschleudert, wobei er in den Körper des Opfers eindringt. Über das lange, hohle Filament wird ein toxisches Sekret in das Opfer injiziert. Obgleich der Erfolg des ersten Angriffs bereits durch den Kontakt zwischen Beute und Nesselzelle vor-

A

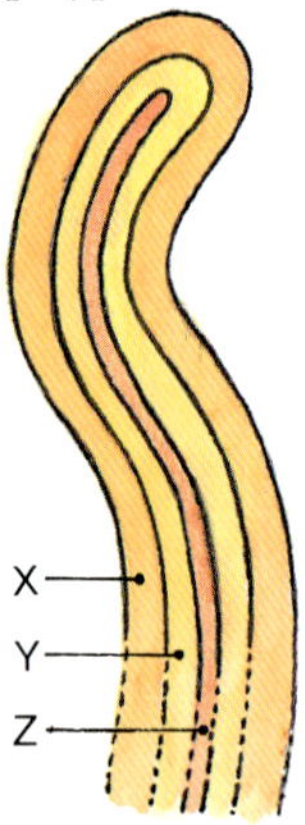

Die Zeichnung zeigt den Längsschnitt durch den Tentakel eines Korallenpolypen.

Es handelt sich um eine Hohlstruktur, die durch das äußere Ektoderm (x), das innenliegende Entoderm (z) sowie das dazwischenliegende, gelatinöse Gewebe gebildet wird, das Mesogloea (y) genannt wird.

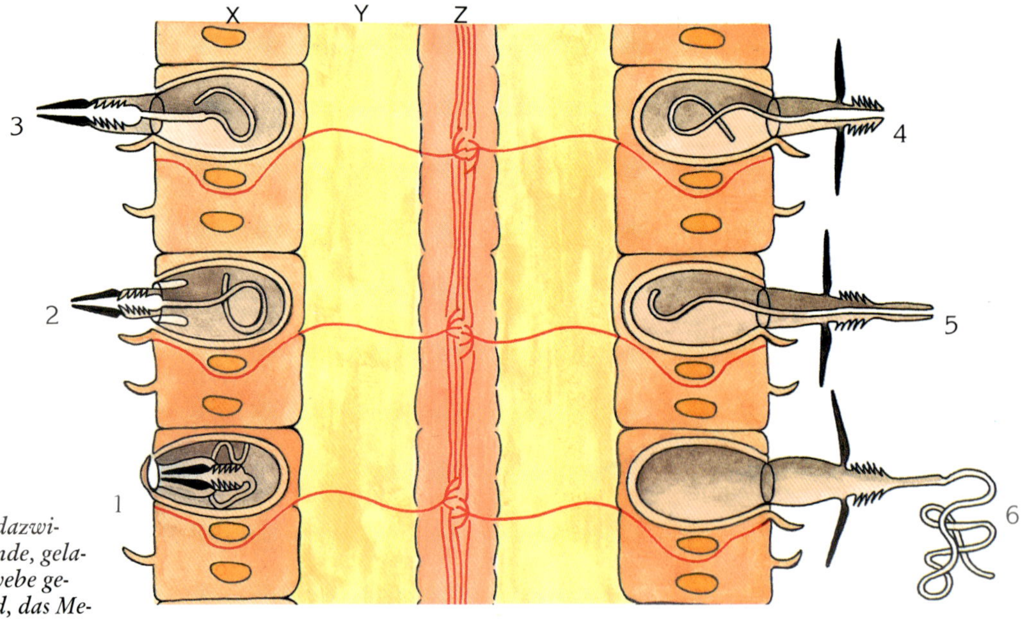

Vergrößerter Längsschnitt durch einen Tentakel.

Die Tentakel sind röhrenartige Hohlgebilde. Zum Aufbau siehe Bildbeschreibung links. In der Vergrößerung werden die Gewebe und die Nesselkapseln (Cnidoblasten) deutlich erkennbar. Im Uhrzeigersinn – von 1 bis 6 – wird gezeigt, was beim Auslösen der Nesselkapseln passiert: Wenn eine Nesselkapsel in Kontakt mit einem Fremdkörper kommt, wird ein empfindlicher Auslöser (Cnidocil) stimuliert (1). Dies löst augenblicklich die Öffnung der Zelle und das Ausschleudern des Nemotocysten aus (2). Dieses Filament, das in Ruhestellung spiralig in der Nesselkapsel aufgerollt ist, wird ausgeschleudert (3, 4, 5) und dringt in den Körper des Opfers ein.

herbestimmt ist, scheint sicher zu sein, daß die Entladung weiterer Nematocysten, die für den sicheren Fang der Beute notwendig sind, durch die Beute selbst chemisch stimuliert wird. Korallenpolypen reagieren sensibel auf organische Substanzen (Aminosäuren, Zucker), die in den intrazellulären Flüssigkeiten ihrer Opfer enthalten sind. Eine Mischung aus homogenisiertem Plankton und Wasser in einer Konzentration von 10 mg/l ruft bei den Korallenpolypen eine deutliche Reaktion hervor: Die Münder werden geöffnet, und die Tentakeln beginnen mit intensiven Bewegungen auf der Suche nach Beute. Da die Jagd der Korallen praktisch zufällig verläuft, hängt der Erfolg alleine von der Konzentration der Beute im Meerwasser ab. Wenn in der Nacht das Zooplankton zur Wasseroberfläche aufsteigt, entfalten sich die Polypen, und die Wandlung der Korallen ist manchmal derart drastisch, daß das gesamte Erscheinungsbild einer Kolonie, die dann anscheinend von Tausenden sich bewegender Tentakeln gesäumt ist, völlig verändert ist. Sowohl die Tentakeln als auch die Cnidoblasten sind von einem klebrigen Schleim überzogen. Dieser Schleim kann organische Detritus-Partikel oder Bakterien zurückhalten, die dann zum Mund befördert werden. Dies geschieht entweder direkt mit Hilfe der Tentakeln oder mit Hilfe mikroskopisch kleiner, schlagender Cilien, die in geordneten Reihen auf der Oberfläche der Tentakel sitzen. Die Cilien dienen ferner dazu, jede Art von Sediment, Nahrungsreste oder Abfallprodukte, die aus der Mundöffnung stammen, von der Oberfläche zu entfernen. Zu diesem Zweck kann die Richtung des Cilienschlags je nach Bedarf geändert werden. Diesen besonderen Fähigkeiten steht ein relativer Planktonmangel im Riff gegenüber. Es ist daher anzunehmen, daß die enorme Produktivität der Korallen eher auf einen kurzen Nahrungskreislauf zwischen ihren symbiontischen Algen und ihnen beruht.

A - Obwohl die Korallen alles andere als offensiv aussehen, sind sie doch in der Lage, auch – im Vergleich zur Größe ihrer Polypen – eine relativ große Beute zu überwältigen.

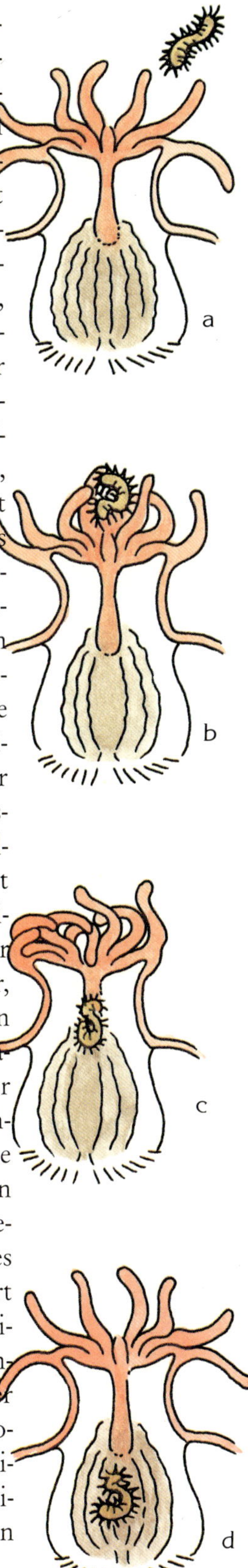

B

C

B - Die Durchschlagskraft und der Harpuneneffekt der Nematocysten sowie das injizierte toxische Sekret kann manche Organismen bewegungsunfähig machen beziehungsweise töten. Sodann kann die Beute vom Polypen langsam eingeschlürft werden.

C - Die Ernährungsbandbreite reicht bei den Korallen vom typisch räuberischen Fleischfresser bis zum Pflanzenfresser. Letzteres ist auf die symbiontischen Algen im Gewebe zurückzuführen, denn die Korallen profitieren von deren Photosynthese.

Die Korallen ernähren sich räuberisch und sind in der Lage, eine Vielzahl von Organismen – vorwiegend planktonischer Art – zu erbeuten. Die Nesselkapseln sowie ein klebriger Mucus, der die Tentakeln überzieht, fangen wirksam kleine Krustentiere, die Larven von Weichtieren, winzige Ringelwürmer (oberste Zeichnung) und andere winzige Organismen, die im Wasser rund ums Riff herum leben und teilweise auch von den Strömungen herbeigedriftet werden. Wenn ein solcher Organismus mit einem oder mehreren Tentakeln in Kontakt gerät (a), wird er eingefangen (b). Nach und nach befördern die Tentakeln beziehungsweise die auf den Tentakeln sitzenden, winzigen Cilien die Beute zur Mundöffnung (c). Von hier wird sie in den Gastralraum weitergeleitet, wo die Verdauung stattfindet (d).

DAS LEBEN IM KORALLENRIFF

A

A - Die außergewöhnliche Vielgestaltigkeit von Farben und Lebensformen fesselt eine wachsende Zahl von Tauchern an die Korallenriffe. Abgelenkt von den Schönheiten am Meeresgrund macht sich der Taucher wohl nicht immer klar, daß sich vor seinen Augen Leben und Vergehen, Aufbau und Zerstörung, Bündnisse und Kämpfe abspielen – eben die immerwährende Schlacht um das Überleben.

B

B - Die Würmer sind häufig nicht sichtbar, aber praktisch überall im Korallenriff präsent und leben manchmal in dichten Gruppen beieinander. Bei der Untersuchung eines abgestorbenen Korallenkopfes, der drei Kilogramm wog, wurden über 1300 Würmer gefunden, die zu etwa 100 verschiedenen Arten gehörten. Häufige und auffällige Vertreter dieses eher versteckten Universums sind Spiralröhrenwürmer mit ihrer federigen Tentakelkrone (Spirobranchus giganteus). Ihre Körper sind in der Wohnröhre, die in den Korallenstock hineinreicht, verborgen. Nur die einziehbare, farbige Tentakelkrone reicht ins Freie. Sie dient zur Atmung und zum Ausfiltern von Nahrung.

C

C - Die Gorgonien, die man gewöhnlich wegen ihrer Fächerform leicht erkennt, beherbergen bei näherem Hinsehen einen ganzen Minikosmos an Lebewesen. Ihre Stützskelette werden von krustenartigen Lebewesen wie Weichkorallen oder Schwämmen angegriffen. Obwohl sich ihre äußere Form nicht ändert, kann man dies doch an der anderen Färbung erkennen. Beliebt sind die Gorgonien auch als Sitz für filternde Tiere, wie beispielsweise die Federsterne, die von der Gorgonie aus ihre Arme ins Freiwasser strecken können, um Beute zu fangen.

Das faszinierende und farbenfreudige Szenario eines Korallenriffs verbirgt eine Reihe eng verknüpfter, komplexer Beziehungen zwischen Räubern und deren Beute. Beide sind in den täglichen Existenzkampf eingebunden. Zahlreiche biologische und soziale Faktoren (Fortpflanzung, Verteidigung und Konkurrenz) sind beteiligt und wirken gleichzeitig aufeinander ein; sie bestimmen die Verbreitung und Abfolge einer Population. Das gilt besonders für am Boden festsitzende Tiere zur Eroberung von Raum und Nahrung, den notwendigen Voraussetzungen für das Wachstum. Beutefang, oft verdeckt und kaum zu erkennen, ist ein wichtiger Mechanismus, der verhindert, daß wenige Organismen ein Riff allein beherrschen und die Oberfläche durch krustenbildende Organismen wie Korallen, Algen, Schwämme, Würmer, Seescheiden und Mollusken kolonisiert wird. Obwohl die verschiedenen Tiere fortwährend in schneller Folge wechseln, bildet sich durch das Zusammenwirken aller Faktoren eine stabile Gemeinschaft. Eines der besten Beispiele verborgenen Existenzkampfes läßt sich bei Korallen beobachten. Die Verteilung der Steinkorallenkolonien im Riff hängt nicht allein von physikalisch-chemischen Faktoren ab (wie bereits ausführlich in den vorherigen Kapiteln ausgeführt), sondern auch von biologischen Faktoren. Diese werden von den Korallen selbst bestimmt, wie beispielsweise die Besiedlungsdichte, die der erste Begrenzungsfaktor für deren Wachstum ist.

Ein Vergleich der verschiedenen Arten ließe vermuten, daß Arten mit schnellem Wachstum andere Arten leicht beherrschen könnten und auf diese Weise Korallenblöcke entstehen, die nur Arten der Gattung Acropora oder ähnliche Kolonien aufweisen. In Wirklichkeit verhält es sich aber anders. Es gibt ein Gleichgewicht - und merkwürdigerweise beherrschen die kleinen, langsam wachsenden Arten die schneller wachsenden, auffälligeren Arten.

D - Auf dieser Aufnahme erkennt man deutlich die Berührungszone zwischen den beiden großen Tischkorallen. Noch ist nicht klar, was weiter geschehen wird: Wird eine der beiden gewinnen, oder werden vielleicht beide Polypenkolonien überleben, indem sie sich in entgegengesetzte Richtungen weiterentwickeln?

D

E - Das Zusammenleben von zwei oder mehr Korallenkolonien erfolgt nicht immer durch friedliches Aufteilen des vorhandenen Raumes. Nach festen Regeln, die vom Ansiedeln in der Larvalphase bis zur räumlichen Ausdehnung beim Wachstum reichen, konkurrieren die Korallen untereinander und setzen dabei auch chemische Waffen sowie unterschiedliche Wachstumsgeschwindigkeiten ein.

E

F

Schnelles Wachstum ist zwar nützlich, für Korallen aber nur ein Mittel, um lebensnotwendigen Platz zu gewinnen. Auf weitaus wirksamere Art und Weise können Korallen ihre lang ausstreckbaren Mesenterialfilamente, die normalerweise zur äußeren Verdauung verwendet werden, als Waffen gegen benachbarte Korallen und andere Organismen einsetzen. Durch Zellen, die wie die Nesselzellen wirksame Enzyme absondern, können die aggressivsten Arten ihre Nachbarn eliminieren, indem sie sie „andauen" oder in ihrem Wachstum behindern. Die Wirksamkeit der Verdauungsenzyme unterscheidet sich von Art zu Art und sorgt somit für eine soziale Hierarchie unter den Steinkorallen. Folglich ist die Verteilung der Korallen im Riff sicherlich ein Ergebnis stiller Kämpfe zwischen den einzelnen Arten und auch zwischen Kolonien derselben Art. Manchmal gibt es auch einen Wechsel von aggressiven zu nicht aggressiven Formen innerhalb einer Art. Dies scheint mit Zeitfaktoren verbunden zu sein und von Umweltbedingungen und physiologischen Mechanismen abzuhängen. Die Steinkorallenkolonien wären somit befähigt, feine Unterschiede zwischen innerartlichen Kolonien durch physiologische Prozesse zu erkennen - vergleichbar den Reaktionen auf eine Abstoßung, die bei Transplantationspatienten beobachtet werden. Ein typisches Beispiel ist die Griffelkoralle Stylophora pistillata mit ihren purpurfarbigen Kolonien. Die untergeordneten (subdominanten) Kolonien erscheinen gelb. Nesselzellen der dominanten und aggressiveren Kolonien verursachen bei Polypen der benachbarten Kolonien Verbrennungen. Diese werden dann von Algen, Bakterien und anderen zersetzenden Mikroorganismen befallen. Eine andere Art und Weise, das Wachstum der untergeordneten Kolonien zu hemmen, ist ein massives Wachstum der rivalisierenden Kolonie, was zur Bildung einer „Mauer"

F - Wenn zwei Korallenkolonien aufeinandertreffen, werden wohl auch Abwehrmechanismen ausgelöst, ähnlich wie sie beim Menschen nach Organtransplantationen auftreten können. Die Spitzen der verzweigten Koralle (links) scheinen sich bereits aufzulösen und dabei den Kontakt mit der gegnerischen Koralle aufzugeben. Wenn die Polypen einmal abgestorben sind, verliert das Skelett der Steinkorallen jegliche Abwehrkraft und wird alsbald von Algen, Schwämmen und anderen krustenden Organismen angegriffen, was den Zerfall des Kalkskeletts beschleunigt.

zwischen den beiden Kolonien führt. Die aggressivere kann auch die unmittelbar angrenzenden Polypen einer anderen Kolonie verschlingen, bis beide regelrecht miteinander verschmelzen. Chemische und physikalische Verteidigungsmechanismen gegen Räuber werden auch von anderen Korallen verwendet. So zum Beispiel von Gorgonien, die im Gegensatz zu den nesselnden Anemonen den Tauchern vollkommen harmlos erscheinen. Sie verteidigen sich vor Räubern wie Schnecken (beispielsweise der Flamingozunge Ciphoma aus der Karibik) und Fischen (wie Lippfischen der Gattung Thalassoma) durch das Ausscheiden giftiger oder abstoßender Substanzen. Vorwiegend sind es Terpene, Fettsäuren und Stickstoffverbindungen, die ihr Gewebe für Räuber ungenießbar machen. Auch Sklerite sind wirkungsvolle Abschreckungsmittel: Diese typischen Kalknadeln stärken das Skelett der Gorgonien und Weichkorallen - wiederum harmlos erscheinend, aber wirkungsvoll als Schutz. Die Hornkorallen scheinen eine sehr effektive Verteidigungsstrategie entwickelt zu haben, da sowohl die Sklerite als auch die abstoßenden chemischen Substanzen in den jüngeren, schwächeren und daher verletzlicheren Spitzen konzentriert sind.
Chemische Abwehr wird auch von niederen Wirbellosen wie Schwämmen angewandt. Höherentwickelte Tunikaten (Seescheiden) können sogar ätzende Verbindungen ausscheiden, die ähnlich wie konzentrierte Säuren wirken. Viele Nacktschnecken, besonders die an Hydropolypen und Schwämmen fressenden Arten, verfügen ebenso über chemische Verteidigungsmechanismen. Die Fadenschnecken (Nacktschnecken) können die Nesselzellen ihrer Beute unbeschadet aufnehmen und diese in ihren beweglichen Körperanhängen speichern. Dort schrecken sie als nesselnde Bestand-

A - Schwämme (Callyspongia plicifera) und Gorgonien sind in den karibischen Riffen, wo sie im Überfluß gedeihen, ein gewöhnlicher Anblick. Ganz anders im Indopazifik, wo sie spärlicher vorkommen. Die unterschiedlichen Ernährungsgewohnheiten erlauben beiden Arten von Lebewesen, sich nahe beieinander zu entwickeln. Gewöhnlich siedeln sie sich dort an, wo regelmäßige Strömung für ein gutes Planktonangebot sorgt.

B - Die erstaunlich großen Riesenfächer (Subergorgia hicksoni) im Roten Meer widerstehen erfolgreich allen Angriffen räuberischer Organismen. Wahrscheinlich hilft ihnen dabei ihr schnelles Wachstumstempo - oder auch, wie dies bei manchen Gorgonien vorkommt, spitze Skerite oder das Ausscheiden von Abwehrsubstanzen.

C - Die Flamingozungen (Ciphoma gibbosum), so benannt wegen der charakteristischen Flecken auf ihrer porzellanartigen Schale, ernähren sich von Gorgonien-Polypen. Diese schützen jedoch ihre Weichteile, indem sie toxische und abschreckende Substanzen ausscheiden. Vorwiegend sind dies Terpene, Fettsäuren und Stickstoffverbindungen. Außerdem lagern sie mehr spitze Sklerite in den Geweben ein, die das Hornskelett überziehen.

D - Die Richtung, in der die Gorgonien ihre Fächer aufbauen, ist wesentlich von der Strömung abhängig. Indem sie sich quer dazu stellen, sorgen die Gorgonien dafür, daß alle Polypen konstant mit reinem, sauerstoff- und nahrungsreichen Wasser versorgt werden. Aus diesem Grund lassen sich auch manche seßhaften Organismen auf den Fächern nieder.

teile alle Angriffsversuche ab. Andere Nacktschnecken fressen an Schwämmen und benutzen die kalk- oder silikathaltigen Nadeln der Schwämme, um ihre Gewebe rauh und fest zu machen.
Die hohe Produktivität und Vielfalt von Lebensformen in Korallenriffen ist hauptsächlich auf den starken Wasseraustausch und auf den schnellen biologischen Nährstoffkreislauf zurückzuführen. Das macht viele Riffe unabhängig: Sie sind in Verwendung, Speicherung und Recycling von Stoffen, die produziert werden oder im Wasser vorhanden sind, bemerkenswert durchorganisiert. Das bestätigen die komplexen Nahrungsketten, dank denen kein Element - vom Detritus bis zum Plankton - außer acht gelassen wird. Dies spiegelt sich deutlich in der Vielfalt der Nahrungsstrategien von Fischen wider. Diese Strategien sind mit der Evolution, der Ausbildung besonderer Organe (Maul, Zähne und spezielle Verdauungssysteme) und Jagdtechniken verbunden. Mit den körperbauspezifischen und durch soziale Anpassungen wurde es möglich, die Verteidigungsstrategien der Beute zu überwältigen. Die Nahrungsstrategien der Fische hatten direkten Einfluß auf deren Anatomie und Physiologie. Der sich schlängelnde Körper einer Muräne ist ideal geeignet, um sich im Labyrinth der Höhlen am Meeresboden fortzubewegen; die flachen Körper der Kaiser- und Falterfische sind perfekt zum Schwimmen zwischen den Korallenästen geeignet, um dort nach kleinen Invertebraten zu suchen. Ebenfalls der Umgebung angepaßt sind die platten Körper der Rochen und Stechrochen - total andere, aber ebenso effektive Anpassungen wie die stromlinienförmigen und hydrodynamischen Körperformen der Haie, Thunfische und Stachelmakrelen. Weiterführende Untersuchungen - wie Vergleiche der Gehirnentwicklung - enthüllten ebenfalls beträchtliche Unterschiede zwischen den Korallenfi-

E

E - Typische Räuber im Korallenriff sind die Muränen. Tagsüber ruhen sie versteckt in Spalten und Höhlen und schauen nur mit dem Kopf daraus hervor. Das weit geöffnete Maul soll keine Drohung ausdrücken, sondern ermöglicht den zum Atmen notwendigen Wasseraustausch. Nachts ziehen die Muränen zur Jagd aus, wobei sie ihre Beute mit ihrem hoch entwickelten Geruchssinn orten.

F

F - Sowohl tag- als auch nachtaktiv ist der Mondsichel-Falterfisch (Chaetodon lunula). Er hat ein breit gefächertes Nahrungsspektrum: Sowohl Korallenpolypen und Algen gehören dazu, aber auch Nacktschnecken und andere bodenlebenden Wirbellose.

G

G - Die Haie stehen an der Spitze der Nahrungskette im Korallenriff. Sie sind sowohl aktive Jäger als auch opportunistische Beutegreifer. Der Schwanz, der noch aus dem Maul eines Grauen Riffhais (Carcharhinus amblyrhynchos) herausragt, ist beispielhaft für das gewöhnliche Verhalten dieses Königs des Riffs.

H

H - Das Verhalten der Schwärme von Großaugen-Makrelen (Caranx sexfasciatus) läßt manchmal an Wolfsrudel denken. Dank ihrer hydrodynamisch perfekt geformten Körper können die Makrelen die Schwärme kleiner Fische schnell einkreisen, und anschließend stoßen sie auf die einzelnen Fischchen zu.

schen. Auch diese könnten mit dem Kampf um das Überleben verbunden sein: Die größte Art einer jeden Familie weist proportional das kleinere Gehirn auf. Größe allein ist eine gute Verteidigung. Die kleineren Arten benötigen ein höherentwickeltes Gehirn, welches sie befähigt, ihre Leistung zu verbessern und auf plötzliche Gefahren zu reagieren.

Sichtbare Algen und symbiontische, von denen viele Korallen und andere Invertebraten wie die Riesenmuscheln abhängig sind, sind die erste Stufe jeder Nahrungspyramide. In den Korallenriffen sind sie grundlegende Nahrungsquelle für eine Fülle pflanzenfressender Fische, Weichtiere und Stachelhäuter. Typische Pflanzenfresser sind Doktorfische, Riffbarsche, Schmetterlings-, Kanin-

Das Zusammenleben der Organismen im Korallenriff hängt von der Beachtung der wechselseitigen Beziehungen ab, wozu auch die natürliche Selektion und der Schutz des Habitats gehört, ebenso die Partnerwahl und die Fortpflanzung. Die Zeichnung zeigt die hauptsächlichen Verbindungen: Die Algen (1) am Riff – einschließlich der praktisch nicht sichtbaren, weil in den Korallen lebenden – ernähren reiche Populationen von pflanzenfressenden Fischen wie Doktor- und zahlreiche Arten von Lippfischen, Blenniden und Grundeln (2). Der Detritus (organischer Abfall) sowie die Überreste toter Organismen auf dem Meeresgrund (3) bilden die Hauptnahrungsquelle für die Wirbellosen (4) und für Fische wie die Meeräschen (5) oder Meerbarben (6), die diese Nahrung in großem Umfang zusammen mit den im Boden lebenden Organismen aufnehmen. Die im Boden lebenden Organismen werden auch von großen Wirbellosen wie dem Oktopus (7) sowie einer großen Zahl von Fischen, z. B. Falterfischen (8), Tigerbarschen (9), und kleinen Barschen wie den Fahnenbarschen (10) erbeutet. Die kleinen Fische, die im ersten oder zweiten Glied der Nahrungskette stehen, werden von den größeren Arten im Riff verfolgt. Hierzu gehören hauptsächlich die Schnapper (11) und Zackenbarsche (12), die die Vorhut der Spitze der Nahrungspyramide darstellen. An der Spitze stehen schließlich die Haie (13), Barrakudas (14), Riesen-Zackenbarsche (15) und Makrelen (16).
Eine weitere Nahrungskette beginnt beim Phytoplankton (17), das die Grundnahrung für das Zooplankton (18) darstellt. Hiervon wiederum hängt das Überleben zahlreicher Arten von Fischen ab, wozu unter anderem viele Riffbarsche (19) und Heringsfische (20) sowie weitere kleine Schwarmfische gehören.
Charakteristisch für das Korallenriff ist, daß die Nahrungskette auf den Korallen (2) basiert. Diese Wirbellosen können halb als Fleisch-, halb als Pflanzenfresser betrachtet werden, denn zu ihrer Nahrung gehören sowohl Plankton als auch die symbiontischen Algen (Zooxanthellen). Korallen dienen manchen Falterfischen (8), den Papagei- (22), Igel- (23) und sogar Feilenfischen (24) als Nahrung. Diese wiederum werden verfolgt von den großen Fischen, die an der Spitze der Nahrungspyramide stehen.

A

B

A - Die großen Rochen mit ihren abgeplatteten, scheibenförmigen Körpern sind ganz dem Leben am Meeresgrund angepaßt. Diese Tiere – im Bild der bekannte Blaupunkt-Rochen (Taeniura lymna) – ruhen sich hier nicht nur aus oder verstecken sich durch Vergraben im Sand, sondern sie suchen hier auch ihre Nahrung, indem sie mit raschen Schlägen der Flossensäume Krustentiere, Schnecken sowie im Sand vergrabene Fische aufspüren.
B - Die Kaiserfische, hier durch den Imperator-Kaiserfisch (Pomacanthus imperator) repräsentiert, haben ein kleines Maul mit bürstengleichen Zähnen. Sie ernähren sich hauptsächlich von algenbewachsenen Schwämmen. Diese Diät wird allerdings durch andere Wirbellose und Pflanzen ergänzt. Zur Familie der Kaiserfische gehören auch nahezu ausschließliche Pflanzenfresser oder Arten, die planktonische Organismen und kleine, im Boden lebende Wirbellose wie Moostierchen, Spiralröhrenwürmer und Algen verzehren.

chen-, Drücker- und Kugelfische mit scharfen Zähnen, die Algenstücke ablösen und zerteilen. „Schaber", wie verschiedene Arten von Schleimfischen und Grundeln, entfernen die das Substrat bedeckenden Algen mit reibeisenähnlichen Zähnen. Andere Arten nutzen die meist verborgenen (symbiontischen) Algen oder solche, die an Korallen festgewachsen sind. So der Papageifisch, dessen Zähne zu vier Platten (zwei obere, zwei untere) verwachsen sind. Sie formen einen kräftigen „Schnabel", mit dem die Tiere tief in die Korallenoberfläche beißen können. Die abgebissenen Stücke werden dann durch spezielle Schlundzähne, ähnlich den Zahnplatten, zerkleinert. Förmlich zu Staub zermahlen, wird der Korallenkalk in charakteristischen Wolken durch den After ausgeschieden. Berechnungen ergaben, daß eine Population von Papageifischen jedes Jahr bis zu einer Tonne Korallensediment je Hektar produzieren kann. Eine bemerkenswerte Menge, obwohl sie noch weitaus geringer zu sein scheint als die, die durch Seeigel, ebenfalls spezialisierte Pflanzenfresser, produziert wird.

Die Fraßspuren der Papageifische sind deutlich an den Korallen sichtbar. Ihre Gegenwart kann bereits aus größerer Entfernung anhand des Geräusches, das beim Abbeißen der Steinkorallen entsteht, so klar wahrgenommen werden, daß ein aufmerksames Ohr die Größe der fressenden Fische unterscheiden kann. Die ausgewachsenen Tiere produzieren einen dumpferen, anhaltenden Ton, die Jungtiere hingegen kurze, höhere Töne.

Die Riffbarsche (Pomacentridae) sind hochspezialisierte Pflanzenfresser. Sie bewachen besondere Nahrungsbänder als ihr Territorium und begünstigen das Wachstum einer Algendecke, die wiederum eine Ausbreitung krustenbildender Algen und Korallen verhindert, was für die Riffstruktur lebenswichtig ist.

C

C - Wohlbekannte Räuber sind die Serranidae, die hauptsächlich durch die Zackenbarsche repräsentiert werden (im Bild der Rotflecken-Zackenbarsch / Epinephelus tauvina). Ihre Jagdstrategie fußt auf der Fähigkeit zu raschen Sprints und schnellem Öffnen des Mauls, wodurch die Beute eingesaugt wird. Die Kiefer sind so geformt, daß das Maul weit geöffnet werden kann. Die Zähne der frontalen Zahnreihe sind klein, aber spitz und nach hinten gerichtet, so daß einmal erfaßte Beute nicht mehr entkommen kann.

D

D - Kofferfische gehören zu den ungewöhnlichsten Erscheinungen im Riff. Als Beispiel mag der Waben-Kofferfisch (Acanthostracion polygonius) aus der Karibik dienen. Sein Körper ist durch einen äußeren Panzer aus polygonalen Knochenplatten geschützt. Das Maul ist klein und hat dicke Lippen. Die Zähne sind kegel- oder schneidezahnförmig. Die Kofferfische ernähren sich von bodenlebenden Wirbellosen wie Seescheiden, Schwämmen, Weichkorallen sowie von Algen.

E

E - Die Papageifische erkennt man leicht an ihren massigen Zahnplatten, die einem Vogelschnabel ähneln. Sie bestehen aus mosaikartig verschmolzenen Zähnen. Jeweils zwei Platten sitzen an Ober- und Unterkiefer. Im Schlund hinter dem „Schnabel" sitzen ebenfalls verschmolzene Mahlzähne, die die Nahrung zerkleinern.

F

F - Die große, noch weiße Fraßstelle in dieser Hirnkoralle zeugt davon, daß hier kürzlich eine Gruppe von Papageifischen vorbeigezogen sein muß. Bei näherer Betrachtung erkennt man weitere, kleine Bißstellen, die von einzelnen Fischen stammen.

Viele Riffbarsche zeigen ein auffälliges Territorialverhalten, das hauptsächlich mit ihren Freßgewohnheiten zusammenhängt. Die Zeichnung zeigt das charakteristische Verhalten eines Demoisellen-Pärchens (1), das eifrig seinen Algengarten gegen andere pflanzenfressende Fische verteidigt. Untersuchungen an Korallenriffen haben klar gezeigt, daß die Intensität der aggressiven Reaktionen gegen andere Arten weniger durch das Eindringen ins Territorium als vielmehr durch die Freßgewohnheiten der betreffenden Art ausgelöst wird. Makrelen (2), Papageifische (3), Doktorfische (4), Falterfische (5) und Kaiserfische (6) werden sogar außerhalb der eigentlichen Grenzen des Territoriums angegriffen, während Fleischfresser wie die Grundeln (7) und Schleimfische (8) ungestört bis mitten in die Algenkulturen eindringen dürfen. Manchmal richtet sich die Aggressivität der Riffbarsche auch gegen bekannte Pflanzenfresser unter den Wirbellosen wie die Seeigel.

Die Zeichnung baut auf der obigen Szene auf und soll das Verteidigungsverhalten der Riffbarsche verdeutlichen. Die gepunktete und die durchgehende Linie zeigen die äußere und die innere Grenze des Territoriums. Die entscheidende Grenzzone ist natürlich die innere. Hier dürfen nur die fleischfressenden – und somit nicht konkurrierenden – Arten (grün) eindringen. Pflanzenfressende Fische (rot) werden angegriffen, sobald sie die äußere Sicherheitszone überschreiten. Somit werden sie davon abgehalten, weiter vorzudringen. Je ähnlicher das Freßverhalten des Eindringlings dem des Riffbarsches ist, desto schneller und intensiver ist die Abwehrreaktion. Wie hoch entwickelt der Territorialinstinkt ist, mag man daraus erkennen, daß Riffbarsche von weniger als zehn Zentimeter Länge erfolgreich gegen viel größere Fische wie beispielsweise Papageifische ankämpfen können.

Fische beeinflussen auch andere Aspekte des Rifflebens wie beispielsweise die Stickstoff-Fixierung oder die Anzahl kleinerer Tiere durch das Belassen einer Rotalgenschicht, die vielen jüngeren Invertebraten als Schutz dient. Nicht zufällig sind sie in diesen „Privatgärten“ zahlreicher vertreten als irgendwo sonst.

Um dies zu erreichen, zerstören die Riffbarsche systematisch die Korallenpolypen innerhalb ihres Territoriums und verteidigen es dann gegenüber allen anderen Fischen mit ähnlichen Freßgewohnheiten. Obwohl Algen aufgrund ihrer einfachen Struktur leichte Opfer zu sein scheinen, hat sich herausgestellt, daß auch sie über spezielle Verteidigungsmechanismen verfügen. Zu den geläufigsten zählt die Verkalkung der Thalli oder die Bildung giftiger Stoffe, die selektiv gegen verschiedene Räuber wirken. Die Menge abstoßender Stoffe steigt sogar innerhalb derselben Art mit der Intensität der an ihnen fressenden Feinde.

Zu den am höchsten spezialisierten Carnivoren im Riff gehören die Fal-

A

terfische (Chaetodontidae) und Feilenfische (Monacanthidae), die die Korallenpolypen mit ihren spitzen Zähnen und pinzettenähnlichen Mäulern abzupfen und zerkleinern. Tatsächlich bedeutet der Name Chaetodontidae „Borstenzähner“.

Selbst die Feuerkoralle, einer der nesselndsten Organismen im Riff - zumindest für den Menschen - hat ihre „Verehrer“. Hauptsächlich ist es der Schrift-Feilenfisch (Aluterus scriptus), der weltweit in tropischen Gewässern vorkommt.

Eine andere Nahrungsreserve, die von Korallen in großen Mengen produziert wird, ist der Schleimfilm (Mucus), den Steinkorallen als Reaktion auf Streßsituationen ausscheiden. Einige Riffbarsche und Feilenfische, sogar Vertreter der Schmetterlingsfische, wurden beim Fressen des zwischen den Wänden der Korallenkelche konzentrierten Mucus beobachtet. Wenn ein Schwarm Papageifische fressend vorübergezogen ist, ziehen auch viele kleine Fische Nutzen aus dieser Nahrungsquelle, die reich an Fetten ist. Der Korallenschleim wird auch von planktonfressenden Fischen aufgenommen. Er wird durch Wellenbewegungen und Strömungen von den Korallen entfernt, vermischt sich mit Detritus und Bakterien im freien Wasser und bildet so winzige Partikel mit hohem Nährwert.

Im Riff dienen sogar Schwämme den Fischen als Nahrung. Besonders Doktorfische kontrollieren oftmals die örtliche Anzahl dieser Invertebraten. Bei einem spezifischen Feldversuch wurde beobachtet, daß sich das Freßverhalten einer Art ändern kann und ein breiteres Beutespektrum wahrgenommen wird, wenn der Energieaufwand für die Nahrungssuche aufgrund mangelnder Schwammdichte zu hoch wird. Dies hält so lange an, bis die Schwämme eine ausreichende Dichte wiedererlangen. Dieses flexible Verhalten ist auf verschiedene Räuber-Beute-Beziehungen übertragbar.

Die unzähligen verschiedenen Invertebraten (vor allem Mollusken,

B

A - Obwohl die Falterfische üblicherweise alleine oder paarweise leben, versammeln sie sich auch häufig zum Schwarm. Dies dient hauptsächlich dazu, die Nahrungsressourcen besser auszubeuten sowie der Aggressivität größerer oder territorialer Fische besser entgegentreten zu können. Im Bild eine Gruppe Tabak-Falterfische (Chaetodon fasciatus).

B - Die bunten Tentakel, die auf den im Korallenstock eingewachsenen Bunten Spiralröhrenwurm (Spirobranchus giganteus) hinweisen, sind sozusagen die Arme dieses fremdartigen Geschöpfes. Der Wurm ist vollkommen davon abhängig, welche Nahrung ihm die Strömungen herbeitragen. Mit der federigen Tentakelkrone wird das Futter, wie Detritus und winzige Organismen des Planktons, eingefangen.

C - Die grelle Färbung dieser Haarsterne und des Blauen Rundarmsterns (Linckia laevigata) aus dem Pazifik dient dazu, mögliche Verfolger auf den schlechten Geschmack ihres Fleisches aufmerksam zu machen.

C

D

D - Die Fadenschnecken gehören zu den Nacktschnecken und sind durch einen dünnen und länglichen Körper charakterisiert. Auf dem Rücken tragen sie Reihen von fingerartigen Anhängseln. Ihre Nahrung besteht hauptsächlich aus Hydrozoen, von denen man einige Kolonien im unteren Teil des Bildes erkennen kann. Diese Hydrozoen sind mit Nesselkapseln ausgestattet, aber die Nacktschnecken können die Verteidigungswaffen ihrer Opfer ungeöffnet aufnehmen und in die Spitzen der Rückenanhänge transportieren, wo sie wiederum dem Schutz der Nacktschnecke dienen.

E - Auch die leuchtenden Farben der Nacktschnecken (im Bild eine Warzenschnecke aus der Familie Phyllididae) sind ein klassisches Beispiel für Warnfärbung. Mögliche Verfolger lernen rasch, diese gut sichtbaren und leicht zu erbeutenden kleinen Tiere zu meiden, da sie nicht zum Verzehr geeignet sind. Es ist also kein Zufall, daß die Hauptverfolger dieser Mollusken andere Nacktschnecken sind, bei denen die Färbung keine Abscheureaktion hervorruft.

E

Krebse, Würmer und Stachelhäuter), die in Felsspalten oder im Sand vergraben leben, sind nicht nur eine wichtige Nahrungsreserve füreinander, sondern sie bilden auch die Existenzgrundlage für zahlreiche Fischarten mit kräftigen Zähnen und guten Schwimmfähigkeiten, die sich auf diese Beute spezialisiert haben. Die Straßenkehrer (Lethrinidae) schwimmen nahe am Boden, immer dazu bereit, den kleinsten Hinweis auf die Anwesenheit eines verborgenen Tieres wahrzunehmen. Rochen bewegen ihre breiten Brustflossen und wirbeln große Sedimentwolken auf, um Mollusken und Krabben freizulegen, die augenblicklich ergriffen und durch kräftige, wie Schleifsteine geformte Zähne zermahlen werden. Schnapper und Zackenbarsche, sich ihrer körperlichen Stärke gewiß, schwimmen gemächlich inmitten der komplexen Riffstrukturen - und entschwinden immer wieder dabei den Blicken eines ihnen folgenden Tauchers. Ihre Schwimmbewegung erscheint in keiner Weise angriffslustig, aber in ihrer scheinbaren Trägheit beobachten sie beständig ihre Umwelt. Jeder Fehler seitens ihrer Beutetiere läßt diese Räuber augenblicklich handeln. Aus diesem Grund löst ihr Erscheinen die unmittelbare Flucht bei vielen kleinen Fischen aus, die immer bemüht sind, einen Sicherheitsabstand zu ihren potentiellen Feinden einzuhalten und sich niemals zu weit von ihrem Zufluchtsort zu entfernen. Nicht immer wird allerdings ihr Fluchtinstinkt ausgelöst. Dies weist auf Signale hin, die für den Menschen zwar unsichtbar, für Fische aber gut erkennbar sind. Durch diese Signale erkennt die Beute, ob ein Räuber gerade auf Jagd ist oder nur vorbeischwimmt. Viele pelagische Fische (Stachelmakrelen, Thunfische, Haie), die üblicherweise entlang den Riffwänden zur offenen See leben, sind geborene Räuber und jagen oft gemeinsam und kooperativ Schwärme kleiner Fische. Diese Methode wird von Stachelmakrelen angewendet, die einen

A

B

C

D

A - Ein Blaupunkt-Rochen (Taeniura lymna) wirbelt das Sediment auf dem Meeresgrund auf, um die darin lebenden Wirbellosen zu erbeuten.
B - Die Straßenkehrer (im Bild ein Großaugen-Straßenkehrer (Monotaxis grandoculus) schwimmen gewöhnlich dicht über dem Meeresgrund, wobei sie die Sandfläche sorgfältig auf Krustentiere, Schnecken und andere Wirbellosen inspizieren.
C - Die Zackenbarsche gehören zu den aktiven Verfolgern, wobei jede Art ein anderes Verhalten zeigt: Manche ziehen es vor, versteckt an Stellen zu lauern, wo die Fische vorzugsweise vorbeiziehen, andere schwimmen in der Nähe ihrer Unterschlupfe frei herum. Manche jagen tagsüber, manche erst in der Nacht.
D - Schnapper wie dieser Blaustreifen-Schnapper (Lutjanus kasmira), die vom Roten Meer bis zu den Tuamotu-Inseln verbreitet sind, versammeln sich tagsüber zu Schwärmen. Nachts zerstreuen sie sich, um einzeln nach kleinen Fischen und bodenlebenden Wirbellosen zu jagen.

E - Die Barrakudas (Sphyraena sp.) gehören zu den Raubfischen, die die letzten Glieder in der Nahrungskette einnehmen. Sie bilden dichte Schulen mit manchmal Hunderten von Individuen und schwimmen auf der Suche nach Beute im Freiwasser. Ihre Nahrung besteht aus kleinen Schwarmfischen wie Sardinen und Anchovis.

Fischschwarm einkreisen, ihm den Fluchtweg abschneiden und die Beute dann planmäßig angreifen. Das ist sicherlich effektiver, als wenn jedes Individuum für sich auf Jagd geht. Kleine Fische im Schwarm sind schwerer zu erbeuten, als es den Anschein hat. Die Schwarmbildung ist ein hervorragendes Verteidigungssystem. Dies wird allein durch die Tatsache bewiesen, daß mehr als 50 Prozent der Fische in ihrer Jugendphase in Schwärmen leben und ungefähr 25 Prozent dieses Verhalten auch im

E

F

F - An den Riffhängen stößt man häufig auf Gruppen Grauer Riffhaie (Carcharhinus amblyrhynchos), die von den anwesenden Schnappern, Straßenkehrern und großen Doktorfischen (Naso sp.) unablässig belauert werden. In Gebieten, in denen die Haie an das Anfüttern durch Taucher gewöhnt wurden, kommen sie nahe an die Taucher heran – und verursachen eine leichte Gänsehaut, die durchaus nicht ungerechtfertigt ist.

G

Erwachsenenalter beibehalten. Das Leben in einem Schwarm erhöht die Überlebenschancen des einzelnen Fisches und verringert die Erfolgsquote des Jägers. Das plötzliche Ausweichen der Schwarmfische, die beim Angriff eines großen Räubers den Schwarmverband öffnen und sich unmittelbar hinter ihm wieder schließen, scheint eine wirksame Überlebensstrategie zu sein, da der Räuber nicht weiß, wen aus der Menge er angreifen soll. In solchen Fällen ist es dann Ziel des Räubers, sich auf die Fische zu konzentrieren, die zu spät in den Schwarmverband zurückfinden und als einzelne leicht dem Räuber zum Opfer fallen. In anderen Fällen formiert sich der Schwarm erst, wenn ein Räuber sich nähert. Dies wird interpretiert als Abschreckung durch die Masse der im Schwarm zusammengezogenen Fische, die in solchen Situationen sehr eng beieinander schwimmen.

Die Schwarmbildung beschränkt

G - Die Schwärme der Stachelmakrelen schwimmen im Freiwasser vor dem Außenriff, wobei sie die Bewegungen der kleinen Schwarmfische beobachten. Während der Jagd verhalten sich diese schnellen Schwimmer wie Wölfe: Der Makrelenschwarm umkreist den Beuteschwarm und drängt ihn gegen das Riff, bis kein Ausweg mehr offen ist. Erst dann wird die Beute angegriffen, wobei alle Makrelen nach einem koordinierten Plan vorzugehen scheinen.

sich jedoch nicht nur auf ein Schutzverhalten der Fische, im Gegenteil, bei einigen Arten stellt es ein wirkungsvolles Verhalten dar, das eine effektivere Ausnutzung der Nahrungsquellen ermöglicht: Es wird von pflanzenfressenden Fischen mit unterschiedlichen Techniken in Abhängigkeit zu den Umweltbedingungen angewendet. Die Doktorfische Acanthurus triostegus bilden beispielsweise dichte Schwärme, wenn sie den Algenbewuchs des Meeresbodens abweiden, der bereits von Nahrungskonkurrenten besetzt ist. Gegen den Schwarm haben diese keine Chance, ihr Gebiet zu verteidigen. Wo der Boden jedoch zerklüfteter und abwechslungsreicher wird und sich die zwischenartliche Konkurrenz verringert, lockert sich der Schwarmverband auf und hat dann nur noch eine schwache Schutzfunktion.

Eine der charakteristischsten Jagdmethoden, die mit Anpassungen in Form und Farbe (Homomorphismus und Homochromatismus) in Beziehung stehen, ist die, bei der Fische gut getarnt aus einem Hinterhalt zuschlagen. Beispiele sind die Krokodils- und die Eidechsenfische, die Drachenköpfe und die Krötenfische. Letztere besitzen sogar einen zur „Angelrute“ umfunktionierten Rückenflossenstrahl, um die Beute anzulocken.

Im Riff sind auch regelrechte „Jagdgemeinschaften“ zwischen verschiedenen Arten zu beobachten. Dabei machen sich die Fische die Fähigkeiten des anderen zunutze. Ein Beispiel dafür sind die Meerbarben. Während ihrer Streifzüge benutzen diese Fische ihre empfindlichen Barteln und Mäuler, um das Sediment am Meeresboden zu durchsuchen. Dabei werden sie oftmals von einem „Abstauber“, einem Lippfisch, Schnapper oder Trompetenfisch, begleitet. Diese Opportunisten warten darauf, die winzigen Fische und Wirbellose zu ergreifen, die von der Meerbarbe aufgescheucht, aber nicht gefressen werden.

A

B

C

A - Die Schwärme der Füsiliere (Caesio sp.) sind manchmal so dicht, daß sich ein Taucher dahinter verbergen kann. Dieser kompakte Schwarmverband stellt die beste Form der Verteidigung für die ansonsten wehrlosen Tiere dar.

B – Ein Schwarm Neon-Füsiliere (Pterocaesio tile), wie man ihn häufig in den Gewässern zwischen Afrika und Neukaledonien antrifft, kreuzt unter dem Fotografen hindurch.

C - Tagsüber versammeln sich die Gelbflossen-Barben (Mulloidichthys vanicolensis) zu großen Schulen, die langsam am Rand des Riffs vorbeiziehen oder sogar auf der Stelle verweilen. Nachts wird dieses behäbige Verhalten aufgegeben, denn dann schwärmen die Fische einzeln aus, um auf dem Meeresgrund nach Wirbellosen zu suchen, von denen sie sich ernähren. Sie spüren diese dank ihrer empfindlichen Barteln auf, die sowohl mit Tast- als auch mit Geruchsnerven ausgestattet sind.

D - Die Eidechsenfische (Synodontidae) leben überwiegend am Boden und jagen aus der Lauerstellung heraus, wofür sie vorzüglich getarnt sind. Häufig sind sie auch halb im Sandgrund eingegraben, so daß nur die Augen und ein Teil des Mauls herausragen. Wie man auf dem Foto erkennen kann, ist dies offensichtlich eine erfolgreiche Strategie: Hier wurde soeben ein Lippfisch erbeutet.

E - Die Krokodilsfische (Familie Platycephalidae) verdanken ihren Namen der lang ausgezogenen Schnauze und den stark ausgebildeten Kiefern. Die Fische jagen ebenfalls aus der Lauerstellung am Meeresgrund. Zu ihrer Beute gehören Krustentiere, aber sie erbeuten auch Fische, die dicht vor ihnen vorbeischwimmen, durch ruckartiges Vorschnellen und schnelles Zuschnappen.

D

E

F

G

H

F - Dieser langgestreckte, röhrenartige Flötenfisch (Fistularia commersonii) wirkt kaum wie ein gefährlicher Räuber. In der Tat ist er aber für kleine Fische eine große Bedrohung: Er läßt sich bewegungslos nahe an sie herandriften, oder aber er nähert sich ihnen, indem er sich hinter anderen Fischen versteckt. Wenn er nahe genug herangekommen ist, öffnet er ruckartig sein Maul und saugt den Fisch oder das Krustentier blitzschnell ein.

G - Das seltsame Verhalten dieses Blaustreifen-Drückerfisches (Pseudobalistes fuscus) erinnert an das Märchen vom Wolf und den drei Schweinchen. So wie der Wolf versuchte, die Hütte der drei Schweinchen umzublasen und sie dann zu fressen, so bläst der Drückerfisch kraftvolle Wasserstöße gegen den sandigen Grund, um Beutetiere im Sand freizulegen oder die Seeigel umzuwerfen und zu überwältigen, von denen er sich mit Vorliebe ernährt.

H - Eine alles andere als auffällige Färbung sowie ein Körper, dessen Form sich in die bunte Vielfalt des Riffs gut einschmiegt, das sind die wesentlichen Merkmale der bodenlebenden Tiere wie der Krötenfische. Ihre Geschicklichkeit als Räuber wird durch ein langes Filament verstärkt, das wie eine Angel über dem Maul baumelt und die Beutefische anlockt. Dies ist einer der Beweise dafür, daß die Natur die Angelleine lange vor dem Menschen erfunden hat!

FORTPFLANZUNG

Nahrungsstrategien sind wichtig für das Überleben des einzelnen Fisches, Fortpflanzungsstrategien dagegen für das Überleben der Art. Diese sind so vielfältig, daß eine Verallgemeinerung oder Zusammenfassung sehr schwierig ist. Es gibt Arten, die ihre Eier auf den Meeresboden legen und Brutpflege betreiben. Andere Arten legen die Eier einfach zwischen das Sediment oder befestigen sie in Schutzhüllen am Substrat. Die meisten Fischarten vermehren sich jedoch über winzige pelagische Eier (1 bis 2 Millimeter), aus denen normalerweise die Larven nach einer Woche schlüpfen. Die Größe der Larven hängt von der Eigröße ab. Die Larven haben nur eine geringe Ähnlichkeit mit den erwachsenen (adulten) Fischen. Unter Millionen anderer winziger Organismen wächst die Fischlarve heran und erlangt - oftmals erst mit der Geschlechtsreife - alle Merkmale des adulten Tieres.

Sexuelle Fortpflanzung ist bei Fischen die Regel. Auch Hermaphroditismus (Zwittertum) ist bei Fischen weit verbreitet. Wenn auch die meisten Fische getrenntgeschlechtlich sind, so gibt es doch mindestens 100 Arten mit Hermaphroditismus. Diese machen im Laufe ihres Lebens eine Geschlechtsumwandlung durch, ein Phänomen, das „Folgezwittertum" genannt wird. Dieser Wechsel kann vom männlichen zum weiblichen (protandrisch) oder vom weiblichen zum männlichen Geschlecht (protogyn) erfolgen.

Lippfische, Sägebarsche, Riffbarsche und Papageifische sind typische Vertreter mit Geschlechtswechsel. Dieser geht nicht nur mit einer Veränderung der Physiologie und inneren Anatomie einher, sondern auch der äußeren Erscheinung. Diese Modifikationen in der Farbgebung der Fische ließ Experten in der Vergangenheit glauben, daß weibliche und männliche Tiere derselben Art zu verschiedenen Fischarten gehören.

A

B

C

A - Dieses zarte, schleimige Band enthält Hunderte winziger Kügelchen – die Eier der Spanischen Tänzerin (Hexabranchus sanguineus). Wie bei dieser Art sind die Eier der Nacktschnecken häufig genauso gefärbt wie das Tier selbst.

B - Die Fortpflanzung der Seegurken ist immer ein spektakuläres Schauspiel. Offenbar unter dem Einfluß von unsichtbaren, aber wirksamen chemischen Botenstoffen, die über ein weites Gebiet im Wasser verbreitet sind, richten sich alle Holothurien dieses Gebietes auf und entlassen perfekt synchronisiert Eier und Sperma ins freie Wasser.

C - Die Wolke, die diesen Gemeinschwamm (Demospongia sp.) einhüllt, besteht aus männlichen Gameten. Diese werden von der Strömung verdriftet und befruchten die Eier in anderen Schwämmen.

D

D - Die langen Zweige der Hornkoralle Pterogorgia anceps werden häufig als Unterlage zum Anheften von Eiern benutzt. Bei diesem unidentifizierten Objekt, das einem Produkt aus industrieller Fertigung ähnlicher ist als einem natürlichen, handelt es sich wahrscheinlich um eine solche Eikapsel.

Die Zeichnung verdeutlicht die bemerkenswerten Farbwechsel, die Papageifische während ihres Wachstums und Geschlechtswechsels durchlaufen. Gezeigt werden (von oben nach unten): der für das Rote Meer typische Buckelkopf-Papageifisch (Scarus gibbus), der im Roten Meer und Golf von Aden vorkommende Rostnacken-Papageifisch (S. ferrugineus) sowie der vom Roten Meer bis Polynesien weit verbreitete Kugelkopf-Papageifisch (S. sordidus).

Der Sexualwechsel ist bei Papageifischen besonders kompliziert: Bei einigen Arten sind die Fische zuerst Weibchen und werden dann zu Männchen. Bei anderen Arten bleibt das Männchen für sein gesamtes Leben ein Männchen. Dabei sind vier verschiedene, zunehmend auffälligere Farbgebungen zu unterscheiden: eine weibliche, eine primär männliche, eine zwischengeschlechtliche und eine sekundär männliche. Obwohl dies zu Schwierigkeiten in der Systematik geführt hat, ist es heute zweifellos anhand von Farbe und Größe möglich, die Tiere zu bestimmen. Bei den verschiedenen Arten sind die größeren, farbigeren Individuen fast immer männlich.

Die Art der Fortpflanzung bei den Papageifischen (Scaridae) variiert ebenfalls sehr stark. Manchmal bildet sich ein Pärchen - fast ausschließlich durch die Dominanz des größten Männchens, oder es bilden sich Fortpflanzungsgruppen noch nicht voll ausgewachsener Männchen und Weibchen. Dann findet die Fortpflanzung bei drei bis 15 Fischen gleichzeitig statt: Im Wechsel

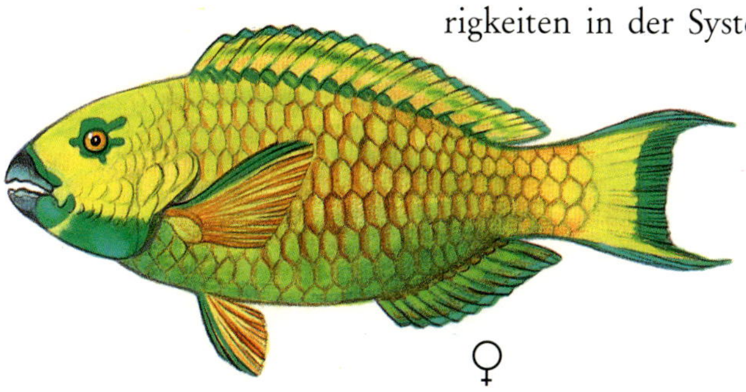

♀

Buckelkopf-Papageifisch
Scarus gibbus

♂

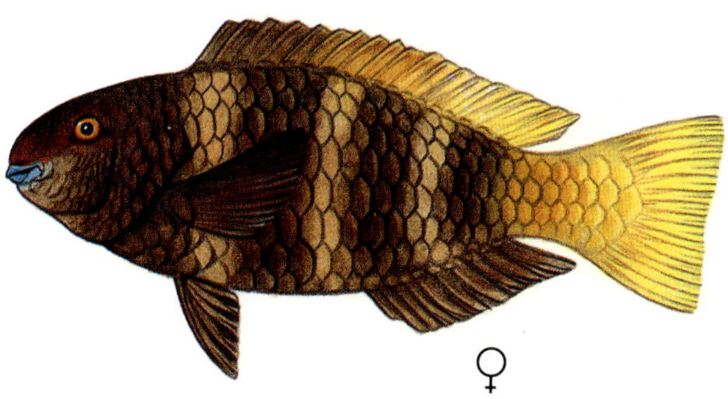

♀

Rostnacken-Papageifisch
Scarus ferrugineus

♂

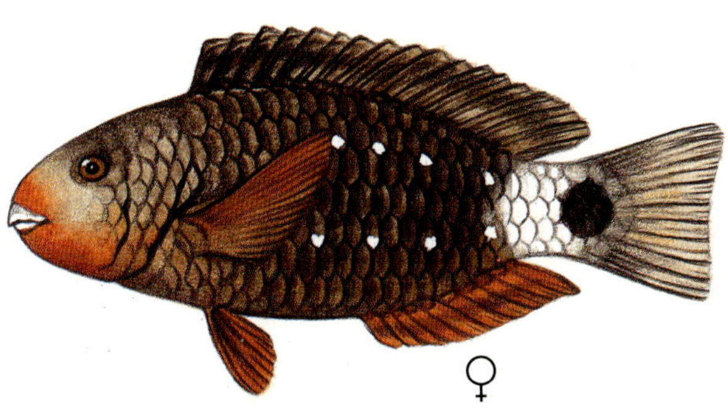

♀

Kugelkopf-Papageifisch
Scarus sordidus

♂

verlassen die Fische die Gruppe, schwimmen nahe zur Oberfläche und entlassen dort ihre Keimzellen. Der Fortpflanzung bei den Paaren geht ein bestimmtes Balzverhalten des Männchens voraus, das zuerst sein Revier absteckt. Sobald Fische derselben Art in dessen Nähe kommen, imponiert das Männchen durch Schwimmen mit weit abgespreizten Flossen, einmal nach oben, dann wieder nach unten gerichtet und regelrechte Zick-Zack-Bewegungen ausführend. Sollte dieses Balzverhalten die Aufmerksamkeit eines sich nähernden Weibchens erregen, wird die Schwimmbewegung des Männchens schneller, bis sich das Weibchen schließlich den Bewegungen anschließt. Das Paar schwimmt schräg zur Oberfläche, trennt sich beim Abstieg, um sich wieder inmitten des Territoriums zu treffen. Die Abfolge dieser rhythmischen Bewegungen spielt eine wichtige Rolle zur Synchronisation des Ausstoßes der Keimzellen. Dies geschieht auch hier nahe der Wasseroberfläche.

Ungeachtet der Variabilität im Fortpflanzungsverhalten wurde festgestellt, daß es innerhalb der verschiedenen Papageifischarten eine beträchtliche Ähnlichkeit bei der Wahl des Fortpflanzungszeitpunktes und -ortes gibt. Diese Fische scheinen die äußeren Riffbereiche und die Zeit des Hochwassers zu bevorzugen. Dann trägt die Strömung die befruchteten Eier davon und vermischt sie mit dem Plankton. Gleiches Verhalten findet sich auch bei vielen Doktorfischen des Pazifik, die sich in Gebieten fortpflanzen, die eine konstante, zum offenen Meer gerichtete Strömung haben. Die paarungswilligen Fische treffen sich nahe der Oberfläche entlang des äußeren Riffabhangs und schwimmen - eng beieinander - große Schleifen. In regelmäßigen Abständen steigen drei bis fünf Tiere schnell zur Oberfläche auf, entlassen ihre Keimzellen und kehren zum Schwarm zurück.

Zackenbarsche, protogyne Hermaphroditen, geben ihre solitäre Lebensweise auf, um für die Zeit der Fortpflanzung Schwärme zu bilden. Einer der interessantesten und bekanntesten Fälle ist der des Nassau-Zackenbarsches (Epinephelus striatus). Gegen Ende Januar versammeln sich die Fische bei den Bahamas an ganz bestimmten Plätzen und bilden Schwärme von bis zu 30 000 Tieren. Einige Exemplare haben mehr als 25 Kilometer zurückgelegt, um sich dort zu treffen und zu paaren. Einige Arten der Unterfamilie Serraninae, die mit den Zackenbarschen (Unterfamilie Epinephelinae) zur Familie der Serranidae (Säge- und Zackenbarsche) gehören, sind synchrone Hermaphroditen (echte Zwitter). Das bedeutet, daß jeder Fisch gleichzeitig Männchen und Weibchen ist, und daß dessen Geschlechtsdrüsen eine Mischung aus Ovarien (Eierstöcken) und Testes (Hoden) ist, „Ovotestes“ genannt.

A

B

C

A - Obwohl sie in vieler Hinsicht perfekt dem Leben im Wasser angepaßt sind, müssen die Schildkröten zur Eiablage an Land. Das Foto zeigt ein Pärchen beim Liebesspiel.

B - Perfekt synchronisiert schwimmt ein Pärchen Orient-Süßlippen (Plectorhinchus orientalis) über einem Korallenstock.

C - Die Zackenbarsche sind protogyn, wechseln also während ihrer Entwicklung vom weiblichen zum männlichen Geschlecht. Große Exemplare kann man deshalb immer als Männchen betrachten.

Ein klassisches Beispiel für synchronen Hermaphroditismus ist der karibische Hamletbarsch Hypoplectrus unicolor . Dieser Fisch ist tagsüber ein Einzelgänger und bildet bei Sonnenuntergang zur Fortpflanzung Pärchen. Das „Männchen“ steigt dabei zur Wasseroberfläche auf, sich dabei um das „Weibchen“ krümmend. Diese Art ist noch aus anderem Grund von Interesse. Obwohl der Artname „unicolor“ „einfarbig“ bedeutet, gibt es doch mindestens zehn gut voneinander zu unterscheidenden Farbvarianten. Diese wurden ursprünglich für verschiedene Arten gehalten, heute dagegen betrachtet man sie als Farbvarianten derselben Art. Einige Experten sind mittlerweile wieder zu der Ansicht zurückgekehrt, daß es doch verschiedene Arten sind. Bioakustische Untersuchungen haben aufgezeigt, daß jede Farbvariante eine eigene Sprache zur Verständigung mit Artgenossen „spricht“. Diese Fische sind nicht stumm, wie lange Zeit angenommen wurde. Die innerartliche Kommunikation durch Lautgebung kann sich als nützlich erweisen, wenn sich Pärchen bilden. Sie ist auch von karibischen Vertretern von Riffbarschen der Gattung Stegastes bekannt. Obwohl diese während der Paarungszeit fast identisch aussehen, können sie sich recht einfach mit Hilfe ihrer Laute, die sie während des Balzverhaltens erzeugen, als Männchen oder Weibchen zu erkennen geben.

Paarbildung ist bei Falterfischen weit verbreitet. Bei mindestens zwölf Arten bleiben diese Verbindungen wahrscheinlich auch erhalten. Paare wurden über einen Zeitraum von bis zu drei Jahren beobachtet. Die Tiere scheinen einander wiedererkennen zu können. Nach einer Trennungsperiode, üblicherweise bedingt durch Futtersuche in verschiedenen Gebieten, führten die Paarmitglieder einen speziellen „Tanz“ auf. Um in menschlichen Begriffen zu sprechen, scheint dieser Tanz die Wiedersehensfreude auszudrücken. Einige Kaiserfische des Atlantik, Pomacanthus arcuatus (Grauer Kaiserfisch) und Pomacanthus paru (Franzosen-Kaiserfisch) leben ebenfalls in stabilen Paaren - zumindest bis zu dem Zeitpunkt, an dem äußere Faktoren eine Trennung herbeiführen.

Stabile Paarbildungen bis zu drei Jahren wurden beim Anemonenfisch der Gattung Amphiprion beobachtet. Diese können ihren Part-

E

D

F

G

D - Viele Arten von Falterfischen (im Bild ein Pärchen Masken-Falterfische (Chaetodon semilarvatus) leben in stabiler Paarbindung jahrelang zusammen.

E - Wenn man Falterfische paarweise zusammen sieht, bedeutet das sehr häufig nicht lediglich einen vorübergehenden Zusammenschluß zur Fortpflanzung, sondern eine dauerhafte Bindung. Das Bild zeigt ein Pärchen Tabak-Falterfische (Chaetodon fasciatus).

F - Die beiden Malediven-Anemonenfische (Amphiprion nigripes) leben in stabiler Paarbindung in dieser Seeanemone.

G - Bei diesen Trauerband-Anemonenfischen (Amphiprion percula) ist das Weibchen größer als das Männchen. Sofern das Weibchen verloren geht, macht das Männchen einen erstaunlichen Geschlechtswechsel durch und wird zum Weibchen.

A

B

A - Die dichten Schwärme der Fahnenbarsche, die die Riffhänge von der Oberfläche bis zu 30 Meter Tiefe besetzt halten, sind nur anscheinend chaotisch organisiert. Wenn man genauer beobachtet, kann man eine Rangordnung von noch nicht erwachsenen Exemplaren, nicht-territorialen Weibchen und Männchen feststellen. Die Männchen beanspruchen ein Territorium und dominieren einen Harem von Weibchen.

B - Die männlichen Juwelenbarsche erkennt man an der intensiveren Färbung sowie dem verlängerten ersten Rückenflossenstrahl.

ner optisch wiedererkennen. Sie jagen ihn und greifen ihn an, wenn er äußerlich verändert ist (z.B. durch experimentelle Veränderung der Körperzeichnung). Von großem Interesse bei diesen Fischen ist die Tatsache, daß die Paarbildungen zwar von hormonellen Faktoren abhängen, die Aufrechterhaltung der Verbindung jedoch mit einer Kettenreaktion sozialer Hemmungen verbunden ist.

Anemonenfische durchlaufen einen Geschlechtswechsel, aber wann dies geschieht, wird von der An- bzw. Abwesenheit eines Weibchens bestimmt, das die dominierende Rolle spielt. Normalerweise lebt jedes Paar in einer Seeanemone, begleitet von einer wechselnden Anzahl halbwüchsiger Fische - je nach Größe der Anemone. Obwohl das Männchen kleiner als das Weibchen ist, so ist es doch immer größer als die Halbwüchsigen, die von ihm verjagt werden, sobald sie ihm zu nah kommen. Das hält diese in einer untergeordneten Position. Wenn das Weibchen aus irgendeinem Grund verlorengeht, durchläuft das Männchen einen schnellen Geschlechtswechsel. Bei den Halbwüchsigen finden dann Kämpfe um die Nachfolge des Männchens statt. Die Familie der Anemonenfische (Pomacentridae) weist auch unterschiedliches Fortpflanzungsverhalten auf. Einige allein lebende Arten akzeptieren die Gegenwart eines Artgenossen nur zum Zeitpunkt der Paarung. Bei einigen geselligen Arten bilden mehrere Tiere Gruppen, um ein gemeinsames Territorium, normalerweise einen verzweigten Korallenblock, gegen alle anderen Fische zu verteidigen.

Die soziale Kontrolle über den Geschlechtswechsel ist bei anderen Arten sogar noch offensichtlicher. Labroides dimidiatus, der bekannteste Putzerlippfisch des Indopazifik, bildet Gruppen, die aus einem Männchen und sechs oder mehr Weibchen bestehen. Das Männchen kann sich täglich mit jedem der Weibchen dieses Harems paaren. Wenn das Männchen verschwunden ist, wird das größte der Weibchen zum Männchen. Der Wechsel geschieht sehr schnell. Männliches Verhalten läßt sich bereits nach wenigen Stunden beobachten, obwohl die Fortpflanzungsorgane (Hoden statt Eierstöcke) erst nach zehn Tagen voll ausgebildet und funktionsfähig sind.

Harems finden sich auch beim Fahnenbarsch (z.B. Pseudanthias squamipinnis). Das kleinere und farblosere Tier ist das Weibchen, das größere Tier das Männchen - auch erkennbar an der kräftigeren Färbung und dem sehr langen ersten Rückenflossenstrahl. Unter diesen Tieren gibt es dominante, die nah an strategischen Punkten des Riffs leben und andere, die weiter entfernt verbleiben.

Der Blaugelbe Zwergkaiser (Centropyge bicolor) bildet auch Harems und zeigt einen sozialabhängigen Geschlechterwechsel. Ein einzelnes

Männchen kontrolliert ein Territorium, begleitet von etwa zehn Weibchen, die sich mit ihm nahezu täglich bei Dämmerung fortpflanzen. Es wird manchmal von einem untergeordneten Männchen begleitet, das dessen Rolle sofort einnimmt, wenn das Männchen verlorengeht. In anderen Fällen, wenn die Anzahl der Weibchen zu hoch wird, kann das dominante Männchen das Territorium aufteilen. Es begleitet dann nur noch einen Teil der Weibchen weiter und überläßt dem anderen Männchen den übrigen Teil des Territoriums mit den verbleibenden Weibchen.

Der Zeitabstand, innerhalb dessen sich die Tiere fortpflanzen, kann ebenfalls sehr unterschiedlich sein. Einige Arten pflanzen sich das ganze Jahr über fort, andere nur in bestimmten Zeitabständen. Die meisten Arten vermehren sich bei Nacht, bevorzugt zu Zeiten des Jahres, in denen das Wasser ruhig ist. Diese Vorliebe scheint darin begründet zu sein, daß nachts weniger potentielle Räuber auf Jagd gehen und bei ruhigem Wasser die Bedingungen zur Eibefruchtung begünstigt sind. Da die Befruchtung im Freiwasser stattfindet, könnten sich ausgeprägte Wasserbewegungen negativ auswirken.

Auch die Mondphase scheint einen wichtigen Einfluß bei der Fortpflanzung zu spielen, da bei zahlreichen Arten eine Übereinstimmung mit der Vollmondphase beobachtet wurde. Schnapper, viele Zackenbarsche, Doktorfische, Kardinalfische, Riffbarsche und Drückerfische orientieren sich an Mondzyklen.

Nicht immer werden die Eier frei entlassen und der Strömung anvertraut. Einige Arten, wie die Riffbarsche (Chromis, Abudefduf, Dascyllus, Amphiprion), legen ihre Eier auf den Meeresboden. Diese territorialen Fische säubern das für die Eiablage ausgewählte Gebiet und betreiben Brutpflege, indem sie mit ihren Flossen für eine ständige Sauerstoffzufuhr sorgen. Sie entfernen Detritus vom Gelege und verteidigen es vor möglichen Feinden, auch wenn diese größer sind als sie selbst. Im allgemeinen übernimmt bei Fischen dieses Fortpflanzungstyps das Männchen die Aktivitäten, in dem es innerhalb seines Territoriums ein bestimmtes Areal für die Eier abgrenzt. In seinem Revier zeigt das Männchen Balzverhalten, um Weibchen aus den vorbeiziehenden Gruppen anzulocken. Die Balz kann oftmals wiederholt werden, so daß ein Männchen schließlich von vielen verschiedenen Weibchen gelegte Eier bewacht.

E

C

C - Verzweigte Korallenstöcke sind der ideale Lebensraum für den Blaugrünen Chromis (Chromis viridis). Diese Fische beanspruchen als Schwarm einen eigenen Korallenstock und vertreiben alle anderen Arten. Gewöhnlich schwimmen die Chromis etwas oberhalb ihres Stocks und fischen Plankton aus dem Freiwasser.

D

D - Die Haarsterne sind geschlechtlich organisiert, jedoch sind die Geschlechter schwer zu unterscheiden. Zur Fortplanzung werden Spermien und winzige Eier massenhaft ins freie Wasser entlassen, wo die Befruchtung stattfindet. Die befruchteten Eier heften sich an die Federarme der Weibchen, bis sich eine Larve herausgebildet hat. Diese führt anfangs ein planktonisches Leben. Vor der Metamorphose heftet sich die Larve mit einem kleinen Stiel, der später wieder abbricht, ans Substrat. Nur diese kurze Phase erinnert entwicklungsgeschichtlich an die Seelilien der Tiefsee, die Vorläufer der Haarsterne, die zeitlebens am Meeresgrund fest verankert waren.

E - Die Papageifische (in der Abbildung Büffelkopf-Papageifische / Bolbometopon muricatum) wechseln während ihrer Entwicklung das Geschlecht. Anfangs sind sie weiblich und werden im Laufe ihres Wachstums zu Männchen. Dieser Geschlechtswandel ist meist mit einem Farbwechsel verbunden.

SYMBIOSE UND ANDERE PARTNERSCHAFTEN

Die hohe Artendichte eines Riffs hat stufenweise zu zwischenartlichen Beziehungen geführt. Diese haben sich oft zu engen Symbiosen entwickelt. Weil der Begriff Symbiose mittlerweile zu allgemein verwendet wird, um eine exakte Klassifizierung des Verhaltens darzustellen, wird er zunehmend von dem genaueren Begriff des Mutualismus ersetzt. Dieser stellt eine Beziehung dar, in der beide Partner Vorteile vom Zusammenleben haben. Ein besonders erfolgreiches Beispiel für solch eine mutualistische Partnerschaft sind die Anemonenfische (Gattungen Amphiprion und Premnas) mit ihren Seeanemonen. Als Symbiont eines zur Verteidigung so gut ausgestatteten Wirts gibt es keinen Zweifel, daß der Anemonenfisch offensichtlich Nutzen aus der Partnerschaft mit der Anemone zieht. Der wichtigste Faktor für ihn ist, vor möglichen Räubern gut geschützt zu sein. Ist der Anemonenfisch seiner Seeanemone beraubt, wird er eine leichte Beute für Raubfische. Ein weiterer Vorteil ist, daß der Anemonenfisch an den übriggebliebenen „Mahlzeiten" der Anemone teilhaben kann. Die Anemone, obwohl festsitzend, ist doch ein erstaunlicher Räuber. Diese Tatsache, verbunden mit der sessilen Lebensweise der Anemone, führte in der Vergangenheit zu dem Schluß, daß es sich um keine mutualistische Verbindung handle, sondern nur um eine kommensalische. Genauere Untersuchungen haben jedoch gezeigt, daß Anemonenfische die häufigsten Raubfeinde der Seeanemone wie den Tabakfalterfisch Chaetodon fasciatus abwehren. In einigen Fällen ist solch eine mutualistische Partnerschaft auf zwei Arten beschränkt: Der Malediven-Anemonenfisch (Amphiprion nigripe) lebt spezifisch mit der Prachtanemone Heteractis magnifica zusammen, wohingegen der Weißbinden-Glühkohlen-Anemonenfisch (Amphiprion frena-

A

B

C

A - Das Bedürfnis, sich zum Schutz mit einem größeren Tier zu assoziieren, erfordert gegebenenfalls auch Anpassungen. Dies ist beispielsweise der Fall beim Schiffshalter (Echeneis naucrates), der sich in Rückenlage am Kopf des Ammenhais (Nebrius ferrugineus) angesaugt hat.

B - Eine ganze Gruppe von Schiffshaltern hat sich an der Bauchseite eines großen Mantas (Manta birostris) angeheftet. Einst als Parasiten betrachtet, sieht man die Schiffshalter heute als kommensale Symbionten, die sich sowohl von den Fraßabfällen des assoziierten Großfisches als auch von dem ernähren, was sie selbst erbeuten können, während sie durchs Wasser getragen werden. Ihrem Wirtstier können die Schiffshalter nutzen, indem sie es von Parasiten befreien.

C - Beim Schiffshalter ist die Rückenflosse zu einer Saugscheibe umgewandelt, mit der er sich anheftet. Diese ovale Saugscheibe weist zwei Reihen parallel liegender Lamellen auf, zwischen denen ein Vakuum gebildet werden kann. Auf dem Foto kann man einen Schiffshalter nah bei einem Napoleonfisch (Cheilinus undulatus) schwimmen sehen – er ist aber nicht angeheftet.

sche wie der Gelbkopf-Junker (Halichoeres garnoti) oder der Blaukopf-Junker (Thalassoma bifasciatum), Riffbarsche (Dascyllus aruanus, der Dreibinden-Preußenfisch) und sogar Papageifische bilden mutualistische Beziehungen mit Anemonen - allerdings nur als Jungfische. Andere Gäste von Anemonen sind einige Wirbellose wie die Partnergarnelen (Gattung Periclimenes), die im Indopazifik und in der Karibik verbreitet sind. Diese Garnelen finden sich auch an Seegurken und Seesternen (z.B. die Variable Partnergarnele Periclimenes soror am

tus) und der Stachel-Anemonenfisch (Premnas biaculeatus) immer mit der Blasenanemone Entacmea quadricolor assoziiert sind. Weniger wählerisch dagegen ist Clarks Anemonenfisch (Amphiprion clarki), der zwischen den Tentakeln von zehn verschiedenen Anemonenarten zu finden ist. Die am wenigsten wählerische Wirtsanemone ist Heteractis crispa, die mit 14 Amphiprion-Arten assoziiert sein kann.

Eine Frage hat immer große Neugier erregt: Wie schützen sich die Anemonenfische vor den nesselnden Tentakeln „ihrer" Anemone? Der Schutz der Fische ist weder ein absoluter noch ein beständiger. Entfernt sich ein Clownfisch, wie die Anemonenfische auch genannt werden, für einige Zeit, so verliert er seine Immunität und läuft Gefahr, von den stark nesselnden Tentakeln der Anemone getötet zu werden. Das Zusammenleben ist nur möglich, wenn sich jeder Anemonenfisch stufenweise seiner Anemone anpaßt (anscheinend auch nur dieser einen Anemone). Er erreicht dies durch Verdickung der Schleimhaut, die ihn bedeckt, um mehr als das Vierfache. Dadurch wird der Fisch von der Anemone nicht als „fremd" erkannt, und der Fisch kann sich so ohne Risiko zwischen den Tentakeln seines Wirts bewegen.

Anemonenfische sind jedoch nicht die einzigen, die den Schutz der Anemonen suchen. Einige Lippfi-

D - Das Zusammenleben von Anemonenfisch (im Bild Halsband-Anemonenfisch / Amphiprion perideraion) und Anemone ist ein klassisches Beispiel für eine mutualistische Symbiose. Auch andere Fische, beispielsweise die Jungtiere des Dreifleck-Preußenfischs (Dascyllus trimaculatus) leben zeitweise zum Schutz mit Seeanemonen zusammen.

E - Ein Pärchen Halsband-Anemonenfische (Amphiprion perideraion) hält sich vorsichtshalber dicht an der Mundscheibe der Wirtsanemone auf.

F - Der Malediven-Anemonenfisch (Amphiprion nigripes) späht zwischen den Tentakeln seines Wirtstiers hervor. Selten entfernt er sich weit aus dieser sicheren Zuflucht.

A - Alle Arten von Anemonenfischen sind kleingewachsen. Die erwachsenen Tiere sind zwischen 9 und 16 Zentimeter lang.

B - Auch der Orange-Ringel-Anemonenfisch (Amphiprion ocellaris) lebt mutualistisch mit einem Wirtstier zusammen.

C - Ein Pärchen Stachel-Anemonenfische (Premnas biaculeatus) beobachtet aufmerksam den Fotografen. Diese Art weist unter den Augen zwei Stacheln auf. Sie lebt ausschließlich mit der Blasenanemone Entacmea quadricolor zusammen, deren Tentakelspitzen blasenartig verdickt sind.

D - Die Anemonenfische können sich zwischen den nesselnden Tentakeln der Anemonen dank spezieller Anpassung bewegen, ohne Schaden zu nehmen. Jeder Fisch muß sich hierzu nach und nach an die Anemone gewöhnen, wobei seine Schleimhülle sich allmählich verdickt. Diese dicke Schleimschicht verhindert, daß die Anemone den Fisch als Fremdkörper identifiziert und ihre Nesselkapseln abschießt. Im Bild Clarks Anemonenfisch (Amphiprion clarki) zwischen den Tentakeln „seiner" Anemone.

A

B

C

D

Blauen Rundarmstern Linckia laevigata), zwischen den Tentakeln von Korallen (die Rotmeer-Anemonengarnele Periclimenes longicarpus an der Blasenkoralle Plerogyra sinuosa) und sogar auf nicht sessilen Wirbellosen wie der großen Nacktschnecke Hexabranchus sanguineus - besser bekannt als „Spanische Tänzerin" -, auf der die Partnergarnele Periclimenes imperator zu finden ist. Bei diesen Formen des Kommensalismus zieht anscheinend nur eine der zwei beteiligten Arten Nutzen aus der Partnerschaft.

Eine Symbiose im eigentlichen Sinne ist die Partnerschaft zwischen Krebsen und Grundeln. Beim Schwimmen über den Sandflächen zwischen den Korallen findet man nicht selten kleine Höhlen oder Löcher, die in das Sediment gegraben wurden. Dort ist das Zusammenleben von Fischen, normalerweise von Grundeln (Gobiidae) mit Pistolenkrebsen (Garnelen aus der Familie der Alpheidae; diese Krebstiere besitzen eine einseitig stärker entwickelte Schere) zu beobachten. Die beiden Tierarten ergänzen sich, um auf dem deckungsarmen Sandgrund überleben zu können. Die fast blinden Garnelen sind gute Röhrenbauer und schaufeln schnell eine tiefe Höhle, die beiden, Garnele wie Grundel, als gemeinsame Zuflucht dient. Die Garnelen halten die Höhle sauber. Dabei entfernen sie unermüdlich - wie kleine Bulldozer - das Sediment, das ständig in die Höhle hineingetragen wird. Die Grundel ist am Boden nahe des Höhleneingangs postiert und beobachtet die Umgebung mit wachsamen Auge. Bei drohender Gefahr sucht die Grundel schnell Schutz in der Höhle und kommt erst wieder hervor - gemeinsam mit der Garnele -, wenn die Gefahr vorüber ist.

Beide Partner halten ständigen Kontakt zueinander und verwenden spezielle Warnsignale: Die Grundel macht schnelle Schwanzbewegungen, die Garnele „trillert" mit ihren langen Antennen.
Eine andere Beziehung besteht zwischen Krabben und Grundeln, die zusammen zwischen Korallenästen leben. Ihre Partnerschaft ist noch nicht eindeutig erkannt. Es hat aber den Anschein, daß der Fisch die Krabbe als eine Art bewaffnete Barriere zwischen seinem Zufluchtsort und der Außenwelt benutzt. Diese Beziehung zwischen beiden Tieren ist jedoch nicht einfach und erfordert eine gewisse Eingewöhnungsphase, da die als „Wache" ausgewählten Krabben gelegentlich die Fische fressen, wenn diese zu klein sind.
Von anderer Natur sind Beziehungen, in denen Fische als „Untermieter" im Inneren verschiedener Wirbelloser leben. Hierbei spielen Schwämme (Porifera) eine bedeutende Rolle, vor allem in der Karibik, wo die Schwämme sehr weit verbreitet sind. Mindestens 14 Arten von Schwämmen sind bekannt, die mehr als 30 verschiedenen Fischarten als Unterschlupf dienen. Grundeln (Gobiidae) sind dabei in deutlicher Überzahl vertreten. Andere Grundeln wiederum leben in den Zweigen von Gorgonien oder sind mit Crinoiden (Haarsternen) assoziiert. Noch viel faszinierender ist die Gemeinschaft zwischen den Eingeweidefischen (Carapodidae) und Seegurken. Der Silberne Eingeweidefisch (Encheliophis homei) aus dem Indopazifik lebt sowohl in Muscheln als auch in Stachelhäutern wie in Seesternen der Gattung Culcita, in die er eindringen kann. Der Bermuda-Eingeweidefisch (Carapus bermudensis) hat eine ähnliche Lebensweise und findet sich in den Schalen von Weichtieren oder im Körper von Seegurken, von wo aus er nachts auf Nahrungssuche geht.
Das Putzen, das sowohl von Fischen als auch von Garnelen ausgeübt wird, ist von großer praktischer Be-

E

F

G

H

E - Die Partnergarnelen der Gattung Periclemenis können ebenfalls kommensale Parasiten von Anemonen oder Korallen sein. Zwischen den Tentakeln oder in der Leibeshöhle ihres Wirtstieres finden sie ähnlich Schutz wie die Anemonenfische.

F - Da die Garnelen, die mit Anemonen oder Korallen zusammenleben (im Bild eine Blasenkoralle der Gattung Plerogyra), häufig transparente Panzer haben, sind sie sehr schwer zu erkennen. Anemonen und Korallen dienen den Krustentieren nicht nur als Zufluchtsort, sondern diese ernähren sich auch vom Schleim des Wirtstieres.

G - Grundeln und Pistolenkrebse sind eines der bekanntesten Beispiele für mutualistische Gemeinschaften im Korallenriff. Das Foto zeigt eine Grundel der Gattung Amblyeleotris und einen Pistolenkrebs der Gattung Alpheus, die aus ihrer gemeinsamen Höhle im Korallengrund hervorschauen. Dem Fisch kommt bei dieser Partnerschaft die Rolle zu, vor Gefahr zu warnen, während der schlecht sehende Krebs die Höhle anlegt und laufend sauber hält.

H - Schleimfische suchen immer Schutz in einer Röhre, sei es in einer Aushöhlung im Fels, in leeren Schalen oder wie hier in einem Schwamm.

A - An manchen Stellen des Riffs fallen dem Taucher kleine, blau-schwarz gestreifte Fische auf, die geschäftig um größere Fische herumschwimmen. Hierbei handelt es sich um Putzerstationen. Das Bild zeigt den Gemeinen Putzerfisch (Labroides dimitiatus), der gerade einen Rotmaul-Zackenbarsch (Aethaloperca rogaa) bedient.

B, C - Die Vertrautheit zwischen Fisch und Putzerfisch ist so eng, und die Dienste des letzteren sind so hochwillkommen, daß dieser unbesorgt auch in das Maul hineinschwimmen kann. Sogar zwischen den empfindlichen Kiemen duldet der Zackenbarsch den Putzerfisch.

D - Fische, die geputzt werden wollen, zeigen ihre Friedfertigkeit, indem sie mit geöffnetem Maul und abgespreizten Flossen und Kiemendeckeln unbeweglich verharren. Auch ein Farbwechsel kommt als Einladung zum Putzen häufig vor. Die kleinen Putzerfische sind für die anderen Fische des Riffes so wichtig, daß ein Riff sich schnell entvölkert, wenn die Putzerfische entfernt werden.

deutung. Es handelt sich um eine mutualistische Partnerschaft, in der der Putzer seine Nahrung von den Parasiten und den abgezupften Hautstücken des Wirts bezieht, während der geputzte Fisch gleichzeitig von dieser Säuberung profitiert. Putzerfische gehören hauptsächlich zur Familie der Lippfische (Gattungen Labroides, Thalassoma und die Arten Bodianus rufus, Halichoeres bivattatus). Gelegentlich agieren auch einige Falterfische und Riffbarsche als Putzer, aber nur als Jungfische, wenn sie als solche von anderen Fischen durch ihre Färbung leicht zu unterscheiden sind. Diese Jugend-Färbung zeigt keine Ähnlichkeit zur Erwachsenen-Färbung. Das Putzen findet immer an ein und demselben Platz statt, der Putzerstation, auch wenn die Putzerfische selbst wechseln können. Das Putzen wird durch komplexe Verhaltensweisen eingeleitet, wobei verschiedene Erkennungssignale ausgetauscht werden.

Der Putzerkunde nähert sich der Putzerstation und zeigt ein Verhalten, das zum Putzen auffordert: Manchmal nimmt der Fisch eine senkrechte Position ein, den Kopf auf- oder abwärts gerichtet, oder er verharrt unbeweglich mit weit geöffnetem Maul und abgespreizten Kiemendeckeln. Oftmals wird dieses Verhalten durch einen Farbwechsel unterstrichen. Als Erwiderung dieser Signale nähert sich der Gemeine Putzerlippfisch (Labroides dimidiatus) und schwimmt hin und her, um seine hellblau-schwarze Färbung zu zeigen, die den anderen Fischen als Signal gilt. Dann beginnt der Putzer mit der Hautpflege seines Kunden, beseitigt Parasiten sowie alte Hautfetzen und entfernt Nahrungsreste aus dem Maul seines Kunden.

Die Bedeutung solcher Putzerstationen im Riff ist so wichtig, daß die gesamte Fischpopulation eines Gebiets drastische Verluste erleidet, wenn Putzerfische experimentell entfernt werden. Die Aufgabe von Labroides dimidiatus und anderer

A

B

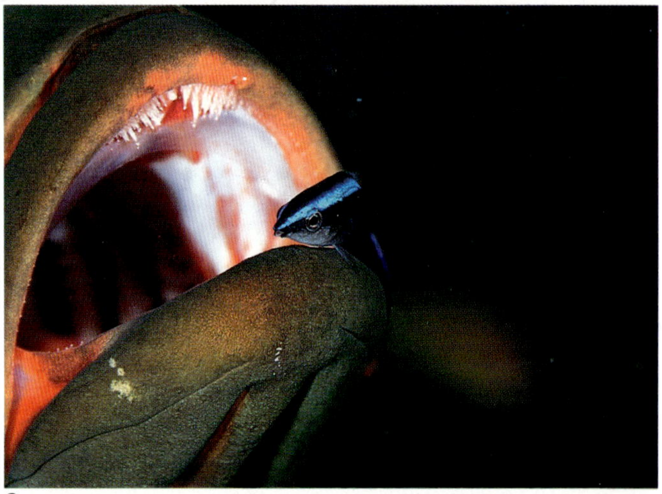

C

D

E - Putzer finden sich auch unter den Krustentieren. Manche Garnelen putzen mit den Fischen zusammen, oder aber sie ersetzen die Putzerfische vollständig. Im Bild sieht man mehrere Garnelen, die eine große Muräne (Gymnothorax sp.) pflegen.

F - Ein Großdorn-Husar (Sargocentron spiniferum) verharrt regungslos, damit die Garnele ihre Dienste leisten kann. Obwohl dieser Fisch solche Garnelen auch auf seinem Speiseplan hat, würde er niemals dem Tier etwas zuleide tun, das ihn gerade putzt.

E

F

Putzer wie L. bicolor, L. pectoralis und L. phthirophagus wird in der Karibik, wo es diese Arten nicht gibt, von Putzergrundeln, insbesondere Gobiosoma oceanops und G. evelynae übernommen, die eine sehr ähnliche Färbung aufweisen. Tatsächlich ist die Ähnlichkeit zwischen Putzerlippfischen und Putzergrundeln so deutlich, daß in einem Aquarium die Fische des Pazifik Grundeln sofort als Putzer erkennen und Fische aus der Karibik dem Lippfisch ohne Zögern erlauben, sich zu nähern. Fachleute folgerten daraus, daß Lippfische (Labridae) der Gattung Labroides in der Karibik verbreitet waren, bis sich das Wasser während der Eiszeit abkühlte und sie dort ausstarben. Das Wissen, oder besser die „Erinnerung“ an die spezifische Färbung, scheint den Putzerkunden erhalten geblieben zu sein. Das schafft Tieren mit gleicher oder ähnlicher Färbung selektive Vorteile. Dies ist ein hervorragendes Beispiel für Möglichkeiten, wie biologische Faktoren auf die Evolution oder Formen und Verhalten bei einer Art einwirken.

Nicht nur Fische putzen. Auffallend gefärbte Garnelen, oft rot-weiß-gefärbt, putzen ebenfalls, so die Scherengarnele (Stenopus hispidus), die Weißband-Putzergarnele (Lysmata amboinensis) oder auch die Hippolysmata grabhami.

G

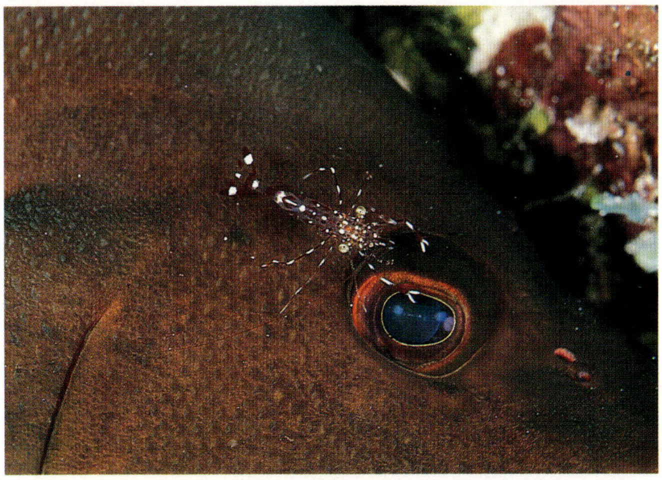

G - Putzerfische und Garnelen sind auf unterschiedliche Dienstleistungen spezialisiert. Erstere säubern Zähne und Haut. Die Garnelen dagegen nehmen die schwierigeren Aufgaben wie Säuberung der Augen und der Kiemen wahr. Abgebildet ist eine Garnele, die gerade rund um das Auge eines Rotmaul-Zackenbarsches (Aethaloperca rogaa) „operiert“.

H

I

H, I - Selbst der Juwelen-Zackenbarsch (Cephalopholis miniata) sucht häufig die Putzerstationen auf, um sich von anhaftenden Parasiten säubern zu lassen.

TARNUNG

Die Körperzeichnung und -färbung der Tiere ist ein faszinierendes Thema, und Riffbewohner sind darin keine Ausnahme. Visuelle Eindrücke, Farbe und Form, spielen für das Überleben eine bedeutende Rolle. Dabei ist zu betonen, daß die Färbung der Tiere nicht losgelöst von anderen Elementen der Fischbiologie betrachtet werden kann. Gesichert ist, daß Farben eine wichtige Rolle bei Verteidigungs- und Angriffsmechanismen spielen, aber auch bei der Fortpflanzung, bei der innerartlichen Kommunikation und bei territorialen Auseinandersetzungen. Die Vielfalt und Komplexität der beteiligten Faktoren macht eine eindeutige Erklärung oft schwierig. In der oberflächennahen, hauptsächlich vom Licht dominierten Unterwasserwelt wird verständlich, welch wichtige Rolle Farben spielen - ganz besonders, wenn diese der Tarnung dienen. Ob zur Jagd oder zur Verteidigung: Tarnung ist eine der effektivsten Anpassungsmöglichkeiten, die das Überleben der Art sichern. Alle Beteiligten streben dasselbe Ziel an: nicht gesehen zu werden. Das klassische Beispiel für Tarnung ist der Echte Steinfisch (Synanceia verrucosa), der ein Meister ist in der Kunst, durch Färbung und Verhalten vollkommen mit seiner Umgebung zu verschmelzen. Massig und kompakt, mit einem unregelmäßigen Körper, der mit Algen und anderen Organismen übersät sein kann, ähnelt der Steinfisch einem bewachsenen Korallenfels. Seine Tarnung wird durch seine totale Bewegungslosigkeit unterstützt. Man muß dem Steinfisch schon sehr nahekommen und ihm zeigen, daß er entdeckt worden ist, bevor er abrupt und verärgert davonschwimmt. Dieselbe Technik wird von Skorpionsfischen (Scorpaenopsis sp.), Anglerfischen, Krokodilsfischen und Seezungen angewandt. Die erfolgreiche Tarnung der Seezungen beruht nicht nur auf der Fähigkeit,

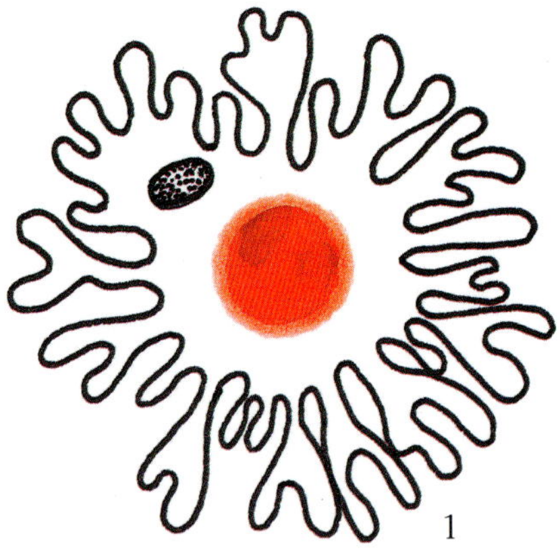
1

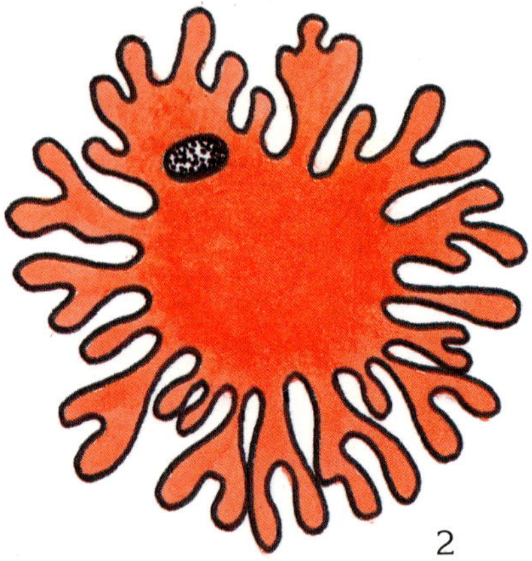
2

Die Zeichnung zeigt den Querschnitt durch einen Chromatophoren: Farben und Farbvariationen bei den Fischen hängen von speziellen optischen Phänomenen wie Reflexion, Spiegelung und Durchsichtigkeit ab, die von bestimmten Hautzellen, den Chromatophoren, beeinflußt werden. Die Pigmentgranulate, die in diesen Zellen gespeichert sind, absorbieren oder reflektieren selektiv das Licht. Abhängig vom Pigment, das in der Chromatophore enthalten ist, unterscheidet man Erythrophoren (rot), Xanthophoren (gelb) und Melanophoren (schwarz). Die Pigmentkonzentration im Mittelpunkt der Zelle (1) läßt den Fisch blasser erscheinen. Wenn die Pigmente dagegen über die ganze Zelle verteilt sind (2), erscheint die Färbung kräftiger.

A

B

A - Steinfische (Synanceia sp.) stellen eine der größten Gefahren im Korallenriff dar. Ihre perfekte Tarnung sowie das starke Gift in ihrer Rückenflosse machen sie zu einer größeren Bedrohung als die Haie. Das Gift des Steinfischs ist toxischer als das einer Kobra. Nur mit geübtem Auge kann man einen Steinfisch erkennen, der unbeweglich und perfekt getarnt wie ein Stein auf dem Grund liegt. Am ehesten auffällig sind die Augen und die senkrecht stehende Mundspalte.

B - Auch die Drachenköpfe der Gattung Scorpaenidae vertrauen auf ihre gute Tarnung und lassen den Taucher sehr dicht herankommen.

sich in den Sand einzugraben. Durch den Besitz hochspezialisierter Hautzellen, den Chromatophoren, kann die Seezunge ihre Farbe der jeweiligen Bodenbeschaffenheit anpassen.
Ebenso geschickte Verwandlungskünstler sind die Kraken, die sich durch plötzliche Farbwechsel unsichtbar machen und ihre Körperoberfläche so verändern können, daß sie sandig, felsig oder algig erscheint. Dabei ändert sich nicht nur die Farbe, sondern auch die Struktur der Haut, die eine feine Körnung aufweisen kann oder wirkt, als ob sie bewachsen sei.
Sogar unscheinbar gefärbte Fische wie die großen Raubfische des offenen Meeres (Stachelmakrelen, Thunfische, Haie) besitzen eine Färbung, die perfekt zu ihrem Lebensraum paßt. Das Phänomen der Gegenschattierung - bläulichschwarze Rücken und silbrigweiße Bäuche machen diese Fische nahezu unsichtbar, wenn man sie im freien Wasser sieht, von oben oder unten betrachtet: Entweder vermischt sich ihre Farbe mit der Dunkelheit aus der Tiefe oder mit dem Licht, das von oben einfällt.
Tarnung besteht jedoch nicht nur darin, der Umwelt zu ähneln. Es wird auch versucht, den Körper mittels „somatolytischer“ Zeichnungen unscheinbar zu machen, ihn mittels Flecken, Bänder und Streifen aufzulösen. So wird das Auge des möglichen Feindes, Jägers oder auch Tauchers getäuscht und kann das Gesamtbild des Tieres nicht wahrnehmen. Die auffallenden Zeichnungen verwirren das Auge, lassen Körperbereiche isoliert wirken und täuschen eine größere Silhouette vor, als der Fischkörper tatsächlich besitzt. Somit dienen die leuchtenden Farben und kontrastreichen Muster, die auf uns Menschen wie Werbeplakate wirken, dazu, die Fische eigentlich unkenntlich zu machen.
Ein Beispiel für eine gestaltauflösende Körperzeichnung und -färbung ist der Langnasen-Büschel-

C

C - Der Schaukelfisch (Taenionotus triacanthus) gehört zu den seltsamsten unter den Skorpionsfischen. In regelmäßigen Abständen wechselt er seine Haut, indem er sie aufbläht, bis sie reißt. Die seitlich zusammengedrückte, blattartige Form seines Körpers ermöglicht es ihm, sich wie ein Blatt in der Strömung driften zu lassen. Auf diese Weise kann er sich seiner Beute nähern, ohne daß diese Verdacht schöpft, und sie dann mit einem schnellen Vorstoß verschlingen.

D

D - Der Blaupunkt-Stechrochen (Taeniura lymna) liegt häufig halb im Sand vergraben, so daß nur die Augen und die dahinter liegenden Kiemenöffnungen zu sehen sind.

E

E - Typische Bewohner des Sandgrundes sind auch die Krokodilsfische (Familie Platycephalidae). Im Sand vergraben, lauern sie auf Beute, die sie dann blitzschnell erhaschen.

F

F - Die Plattfische, zu denen Seezungen, Flundern und Steinbutte gehören, sind so gut ihrem Leben auf dem Meeresgrund angepaßt, daß sie beide Augen auf eine Körperseite verlagert haben. Berühmt sind sie auch wegen ihrer Tarnfähigkeiten: Mittels ihrer Chromatophoren können sie alle Arten von Meeresgrund perfekt auf ihrer Haut imitieren – und wenn das nicht ausreicht, graben sie sich in den Sandgrund ein.

A

A - Der graublaue Körper des Grauen Riffhais (Carcharhinus amblyrhynchos) verschwindet ab einer gewissen Entfernung im Blau des Wassers und macht den Hai praktisch unsichtbar.

B - Die Streifen an den Flanken dieser Dunkelflossen-Barrakudas (Sphyraena qenie) dienen wahrscheinlich dem Schwarmzusammenhalt während der Wanderungen.

B

C

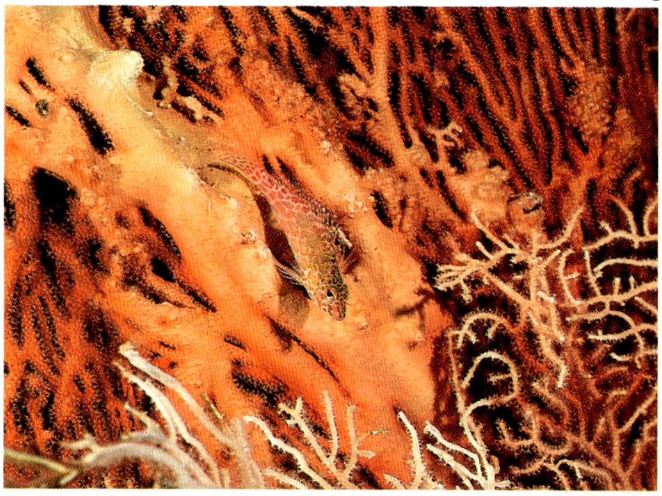

D

C - Ein winziger Gefleckter Korallenwächter (Cirrhitichthys oxycephalus) versteckt sich in einem Winkel des Gorgonien-Astes.

D - Der bekannteste Vertreter der Familie der Cirrhitidae ist der Langnasen-Büschelbarsch (Oxycirrhites typus). Sein rot-weißes Schachbrettmuster tarnt den Fisch vollkommen, wenn er wie üblich auf einer Gorgonie lauert.

barsch (Oxycirrhites typus). Dessen rot-weiß karierte Färbung verbirgt den Fisch ideal, wenn er - wie normalerweise üblich - auf Gorgonien ruht. Die sich kreuzenden Gorgonienäste und dazwischenliegenden Lücken verschmelzen mit der Färbung des Fisches und machen ein sofortiges Erkennen schwierig.

Sehr ähnlich verhält es sich auch bei den Rotfeuerfischen. Ihre dunkelhell gezeichneten Flecken und Bänder und die deutlich verlängerten Strahlen der Brust- und Rückenflossen scheinen extra dafür gebaut zu sein, den Fisch zwischen den Korallen zu verbergen.

Gestalt, Färbung und Verhalten zusammen fördern die Überlebenschancen. Ein bekanntes Beispiel sind die Trompetenfische (Gattung Aulostomus). Obwohl diese eine Größe von einem Meter erreichen können, machen sie sich meist durch bewegungsloses Verharren kopfüber zwischen den Ästen von Hornkorallen unsichtbar. In der

E

E - Auf den ersten Blick scheinen sich Peitschenkorallen kaum als Versteck für einen Fisch zu eignen. Dennoch haben sich einige kleine Grundeln (Bryaninops sp.) gerade diesen unüblichen Lebensraum ausgewählt – eine perfekte ökologische Nische.

Strömung schwebend warten die Tiere auf kleine Fische, die kurzzeitig Schutz in der Koralle suchen. Mit nur wenigen, kaum wahrnehmbaren Flossenschlägen bewegt sich der Trompetenfisch, öffnet sein Maul und saugt blitzartig die Beute ein. Dieser eigenartige Fisch, langgestreckt und scheinbar harmlos, ist ein listiger Jäger, der auch die Technik des „Trojanischen Pferdes“ unter Wasser anwendet. Oft schwimmt er unmittelbar über dem Körper eines größeren, als friedfertig bekannten Fisches wie beispielsweise einem Papageifisch. Dadurch kann er sich seiner Beute unerkannt nähern.

Andere Arten mit langgestreckten Körpern wie der Nadelfisch bleiben verborgen, indem sie sich zwischen den Korallen hindurchschlängeln und sich mit den Algen und den Hornkorallen in der Strömung wiegen. Der Gestreifte Schnepfenmesserfisch (Aeoliscus strigatus) ist sogar noch spezialisierter in seiner Anpassung, da er senkrecht stehend unbeweglich zwischen den Stacheln von Seeigeln verharrt. Dank seiner längsgestreiften Färbung, die parallel zu den Stacheln der Seeigel verläuft, ist er nahezu unsichtbar. Doch nicht immer ist Tarnfärbung so deutlich und unmißverständlich für das menschliche Auge erkennbar.

Runde Flecken sind eines der auffallendsten Merkmale vieler tropischer Fischarten. Sie dienen zu Verteidigungszwecken und stellen einen Gegenpart zu den dunklen Streifen dar, die die Augen verbergen. Das Auftreten dieser deutlichen Körperzeichnungen entspringt der Notwendigkeit, leicht verletzbare Organe wie die Augen vor Angriffen von kleinen, aber spezialisierten Räubern zu schützen, indem sie die Aufmerksamkeit des Angreifers ablenken.

Ein einmaliger Fall dieser Augenfleck-Mimikry findet sich beim Augenfleck-Mirakelbarsch (Calloplesiops altivelis). Fühlt sich dieser Fisch bedroht, sucht er in der nächsten Felsspalte Schutz, verbirgt seinen Kopf, läßt aber den Schwanz

F

F - Wenn man die Zweige der Gorgonien mit der Makrolinse absucht, wird man zahllose winzige Lebewesen finden, die ihr ganzes Leben in diesem Mikrokosmos verbringen. Diese beiden Grundeln aus der Gattung Bryaninops (das etwas größere Weibchen ist unten) suchen den Zweig nach einer geeigneten Stelle für die Eiablage ab. Einige Arten von Grundeln entfernen an der ausgewählten Stelle sämtliche Gorgonienpolypen.

G

G - Die großen Fächer der Gorgonien bilden eine natürliche Barriere gegen die Strömungen. Hinter ihnen halten sich gerne die Fische auf, die der Strömung nicht ausgesetzt sein wollen – hier ein Indischer Rotfeuerfisch (Pterois miles).

H

H - Verblüffend in Form und Farbe ist die Ähnlichkeit dieser Seenadel (Familie Syngnathoidae) mit dem Aalgras.

I

I - Manchmal ist es schwierig, die Fische nur anhand ihrer Färbung zu identifizieren, da es regionale Abweichungen gibt. Das Foto zeigt Tränen-Falterfische (Chaetodon unimaculatus), wie sie typisch für den Indischen Ozean und die Gewässer des westlichen indomalaysischen Archipels sind. Sie sind hier vollkommen gelb gefärbt, während die Populationen derselben Art aus dem Pazifik gelb und weiß gezeichnet sind.

A, D - Wegen ihrer Winzigkeit und dem totalen Fehlen von Verteidigungswaffen würden die Grundeln (Bryaninops sp.) für viele Tiere eine ideale Beute darstellen. Diese Unterlegenheit kompensieren die Grundeln durch ihre Tarnung. Sie passen sich farblich vollkommen dem Organismus (Schwämme, Korallen und andere) an, auf dem sie leben. Die beiden Bilder geben einen guten Eindruck von ihren Tarnkünsten.

A

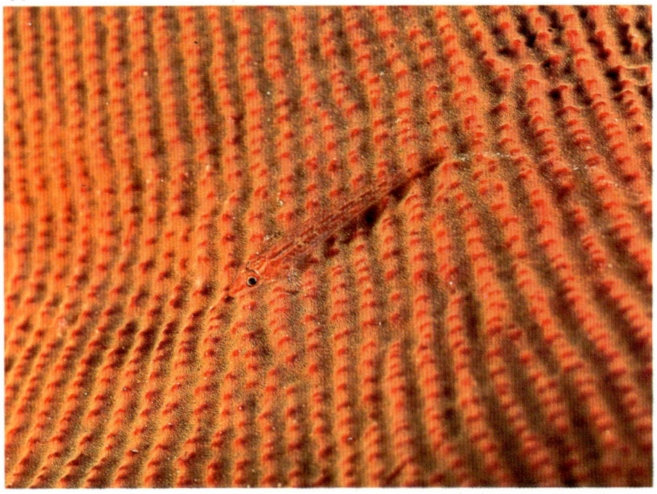

B

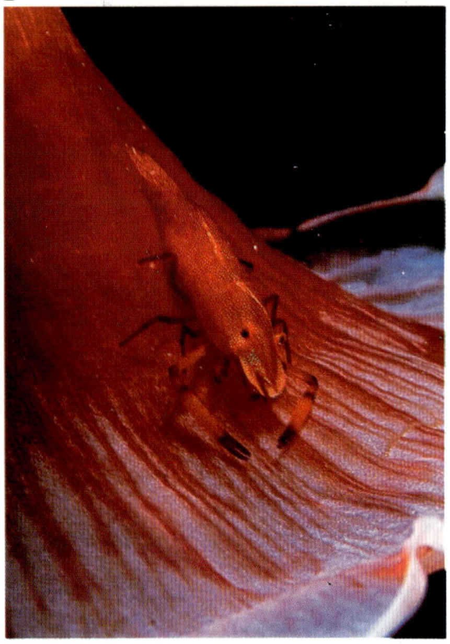

B - Die Kaisergarnele (Periclimenis imperator) ist gewöhnlich mit der Spanischen Tänzerin (Hexabranchus sanguineus) partnerschaftlich verbunden. Sie profitiert von deren größerer Beweglichkeit, außerdem wird diese Nacktschnecke praktisch von keinem Verfolger heimgesucht.

C - Selbst wenn ein Freßfeind diese Garnele (Periclimenes sp.) auf dem Seestern entdeckte, wären die großen Dornen ein unüberwindliches Hindernis beim Beuteerwerb. Auch bei den Garnelen variiert die Tarnfarbe je nach der Unterlage, auf der sie sitzen.

E - Bei den kleinen Springkrebsen (Galatheidae) ist der Hinterleib teilweise nicht durch einen Panzer geschützt. Deshalb ist Tarnung für sie besonders wichtig. Die seltsame, gelb und schwarz gefärbte Art Allogalathea elegans lebt stets mit dem Goldhaarstern (Comanthus bennetti) zusammen und imitiert genau dessen Färbung.

F - Diese winzigen Krustentiere der Art Dasycaris zanzibarica findet man nur auf den langen Peitschen einer bestimmten Art von Schwarzen Korallen (Gattung Cirripathes). Sie leben dort paarweise zusammen, und ihre hellen und dunklen Streifen tarnen sie perfekt, wenn die Polypen aktiv sind.

C

D

E

F

und die Rückenpartie mit dem Augenfleck herausragen. Diese hat eine so unbeschreibliche Ähnlichkeit mit dem Kopf der Großen Muräne (Gymnothorax meleagris), daß andere Fische von weiteren Angriffen abgeschreckt werden.

Ein höchst ungewöhnlicher Typ der Schutzfärbung, bekannt als Batesische Mimikry, läßt zwei systematisch vollkommen unterschiedliche Arten so ähnlich aussehen, daß sie innerhalb ihrer Umgebung nicht auseinander zu halten sind. Das bekannteste Beispiel dafür ist der Gemeine Putzerfisch (Labroides dimidiatus) und dessen Nachahmer, der Falsche Putzerfisch (Aspidontus taeniatus) - ein listiger kleiner Räuber. Der Falsche Putzerfisch imitiert den am häufigsten verbreiteten Putzerfisch perfekt in dessen Färbung und Bewegung. Aufgrund der unglaublichen Ähnlichkeit kann sich der Räuber so seinem Opfer nähern, ohne dieses zu beunruhigen. Wenn er dann angreift und ein Stückchen Haut aus dem Opfer stanzt, ist es für eine Flucht zu spät.

Ebenso vorteilhaft für den Mimen ist die Nachahmung einer gefährlichen Art. Das geschieht beispielsweise zwischen Schleimfischen des Roten Meeres: dem Gepunkteten Säbelzahnschleimfisch (Meiacanthus nigrolineatus) und dem Mimikry-Kammzähner (Ecsenius gravieri). Erstgenannter hat lange, nadelspitze Eckzähne, die mit einer Giftdrüse in Verbindung stehen - ein wirkungsvolles Abschreckungsmittel für potentielle Angreifer. Ecsenius gravieri hingegen ist vollkommen harmlos und ersetzt diesen Nachteil mit einer Körperfärbung, die der aggressiven Art Meiacanthus nigrolineatus gleicht. Wie Laborstudien zeigten, versuchten Räuber nicht, den Ecsenius zu fressen, wenn sie zuvor negative Erfahrungen mit Meiacanthus gemacht hatten.

Ein Beispiel für Fische, die vorgeben, etwas anderes zu sein, sind auch die Kugelfische (Tetradontidae) der Gattung Canthigaster und die Feilenfische (Monacanthidae) der Gat-

G

H

I

J

G, H - Die Bildfolge verdeutlicht den bemerkenswerten Gestaltwandel einer Tiger-Partnerschnecke (Cypraea tigris). Ein besonderes Merkmal dieser auch Porzellanschnecken genannten Mollusken ist ihr weiter Mantel. Er ist vollkommen um die Schale geschlagen, wenn das Tier – vorzugsweise nachts – auf der Suche nach Nahrung die Korallen abweidet, und dient sowohl zum Schutz als auch zur Tarnung.

I - Manche Porzellanschnecken werden auch Partnerschnecken genannt, weil sie immer auf Lederkorallen (Dendronephtya sp.) leben und auch deren Färbung imitieren.

J - Eine Partnerschnecke ist vollständig unter ihrem Mantel verborgen. Färbung, Form und Größe lassen sie wie einen algenbestandenen Stein oder wie einen seltsamen Schwamm erscheinen.

tung Paraluteres. Kugelfische sind giftig, so daß sie von Räubern gemieden werden. Paraluteres hingegen ist nicht giftig und wehrlos. Um zu verhindern, gefressen zu werden, haben die Feilenfische ein Aussehen entwickelt, das dem Kugelfisch in dessen Lebensraum ähnelt. Solche „Pärchen", die auf den ersten Blick in Bewegung und Färbung identisch erscheinen, sind der Feilenfisch Paraluteres arquat und der Spitzkopfkugelfisch (Canthigaster margaritata) des Roten Meeres sowie der Schwarzsattel-Feilenfisch (Paraluterus prionurus) und der Sattel-Spitzkopfkugelfisch (Canthigaster valentini) aus dem Indopazifik.
Farben wirken jedoch nicht nur täuschend. Im Gegenteil, sie können auch dazu dienen, Botschaften genau und unmißverständlich zu übermitteln. Zackenbarsche können blitzschnell ihre Farbe wechseln - je nachdem, ob sie sich angegriffen fühlen, verängstigt sind oder gerade ruhen. Die verschiedenen Färbungen, die die Individualentwicklung und den Geschlechtswechsel begleiten (beschrieben im Kapitel Fortpflanzung), sind keine anderen als diejenigen, die dem Zusammentreffen zweier Geschlechtspartner dienen. Nicht selten zeigen Jungfische eine völlig andere Färbung als die Adulten. Dies verhindert sinnlose und schädigende Kämpfe zwischen Tieren derselben Art. Deutliche optische Signale dienen letztlich auch dazu, potentielle Feinde vor Angriffen zu warnen, die für die Angreifer unglücklich enden würden. Dies fin-

A - Obwohl dieser junge Spitzkopf-Kugelfisch (Canthigaster sp.) mit einer Haut ausgestattet ist, die ein Abwehrgift ausscheidet, zieht er es doch vor, sich zwischen den Korallen zu verbergen.

B – Die Schleimfische findet man vorzugsmäßig in den Schlupflöchern im Riff, die in etwa ihrer Körpergröße entsprechen.

C - Der Leoparden-Drückerfisch (Balistoides conspillicum) ist besonders auffällig gefärbt – aber genau dies stellt im bunten Riff eine gute Tarnung dar.

D - Die Streifenzeichnung des Orangestreifen-Drückerfisches (Balistapus undulatus) wirkt gestaltauflösend.

E - Bis zu 75 Zentimeter lang wird der Grüne Riesen-Drückerfisch (Balistoides viridescens). Er gilt als besonders aggressiv bei der Verteidigung seines Geleges, das er in einer Grube auf dem Meeresboden ausbrütet.

F - Häufig soll durch die Färbung die Botschaft übermittelt werden, daß das betreffende Tier - hier ein Blauer Rundarmstern (Linckia laevigata) aus dem Pazifik - nicht verzehrt werden kann.

G - Die helle, zur übrigen Körperfärbung mancher Doktorfische kontrastierende Stelle an der Schwanzwurzel soll auf die dort befindlichen, scharfen Skalpelle hinweisen.

det man bei Wirbellosen wie bei Fischen. Die prächtige Färbung des Blauen Rundarmsterns Linckia laevigata, wegen seiner Schönheit einer der bekanntesten Stachelhäuter des Pazifik, dient tatsächlich dazu, mögliche Räuber zu warnen, daß er ungenießbar ist. Andere Tiere wie die Garnelen der Gattung Periclimenes oder kleine Schnecken der Gattung Thyca ziehen daraus ihre Vorteile, halten enge Kontakte zu diesen Tieren und haben dieselbe Farbe. Nacktschnecken sind oft zur Warnung möglicher Räuber sehr eindrucksvoll gefärbt, frei nach dem Motto: „Vorsicht, ich bin ungenießbar“. Optische Warnsignale finden sich bei zahlreichen Fischen wie bei vielen Kugelfischen, Kofferfischen und Rotfeuerfischen der Gattungen

F

G

Pterois und Dendrochirus. Manchmal betonen die Farben nur die gefährlichen Körperteile der Fische - wie bei vielen Doktorfischen (Acanthuridae).

H

I

J

H - Der Riesen-Kugelfisch (Arothron stellatus) signalisiert durch seine Stellung Verteidigungsbereitschaft. Er gehört zu den größten Arten in der Familie der Tetradontidae und wird bis zu 90 Zentimeter lang.

I, J - Die Färbung der Fische dient nicht allein ihrer Tarnung. Oft macht sie es auch möglich, zwischen Jung- und Alttieren zu unterscheiden und trägt so zum friedlichen Zusammenleben im Riff bei. Das obere Foto zeigt einen adulten, das untere einen jungen Imperator-Kaiserfisch (Pomacanthus imperator).

Die Vielfalt und der Überfluß im Riff lebender Fische und Organismen wachsen mit dem Abwechslungsreichtum des Lebensraums. Das Indomalayische Archipel beheimatet ungefähr 2000 Fischarten; mehr als 1500 Fischarten finden sich am Großen Barriereriff. Die Karibik umfaßt etwa 500 Arten, Hawaii 450. 700 bis 900 Arten leben im Indischen Ozean und beinahe 800 Fischarten zählt das Rote Meer. Dabei sind nicht die vielen Wirbellosen dieser Gebiete erfaßt. Diese Artenvielfalt ist ein gutes Beispiel für den Begriff der Biodiversität, der in der Öffentlichkeit nach der Umweltkonferenz in Rio de Janeiro bekannt wurde. Dies macht es einfacher, zumindest in Zahlenbegriffen zu verstehen, wie 150 Arten in einem Riffgebiet von weniger als 50 Metern gefunden werden können oder mehr als 50 Arten um einen einzelnen Korallenblock.

Allen versuchten Anstrengungen zum Trotz hat bisher kein Fachmann die Lebensfülle im Korallenriff als Ganzes erfassen können. Nur detaillierte und ausgedehnte Studien könnten enthüllen, was diese Viel-

Die Verteilung der Fische an einem Riff ist sehr unterschiedlich und abhängig vom Riff selbst sowie von dem betrachteten Teil des Riffs. Der Abstand zur Küste, das Vorhandensein einer Lagune, die Lage zum vorherrschenden Wind sowie zu den Strömungen sind andere Faktoren, die die Zusammensetzung der Fischpopulation beeinflussen.

In dieser Zeichnung wird eine Synthese der verschiedenen Möglichkeiten versucht. Dabei wurde der Kategorie, zu der der Fisch gehört, vorrangige Priorität eingeräumt. Die vorgestellten Arten stehen daher eher als Beispiele, als daß eine präzise taxonomische Beschreibung angestrebt würde. Die Zonierung erfolgt horizontal vom Strand aus in Richtung offenes Meer:

a. Unmittelbarer Strandbereich (unter Gezeiteneinfluß):
1. Schleimfische
2. Grundeln

b. Fische der Lagune
3. Meeräschen
4. Meerbarben

c. Grenzbereich Lagune/Riff:
5. Kaiserfische
6. Muränen

d. Verzweigte Korallenformationen nahe am äußeren Riffhang:
7. Falterfische
8. Lippfische
9. Papageifische
10. Doktorfische
11. Feilenfische
12. Kugelfische

e. Äußerer Riffhang und offenes Wasser:
13. Grunzer
14. Schnapper
15. Soldaten- und Husarenfische
16. Zackenbarsche
17. Makrelen
18. Barrakudas
19. Haie

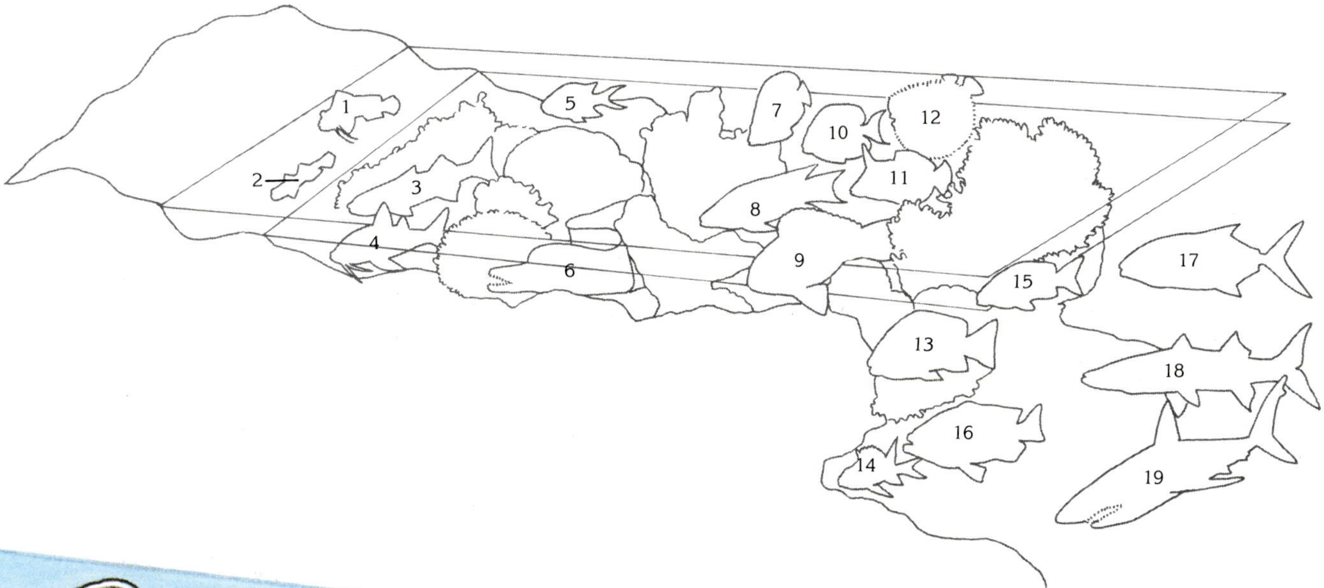

A - Die farbigen Markierungen bei manchen Haien (im Bild ein Silberspitzenhai / Carcharhinus albimarginatus) dienen untereinander als Erkennungszeichen. Es ist auch vermutet worden, daß damit die Beute abgelenkt werden sollte.

falt ermöglicht. Aber diese Forschungen würden Jahre benötigen und Hunderte von Seiten füllen. Ganz sicher gibt es Überschneidungen bei der Ausnutzung von Nahrungsquellen und Raum - sowohl für sessile und nicht sessile Wirbellose als auch für Fische. Eine Felsspalte kann am Tage die nachtaktiven Fische beherbergen und bietet den tagaktiven Fischen Zuflucht während der Nacht. Nach der möglicherweise besten Erklärung, die bisher gefunden wurde, ist das Korallenriff als ein Mosaik zu betrachten. Dieses entwickelt sich nicht nur innerhalb der drei räumlichen Dimensionen, sondern auch mit der Zeit. Wäre es möglich, alle Fische, die in einem Riff vorhanden sind, zu identifizieren, dann würde man feststellen, daß nicht nur einige von ihnen verlorengehen, um von anderen innerhalb weniger Monate ersetzt zu werden - hauptsächlich als eine Folge der Räuber-Beute-Beziehung. Auch die Artenzusammensetzung würde jahreszeitlich oder Jahr für Jahr schwanken. Ungeachtet des schnellen Wechsels im Riff hat sich ein Gleichgewicht ausgebildet, das eine gut organisierte Gemeinschaft zeigt und nach Meinung einiger Ökologen mit terrestrischen Lebensräumen vergleichbar ist. Dies würde darauf hindeuten, daß die Artenvielfalt der Korallenriffe der optimalen Ausnützung aller möglichen Ressourcen zugeschrieben werden muß. Das wird hauptsächlich durch

A

A - Die Monacanthidae, die man ihrer rauhen Haut wegen auch Feilenfische nennt, sind sehr scheu und tendieren dazu, sich meist versteckt im Riff aufzuhalten.

B - Ein Kugelfisch (Arothron sp.) hat Schutz unter einer Tischkoralle gesucht.

C - Der Schwarzflecken-Kugelfisch (Arothron nigropunctatus) kommt aus einer Höhle am Fuße des Riffs hervor.

B

C

D

D - Die Höhlen und Überhänge am Fuße der Riffe sind der ideale Lebensraum für die Arten, die lichtscheu sind und am Tage ruhen wollen. Hier findet man auch häufig Krokodilsfische (Familie Platycephalidae), die lange ruhig liegen, ohne sich einzugraben.

eine extreme Spezialisierung bei der Nutzung vorhandener Nahrungsreserven erreicht. Ein Vergleich der Beute von sieben Barscharten (Serranidae) und 17 Skorpionsfischarten (Scorpaenidae) zeigt: Jede Art unterscheidet sich von der anderen entweder in der Jagdzeit, der Größe der Beute oder in dem Gebiet, in dem die Beutetiere leben. Nur eine Art der Serranidae ernährte sich ausschließlich von Fischen. Zwei Arten jagten Fische und Krebse - aber jede davon unterschiedliche Arten. Die anderen entpuppten sich als Allesfresser. Ebenso verschiedene Nahrungsspektren fanden sich bei den nachtaktiven Eichhörnchenfischen. Obgleich diese hauptsächlich Krebstiere fressen, jagten sie an unterschiedlichen Orten, und jeder suchte sich seine in Größe und Art (Krabben, Garnelen etc.) eigene Beute. Diese Nahrungsweise ermöglichte sieben eng verwandten Arten, in einem stabilen Gleichgewicht nebeneinander im Riff zu leben. Der Begriff des Lebensraums für Riffbewohner, wie auch für alle anderen Lebewesen, ist durch den präziseren Begriff der „ökologischen Nische“ zu ersetzen. Diese Definition wird von Ökologen verwendet, um nicht nur den Raum zu beschreiben, den eine Art einnimmt, sondern auch deren Rolle innerhalb der Gemeinschaft und deren Position in Bezug auf die verschiedenen Umweltfaktoren. Das können in ei-

E

F

E, F - Die Ammenhaie (Nebrius ferrugineus) lieben es, sich in Höhlen zu verstecken und dort während des Tages unbeweglich zu ruhen. Nachts werden sie aktiv und schwimmen dicht über dem Meeresgrund entlang, wobei sie mit ihren Barteln und dem Geruchssinn nach möglichen Beutetieren (Fische, Krabben, Garnelen und Tintenfischen) suchen.

G, H - Die Schlupflöcher, die die Schleimfische bewohnen, sind häufig die ehemaligen Wohnhöhlen abgestorbener Spiralröhrenwürmer oder die Höhlungen, die Bohrschnecken beziehungsweise Bohrschwämme geschaffen haben.

G

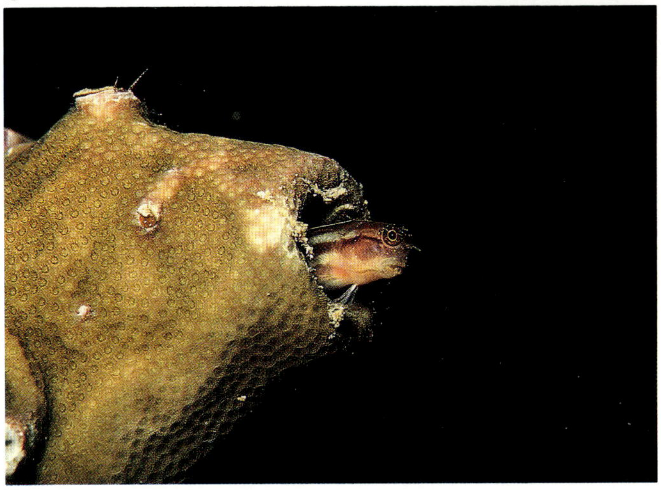

H

I

I - Der Fangschreckenkrebs (Odontodactylus scyllaris) kann seine Fangarme blitzschnell nach vorne schleudern und so Beute aufspießen. Er lebt am Fuß des Riffs in Löchern und Spalten.

Das Verhalten der Fische, die in nahem Kontakt zu den Korallenstöcken leben oder sich dort ihre Nahrung suchen, ist häufig direkt von der Art der Koralle beeinflußt. Auf der Zeichnung werden zwei typische Korallenkolonien, eine schirmartige und eine verzweigte, zusammen mit einer Anzahl jeweils typischer Fische gezeigt. Auch diese Darstellung dient eher als eine allgemeine Darstellung und bildet kein bestimmtes, reales Riff ab. Ziel ist es, die Neugier des Tauchers zu stimulieren und seine Beobachtungskraft zu stärken.

1. Zwerg-Spitzkopfkugelfisch
2. Fähnchen-Falterfisch
3. Orangestreifen-Drückerfisch
4. Bürsten-Feilenfisch
5. Gefleckter Korallenwächter
6. Streifen-Kugelfisch
7. Arabischer Picassodrücker
8. Zackenbarsch
9. Großdorn-Husar
10. Stülpmaul-Lippfisch
11. Mondsichel-Junker
12. Punktierter Falterfisch
13. Blaugrüner Chromis
14. Lippfisch
15. Palettenstachler
16. Blauer Vogelfisch
17. Weißfleck-Kugelfisch
18. Igelkopf-Grundelchen
19. Zitronen-Grundelchen
20. Pelzgroppe
21. Falterfisch
22. Zitronen-Zwergkaiser
23. Rotmeer-Anemonenfisch

nem Riff beispielsweise Parameter wie Strömung, Lichtintensität oder Bodenbeschaffenheit sein. Zwei Arten von Schleimfischen können sehr nah beieinander leben. Sie nutzen beide die Löcher, die in Korallen von bohrenden Schwämmen oder Mollusken hinterlassen wurden. Die eine Art bevorzugt die horizontalen Löcher, während die andere die senkrechten besetzen wird. Diese Wahl wird wiederum die Freß- und Lebensgewohnheiten beider Arten beeinflussen, wodurch Konflikt- und Konkurrenzsituationen verhindert werden. Das Teilen von Raum, zumindest bei den nicht seßhaften Tieren, muß daher noch allgemeiner und weniger starr als bisher interpretiert werden. Die Grenzen, innerhalb derer sich eine Art bewegt, überschreiten den Raum, der für Aktivitäten zur Nahrungssuche, Fortpflanzung etc. notwendig ist. Zufluchtsorte, Überhänge, Spalten, Höhlen und Löcher, die von Röhrenwürmern oder Mollusken hinterlassen wurden, oder auch freie Zwischenräume zwischen den Korallenästen sind Teil des Raumes, in dem verschiedene Fische zu unterschiedlichen Zeiten leben. Dieser

A

B

C

A - Fische und Krustentiere können friedfertig nebeneinander leben, wie aus diesem Bild eindrucksvoll zu ersehen ist.

B - Eine Krabbe versucht mit Drohgesten den Lebensraum zu verteidigen, den sie zwischen den Korallenarmen gefunden hat.

C - Schwarzgürtel-Kardinale (Archamia zosterophora) leben im Schwarm zwischen den verzweigten Armen von Korallenstöcken in der Lagune oder an wenig der Strömung ausgesetzten Stellen des Riffs.

D

D - Die Sandböden innerhalb der Lagune oder am Fuße der Riffe sind reich an Leben, auch wenn sie beim flüchtigen Anblick unbewohnt zu sein scheinen. Die vulkanförmigen Hügel wurden von Würmern aufgeworfen, die sich von der mit dem Sand vermischten organischen Substanz ernähren.

Raum ist kleiner als das Gebiet, das der Ernährung dient. Er weist oft definierte Merkmale auf, die den Fischen sehr gut bekannt sind und die von ihnen so ausgenutzt werden, daß man sie als deren Unterschlupf bezeichnen kann.

Sicherlich ist die Teilung eines Riffabschnittes für Fische, die sich während der Fortpflanzungszeit besondere Bereiche des Meeresbodens als Nester auswählen oder die von Natur aus territorial sind, von größerer Bedeutung. Für diese Arten ist es ebenso möglich, bestimmte Bereiche wiederzuerkennen, von denen jeder spezifischen Bedürfnissen dient: Sozialbeziehungen, Ernährung, Fortpflanzung. Typische Fälle solcher Teilungen finden sich bei Schleimfischen, Riffbarschen und auch in den einzigartigen Röhrenaal-Kolonien: Diese Aale leben immer in Kontakt mit ihrer Wohnröhre. Diese Fische, eines der wenigen Beispiele sessiler Wirbeltiere, besitzen wie auch die Meeraale und Muränen einen aalförmigen Körper. Sie schützen ihren Körper in einer langen, senkrechten Wohnröhre, in der sie blitzschnell verschwinden, wenn ein Taucher oder eine andere Bedrohung auftaucht. Der Vorderkörper ragt beim Schnappen nach dem Zooplankton, das durch Strömungen herangetragen wird, weit aus der Röhre heraus und schwingt hin und her. Noch nicht einmal zur Paarung - wenn die

E

F

G

E - Eine hastige Bewegung genügt, und schon wird die Tentakelkrone dieses festsitzenden Röhrenwurmes blitzartig eingezogen.
F - Die Grundeln der Gattung Amblyeleotris sind typische Bewohner des Sandgrundes. Sie halten sich immer dicht bei ihren Wohnröhren auf, in die sie sich bei Gefahr mit dem Schwanz voraus zurückziehen.
G - Absolut standorttreu sind die Röhrenaale, die Wohnröhren im Sandgrund bewohnen und sich bei Gefahr vollkommen zurückziehen. Abgebildet sind hier Ohrfleck-Röhrenaale (Heteroconger hassi).

1

2

Schwarmfische halten nicht immer denselben Abstand von ihren Nachbarn ein. Freßverhalten, Fortpflanzungszyklen und die Angriffe von Verfolgern sind Ereignisse, die – manchmal sogar drastisch – die Anordnung und Dichte eines Schwarms verändern können. Oft bestimmen auch, wie man auf diesen Zeichnungen erkennen kann, die räumlichen Verhältnisse im Riff die Anordnung des Schwarmes. Dieses Beispiel ist das Ergebnis eines Feldversuches britischer Forscher im Indischen Ozean. Sie beobachteten das Schwarmverhalten des Einfleck-Schnappers (Lutjanus monostigma) bei unterschiedlich starken Strömungen.
1. Phase mit ruhigem Wasser. Es herrscht praktisch keine Strömung. Der Schwarm steht dicht zusammengedrängt.
2. Strömung etwa ein Stundenkilometer. Die Fische stehen etwas weiter auseinander und haben sich in zwei Gruppen aufgeteilt.
3. Strömung etwa zwei Stundenkilometer. Die Fische bilden tief am Boden eine Reihe und stehen mit großem Abstand zueinander.
4. Strömung etwa drei Stundenkilometer. Der Schwarm hat sich praktisch aufgelöst, die Fische suchen einzeln Schutz hinter den Korallen.

Körper benachbarter Aale sich teilweise umschlingen - verlassen die Tiere vollständig ihre Röhre. Nach der Larvenphase graben sich die Jungtiere ihre eigene Röhre am Rand der Kolonie - ein neuer Kreis schließt sich.

A - Papageifische sind selten territorial. Meist bevorzugen sie es, nach besseren Weidegründen suchend herumzustreifen.

A

B

B - Der Monokel-Korallenwächter (Paracirrhites arcuatus) lauert gewöhnlich in erhöhter Stellung auf Korallenzweigen, zwischen die er in Gefahrensituationen flüchten kann.

3

4

TAG UND NACHT

Die Beilbauchfische (Pempheridae), die vielfach von den Tauchern wegen ihrer durchscheinenden Körper auch Glasfische genannt werden, sind nachtaktiv. Tagsüber verbergen sie sich vor dem Sonnenlicht in Höhlen, wo sie sich in dichtgedrängtem Schwarm versammeln. Nachts (Zeichnung unten) verlassen sie ihre Zufluchtsorte und verstreuen sich am Riff, wo sie in kleinen Gruppen emsig nach dem aufsteigenden Plankton schnappen.

Wenn man die enge Beziehung zwischen dem Sonnenlicht und den Korallen betrachtet, so ist es nicht übertrieben, Korallenriffe als „Töchter der Sonne" zu bezeichnen. Bei Tage zeigen sich die Riffe besonders erfüllt von Leben, und es ist kein Zufall, daß 70 Prozent der Korallenfisch-Arten typisch tagaktive Fische sind. Was geschieht, wenn nach Sonnenuntergang die Nacht anbricht und den Taucher zwingt, eine Unterwasserlampe zu benutzen, um die Tiere während der Dunkelheit bei ihrem Treiben zu beobachten? Die Arten, die die hellen Riffabschnitte und die flachen, sonnendurchfluteten Lagunen bevölkern, ziehen sich abends in geschütztere Gebiete zurück. Oft sind es richtige Höhlen, die von ihnen regelmäßig aufgesucht werden und die die Fische bei gerade noch ausreichendem Licht finden.

Viele Fische haben tagsüber einen sicheren Orientierungssinn gezeigt, können aber im Dunkeln ihre Höhlen nicht finden. Doktorfische und Kaiserfische suchen im Riff nach tiefen Spalten, um ihre hohen, seitlich zusammengedrückten Körper zu schützen; genauso machen es Falterfische und Papageifische. Viele der Papageifische beginnen, einen Schleimkokon abzusondern, der sie während der Nacht schützen soll. Er wirkt als Geruchsbarriere und behindert die Orientierung jener nachtaktiven Räuber wie der Muränen, die ihre Beute mit dem Geruchssinn aufspüren. Die bei Tage praktisch allgegenwärtigen Lippfische verschwinden, in dem sie sich im lockeren Sandgrund eingraben oder in Spalten verbergen. Wie viele andere Arten verlieren sie nachts ihre leuchtenden Farben und nehmen mattere, durch dunkle Streifen und Flecken gekennzeichnete Schattierungen an, so daß sie schlechter zu sehen sind. Die zahllosen kleinen Fische, die in den großen Geweihkorallen und anderen Korallen leben, verstecken sich im Labyrinth der Zweige und warten, daß die Nacht vorübergeht.

Im Gegensatz dazu leeren sich die Höhlen und die dunkelsten Teile des Riffes, die während des Tages Soldatenfische, Eichhörnchenfische, Kugelfische sowie Muränen, Glasfische, Großaugenbarsche (Pria-

B - Ein kleiner Schwarzflecken-Kugelfisch (Arothron nigropunctatus) hat sich in seinem Tagesversteck, einer kleinen Höhle im Riff, überraschen lassen. Diese Tiere sind nachtaktiv und verlassen ihre Höhle erst in der Dämmerung.

A

A, D - Die Papageifische (Scarus sp.) verschwinden nachts aus dem Riff. Nach Sonnenuntergang begeben sie sich in tieferes Wasser hinunter und suchen einen Schlafplatz in Spalten oder unter Überhängen. Bei einigen Arten verblaßt die Färbung auffallend, was sicherlich dazu beitragen soll, sie weniger gut sichtbar zu machen. Andere Arten scheiden einen Schleim aus, der sich wie ein Bettuch um den ganzen Körper legt. Man vermutet, daß diese Hülle die nächtlichen Räuber, die sehr stark geruchsorientiert sind, desorientieren soll.

D

B

E

C

F

F - Ein Schwarm Schwarztupfen-Süßlippen (Plectorhinchus gaterinus) verbringt den Tag in einer schattigen Ecke. Aktiv werden diese Fische in der Dämmerung sowie in der Nacht, wenn der Sandgrund zum Leben erwacht.

C - Bei Sonnenuntergang schwimmen die Schärpen-Nasendoktoren (Naso brevirostris) in tieferes Wasser hinunter und übernachten dort in Höhlen und Spalten. Dabei verändern sie auch die Färbung, um von ihren Verfolgern nicht geortet werden zu können.

E - Sowohl die Blaustreifen-Schnapper (Lutjanus kasmira) als auch die Teufels-Soldatenfische (Myripristis vittata) lieben nicht das sonnendurchstrahlte Wasser. Sie stehen bei Tag deshalb gerne im Schatten von Höhleneingängen und Überhängen. Erst bei Nacht schwärmen sie zur Jagd aus.

canthidae) und Kardinalfische (Apogonidae) beherbergten. Sie zählen zu den zehn Prozent der Fische, die von Experten als typisch nachtaktiv bezeichnet werden. Interessant ist, wie sich die verschiedenen nachtaktiven Arten unabhängig voneinander den nächtlichen Bedingungen überraschend ähnlich angepaßt haben. Die charakteristischsten dieser speziellen Anpassungen sind die oft rote Färbung und die großen Augen. (Anpassungen, die man auch bei Tiefseefischen findet.) Diese Fische beginnen bei Sonnenuntergang zu jagen, wenn die Abnahme der Lichtintensität besondere Mechanismen in Gang setzt, und zwar sowohl auf dem Riff als auch in den angrenzenden Gewässern, aus denen die großen Räuber plötzlich auftauchen.

Es ist bekannt, daß der Wechsel von Licht und Dunkelheit die Bewegungen des Planktons beeinflußt; während des Tages hält sich das Plankton gewöhnlich tiefer auf und steigt bei Nacht hoch zur Meeresoberfläche. Diese Massenwanderung, an der Millionen von winzigen Lebewesen aus vielen verschiedenen Tiergruppen beteiligt sind, ist für die nächtliche Verwandlung des Riffes verantwortlich. Die Korallenpolypen entfalten ihre Tentakeln, Weichkorallen pumpen ihre formba-

A

B

C

D

E

A - Das große Auge des Riff-Großaugenbarsches (Priacanthus hamrur) ist ein typisches Beispiel für die Spezialisierung auf nächtliche Lebensweise.

B - Träge und verschlafen wirken tagsüber die Teufels-Soldatenfische (Myripristis vittata).

C - Auch die Großdorn-Husaren (Sargocentron spiniferum) versammeln sich tagsüber im Schutz schattiger Zonen. Noch weiter im Dunkeln steht eine Gruppe Teufels-Soldatenfische (Myripristis vittata).

D, E - Die Großdorn-Husaren (Sargocentron spiniferum) vereinigen die wichtigsten Merkmale nachtaktiver Fische auf sich: rote Färbung und übergroße Augen.

F

G

H

F, G - Sowohl die Fische - also auch die Wirbellosen - reagieren auf den Tag-und-Nacht-Wechsel. Eine bemerkenswerte Veränderung ist bei den Lederkorallen zu beobachten: Nachts pumpen sie sich voll Wasser und richten sich auf, und die Polypen werden aktiv. Manche Arten vergrößern sich dabei um das Zwei- oder Dreifache.

I

J

K

H - Die Muränen gehören zu den prächtigsten nächtlichen Räubern. Sie verfügen über einen effektiven Geruchssinn, der es ihnen ermöglicht, auch bei tiefster Dunkelheit Beutetiere aufzuspüren. Diese Riesenmuräne (Gymnothorax javanicus) ruht noch in ihrem Tagesunterschlupf.

I, J - Die Stöcke der Zäpfchenkoralle (Gattung Tubastrea) sind wenig verzweigt und fallen bei Tage kaum ins Auge. Erst wenn bei Nacht die leuchtend gelben Polypen aktiv werden, erblühen sie zu voller Schönheit.

K - Hier wurde eine Gelbkopf-Muräne (Gymnothorax fimbriatus) bei der nächtlichen Jagd erwischt! Selten einmal sieht man tagsüber die Muränen frei schwimmen. Meist ragt nur der Kopf lauernd aus der zum Unterschlupf gewählten Spalte im Riff.

ren Körper mit Wasser auf, und die Hornkorallen „erblühen“. Haarsterne (Crinoidea) lassen sich an strömungsexponierten Plätzen nieder und breiten ihre zerbrechlichen Arme zum Planktonfang aus. Die Röhrenwürmer werden ebenfalls munter und strecken ihre gefiederten Tentakelkränze aus. Schlangensterne, Garnelen und Krabben sind

A

bei Nacht unterwegs, weniger scheu als am Tag wegen der geringeren Zahl ihrer potentiellen Räuber. Der sandige Meeresboden, bei Tag fast verlassen und wenig interessant, füllt sich mit kleinen Meergrundeln und Seezungen, Seesternen und Seeigeln wie den Diademseeigeln mit ihren langen Stacheln. Weichtiere hinterlassen auf den Sedimenten deutlich sichtbare Spuren ihrer nächtlichen Ausflüge, dazu bestimmt, am nächsten Tag von den Tidenströmungen rasch wieder gelöscht zu werden. Obwohl die Anzahl der großen nächtlichen Räuber - verglichen mit der Anzahl am Tag - verhältnismäßig kleiner ist, genügt das Licht des Vollmondes, um die Bewegungsfreiheit der kleinsten nachtaktiven Arten einzuschränken. Diese bleiben in Vollmondnächten entschieden näher bei ihren Zufluchtsorten und bilden Schwärme, anstatt sich zu zerstreuen.

A - Auch die Weichkorallen verändern sich mit Anbruch der Nacht: Sie entfalten Polypen, die wie zarte Blüten aussehen.

B - Schön, aber nesselnd: Die seltsame Seeanemone Alicia mirabilis, die tagsüber zu einem Klumpen zusammengefallen geruht hat, entfaltet eine lange Säule, an deren Spitze die Tentakeln sich weit ins Wasser hinaus strecken, um als tödliche Fallen Kleintiere und Plankton zu fangen.

B

C

D

C - Das Licht vertreibt sie tagsüber vom Riff, aber nachts kommen die Schlangensterne aus ihren Verstecken und klettern auf die Korallenstöcke und Gorgonien, um von möglichst exponierten Stellungen aus nach Nahrung zu angeln.

D - Eine Gespensterkrabbe sucht die Zweige einer Lederkoralle nach den winzigen Wirbellosen ab, die dort leben. Sie weidet dabei auch Detritus und andere organische Partikel ab, die sich zwischen den Tentakeln der Polypen verfangen haben.

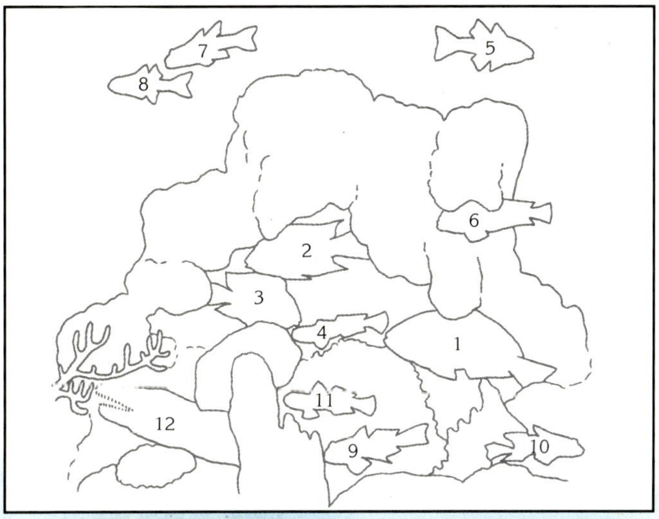

Dank ihrer komplexen Zusammensetzung bieten die Korallenstöcke zahlreiche Unterschlupfe und Rückzugsplätze für die Fische mit ihren unterschiedlichen Ansprüchen. In manchen Fällen werden, wie in diesen beiden Zeichnungen gezeigt wird, dieselben Plätze sogar abwechselnd von tag- beziehungsweise nachtaktiven Tieren benutzt. Die Darstellung basiert auf Untersuchungen in der Karibik. Links wird die typische Tagessituation gezeigt, rechts die Nachtsituation. Es handelt sich jeweils um dieselben Fische:
1. Sparisoma sp.
2. Chromis cyanea
3. Stegastes partitus
4. Gobiosoma sp.
5. Phaeoptyx pigmentaria
6. Labrisomus sp.
7. Apogon maculatus
8. Apogon townsendi
9. Cyryphopterus sp.
10. Cyryphopterus glaucofraenum
11. Gobiosoma dilepsis
12. Gymnothorax miliaris
Die Fische mit den Nummern 1, 2, 3, 4, 6, 9, 10 und 11 sind tagaktiv, die Nummern 5, 7, 8 und 12 nachtaktiv.

GEFAHREN FÜR DIE RIFFE

Obwohl Schauplatz eines harten Überlebenskampfes, ist der Lebensraum der Korallen durch ein dynamisches Gleichgewicht zwischen seinen Einwohnern und den riffbildenden Organismen gekennzeichnet, die in Tausenden von Jahren Riffe riesigen Ausmaßes, Inseln und Atolle geschaffen haben. Offenbar haben besondere Bedingungen, wie zum Beispiel Schwankungen des Meeresspiegels, Vulkanausbrüche und Taifune, von Zeit zu Zeit und in verschiedenem Ausmaß auf begrenzte Teile der Riffe eingewirkt. Aber dank ihrer charakteristischen Unverwüstlichkeit haben sie diese Phasen überstanden. Heute wandelt sich die Situation rapide zum Schlechteren. Der Einfluß des Menschen, hauptsächlich bedingt durch das Bevölkerungswachstum und die sozialen, wirtschaftlichen und technischen Veränderungen, hat schädliche Auswirkungen auf das empfindliche Ökosystem Riff gehabt. Dies wird sich in Zukunft fortsetzen, mit irreversiblen Folgen für die Korallenriffe. In 93 der 109 Länder mit Korallenriffen sind diese am Vorabend des Jahres 2000 in unterschiedlichem Ausmaß bereits geschädigt. Dies ist umso ernster zu sehen, da der größte Teil der Schäden erst während der letzten zwei Jahrzehnte aufgetreten ist.

Einer der wichtigsten Gründe für die Zerstörung vieler Korallenstandorte ist die verstärkte Sedimentation, das heißt die Einleitung großer Mengen Schlamm, Sand und anderen Sedimenten entlang der Küsten. Diese Stoffe können lange Zeit im Wasser schweben, bevor sie sich absetzen. Weil diese Stoffe auch in der natürlichen Umwelt vorkommen, werden solche Vorgänge zur Zeit nicht als Folge einer Umweltverschmutzung erkannt. Korallen können, mit Ausnahme einiger Arten, eine zu starke Sedimentationsbelastung nicht ertragen. Nur wenige Korallenarten aus verschiedenen Gattungen (wie Platygyra, Fungia, Acropora, Galaxea, Montastrea) können in Gebieten überleben oder sogar dominieren, die unter einem Anstieg der Sedimentbelastung leiden. Aber sogar diese Korallen können der Sedimentzunahme nicht immer widerstehen. Der Eintrag von Sedimenten wird sehr oft durch Abholzung oder durch territoriale Umordnungen zur Vergrößerung der für Ansiedlungen, Straßen- und Ackerbau bestimmten Flächen verursacht. Die Erosion des Bodens als Folge schwerer Regenfälle bedeutet, daß die Flüsse Tonnen von Sedimenten ins Meer transportieren. Dadurch werden die Küsten, insbesondere die küstennahen Saumriffe, Belastungen durch Ereignisse ausgesetzt, die nicht notwendigerweise in ihrer näheren Umgebung stattfinden müssen.

Je weiter ein Riff von Sedimentationsquellen entfernt liegt, umso mehr Arten beherbergt es, desto größer ist die Anzahl der Korallenkolonien pro Quadratmeter, und desto besser sind ihre Wachstumsraten. Korallenriffe beruhen auf einer wunderbaren Symbiose zwischen Polypen und Zooxanthellen. Eine zunehmende Trübung behindert die Photosynthese und damit das Wachstum der Kalkskelette. Gleichzeitig sind die Polypen gezwungen, einen großen Teil ihrer normalerweise für Wachstum und Fortpflanzung reservierten Energie in die Produktion von Schleim zu investieren, um die Sedimentpartikel abzuwehren. Das setzt ihre Verteidigungsmöglichkeiten herab und schwächt die Konkurrenzfähigkeit gegenüber anderen Organismen wie Algen, Schwämmen und Weichtieren. Diese vermindern die Vollständigkeit und Kompaktheit der Riffe und verstärken ihre Verwundbarkeit gegenüber den Wellen. Zusammen erhöhen diese Effekte die Sterblichkeit der Korallen und reduzieren die verschiedenen Arten, die Bedeckung und die Größe der Kolonien. Die Sedimente verhindern die Ansiedlung neuer Korallen, erschweren die Fortpflanzung und steigern die Sterb-

A

A - Die Flüsse können für die Riffe zu einer Bedrohung werden, wenn die Landstriche, die sie durchfließen, für Industrie- und Agrarzwecke gerodet werden. Der Boden, der nun nicht mehr befestigt ist, wird vom Regen abgetragen und über die Flüsse ins Meer geschwemmt. Hier trübt das Sediment das Wasser.

B

B - Sediment im Wasser kann bei entsprechenden Strömungsverhältnissen auch an den küstennahen Riffen abgelagert werden und diese ersticken. Dann schlägt die Brandung mit größerer Wucht an die Küsten und kann das Wasser noch mehr trüben. Niemand weiß bisher, wann und wie ein solcher Teufelskreis beendet werden kann.

lichkeit der Larven während ihrer planktonischen Lebensphase. Dieser Rückgang an struktureller Vielschichtigkeit reduziert zwangsläufig die Anzahl und Biomasse der Korallenfische. Ohne sie sinkt die Überlebensfähigkeit des Riffes weiter, in einer sich negativ verstärkenden Spirale, die schließlich zum Tod des Riffes führt.

Die Riffe der Philippinen, die als die reichsten und vielfältigsten der Welt betrachtet werden, sind an vielen Stellen durch die der Abholzung folgenden erhöhten Erdeintragungen verwüstet worden. Guam, Palawan, Malindi, Teile der Küsten von Panama, Costa Rica, Barbados, Indonesien und Madagaskar sind nur einige der Gebiete, an denen Abholzung oder auch nur der Bau von Küstenstraßen die Zerstörung der Riffe beschleunigt haben. Als Folge davon hat sich bereits der Lebensstil einiger einheimischer Fischer verändert. Es sind nicht nur die Eingriffe an Land, die die Korallen bedrohen. Der Bau neuer Häfen und Brücken führt normalerweise zum Umwälzen des Meeresbodens. Das verursacht nicht nur das Durcheinanderbringen der Materialien des Meeresbodens, sondern auch seine Veränderung. Bauaktivitäten - manchmal sogar unter Verwendung von Sprengstoff zur Öffnung von Riffdurchfahrten - vergrößern die durchschnittliche Meerestiefe drastisch und verändern die Strömungsrichtungen. Diese werden später von Piers und künstlichen Wellenbrechern abgelenkt, die - paradoxerweise weniger effektiv und wesentlich teurer - die Aufgaben des Riffes übernehmen sollen. In anderen Fällen dienen die Bautätigkeiten im Meer der Gewinnung von Baumaterial. In Nationen, wo Korallen das am leichtesten verfügbare und billigste Baumaterial darstellen, wird dieses schon seit langem in lokalem Maßstab praktiziert. Dennoch muß festgestellt werden, daß bauliche Maßnahmen als Antwort auf neue Herausforderungen zu einem zehnfachen Anstieg der entnommenen Materialmengen geführt hat. Der Flughafen von Male wurde unter Benutzung von Kalkstein und Sand aus den nächstgelegenen Riffen erbaut und wird zur Zeit auf dieselbe Art erweitert. Im benachbarten Sri Lanka belief sich die Menge der aus Korallen gewonnenen Materialien Mitte der achtziger Jahre auf jährlich mehr als 45 000 Tonnen. Ähnliche Abbautätigkeiten finden gewöhnlich auf vielen Koralleninseln des Pazifik, in Indonesien, Malaysia, Indien, auf den Komoren und Mauritius statt.

Die sich ständig verstärkende Spirale an negativen Einflüssen, die viele Korallenriffe auf der ganzen Welt bedroht, wird außerdem durch alle Arten von Umweltverschmutzung beschleunigt. Teer, Plastik und feste Abfallstoffe werden heute an den abgelegensten Stränden des Indopazifik gefunden. Dies wirkt sich bereits auf die Meere der stark industrialisierten westlichen Welt aus, und die einzige Verteidigung dagegen ist eine gelenkte Entwicklung. Bedauerlicherweise sind die Länder, in denen die Korallen wachsen, nicht immer in der Lage, das Notwendige durchzuführen und zu berücksichtigen. Wenn menschliche Aktivitäten die Korallenbauten der Ryukyu-Inseln zu mehr als 90 Prozent beschädigt oder zerstört haben, obwohl Japan alle zur Vermeidung solcher Ereignisse benötigten Ressourcen besitzt, ist es keinesfalls überraschend, daß das gleiche auch in wirtschaftlich schwächeren Ländern passiert.

Unglücklicherweise glauben viele Menschen immer noch nicht, daß Riffe wie kostbare Schätze behandelt werden sollten, vergleichbar mit Denkmälern und Kunstgegenständen. Als solche sind sie im Falle einer Beschädigung anhand von Parametern wirtschaftlich abschätzbar, die die zerstörte Ressource und ihren Nutzen in Betracht ziehen. Letzterer schließt dabei ästhetische Aspekte und Erholungswerte mit ein, die schwer in Zahlen auszudrücken, aber sehr wichtig sind. Die

C

D

C, D - Überintensive Entnahme von Lebewesen aus dem Meer führt nicht nur zur Zerstörung einer einzelnen Nachschubquelle, sondern kann auch für das gesamte Ökosystem Korallenriff ernsthafte Konsequenzen haben. Unser Verständnis von den Beziehungen unter den Arten ist zu gering, als daß wir einzelne ungestraft zerstören dürften. Beispielsweise sind Igelfische (Diodon sp., oben) und Diademseeigel (Diadema sp., unten) natürliche Feinde. Als man zeitweise die Igelfische in großer Zahl fing, um sie zu Souvenirs zu verarbeiten, kam es zu einer Massenvermehrung der Seeigel. Diese fielen in Massen über die Riffe her und zerstörten dabei weite Riffbereiche.

von den Riffen gebotenen Ressourcen gehen über die Korallen allein hinaus. Es gibt praktisch kein Lebewesen, das nicht ausgebeutet werden kann. Die Völker der Korallenriffe haben die Schätze der Riffe immer genutzt, ohne ihr Gleichgewicht zu verändern. Oft gehorchten sie strengen sozialen Gesetzen, die Zeit und Art der Nutzung regelten. Heute haben die in Verbindung mit dem schnellen Wirtschaftswachstum steigenden Bedürfnisse auch begonnen,

A

die biologischen Ressourcen zu beeinflussen. Neue Fischereimethoden, effektiver, aber weniger selektiv, erlauben den Fang immer kleinerer Fische und verhindern so die Erneuerung der Bestände. Dies ist um so schlimmer, wenn man bedenkt, daß die Lebenszyklen vieler Arten immer noch nahezu unbekannt sind.

In vielen Teilen der Karibik sind die oberflächennahen Populationen von Langusten und anderen großen Krebstieren praktisch ausgerottet. Die Flügelschneckenart Strombus gigas, die früher im flachen Wasser mit der Hand eingesammelt wurde, kann heute nur noch mit Hilfe von Tauchgeräten erbeutet werden. Oft bringen dabei primitive Ausrüstung und Technik das Leben der Fischer in Gefahr. Mindestens zwei Arten von Riesenmuscheln (Tridacna gigas und T. derasa) sind in weiten Teilen des Pazifik nahezu ausgestorben. Viele der zur Perlmuttgewinnung dienenden Arten sind so selten geworden, daß etliche Staaten Gesetze zu ihrem Schutz oder zur Beschränkung des Sammelns verkündet haben. Eine große Anzahl besonders beliebter Muschelarten stammt aus den Korallenriffen, und die steigende Nachfrage hat in vielen Fällen die einzelnen Populationen reduziert.

B

C

Das unüberlegte Sammeln von riffbewohnenden Arten hat außerdem sowohl auf das Riff als auch auf andere Arten unmittelbare Auswirkungen. Dies beweist die Verwundbarkeit des Gleichgewichtes in diesem Ökosystem. Im Roten Meer wurden zwischen 1970 und 1980 die entlang der ägyptischen Küste von Hurghada wachsenden Korallen durch eine plötzliche Vermehrung des Diademseeigels (Diadema setosum) schwer beschädigt. Auf der Suche nach Algen, ihrer Nahrung, zerstörten sie auch die Korallenpolypen. Andere Algen siedelten sich schnell auf den geschädigten Korallen an, beeinträchtigten die darunterliegenden Korallen und zogen eine große Anzahl pflanzenfressender Fische an. Diese vertrieben die normalerweise für ihr Überleben auf Korallen angewiesenen Arten. So veränderte die übermäßige Vermehrung einer einzigen Art drastisch das natürliche Gleichgewicht des Riffes. In der Folge dieser Ereignisse durchgeführte Studien haben gezeigt, daß die plötzliche Vermehrung der Seeigel auf die übermäßige Befischung des Kugelfisches Arothron hispidus zurückzuführen war, der einer der wichtigsten Räuber der Seeigel ist und deren Verbreitung unter Kontrolle hält. Er wurde zum Verkauf als Souvenir oder Lampenschirm gefangen.

Wesentlich besser bekannt ist der Fall der Dornenkrone (Acanthaster planci), eines großen, von giftigen, scharfen Stacheln übersäten Seesterns. Bei Nacht macht er sich über die Korallen her, indem er seinen Magen ausstülpt, um die weichen Polypen zu umhüllen und zu verdauen. Nach dem Fressen zieht der Seestern seinen Magen wieder ein und wandert weiter, einen weißen

A, C - Die Dornenkrone, ein Seestern (Acanthaster planci), ernährt sich von Korallenpolypen. Sie stülpt den Magen über die befallenen Korallen und verdaut die Polypen mit wirkungsvollen Verdauungssäften. Wenn sie ihr Mahl beendet hat, bleibt nur das tote Kalkgerüst (im Bild links die weißen Stellen) übrig. Gefährlich für das Riff ist aber nicht die einzelne Dornenkrone, sondern deren Massenauftreten.

B - Der Anker eines Tauchbootes wurde – sicherlich nicht zum ersten Mal - auf das Riffdach geworfen. Die Monotonie der Korallenformationen, das Fehlen von Steinkorallen und das Auftreten von Algen sind Anzeichen dafür, daß dieser Bereich des Riffs stark geschädigt ist. Das Ankern am Riff könnte verboten werden, wenn an den beliebten Tauchplätzen Ankerbojen zur Verfügung stünden.

Flecken toten Korallengesteins als Folge seines Mahls hinterlassend. In bestimmten Gebieten und Zeitabschnitten ist es möglich, bis zu 1000 Seesterne in 20 Minuten anzutreffen, von denen jeder innerhalb von 20 Tagen 15 Korallenkolonien zwischen fünf und 15 Zentimeter Größe zerstört. Unter diesen Umständen ist leicht zu verstehen, warum die Gegenwart der Dornenkrone als eine Geißel betrachtet wurde, die das Überleben der Riffe bedroht. Im Jahre 1970 kam es in weiten Teilen des Pazifik zu einer der größten bekannten Masseninvasionen dieser Art. Besonders betroffen war das Große Barriereriff. Obwohl es die Dornenkrone offensichtlich schon immer gegeben hatte, war eine so anormale Zunahme noch nie beobachtet worden. Die Experten konnten als einen der möglichen Gründe für diese Vermehrung den zahlenmäßigen Rückgang des Tritonshorns (Charonia tritonis), einer großen Schneckenart, ausmachen. Die Tritonschnecke ist zwar nicht der einzige, aber der wichtigste Seesternräuber, und ihr Verschwinden ist wieder einmal die Schuld des Menschen; es beruhte auf intensiver Ausbeutung dieser von Sammlern hochgeschätzten Art.

D

E

F

D, E, F - Das Tritonshorn (Charonia tritonis) ist eine der größten Schnecken im Korallenriff. Seine Schale ist unter den Sammlern sehr gefragt, und entsprechend wurde das Tier bejagt. Man vermutet, daß das zeitweilige Massenauftreten der Dornenkrone am Großen Barriereriff damit in Zusammenhang steht: Das Tritonshorn ist der natürliche Feind der Dornenkrone und kann diese unbeachtet des starken Gifts leicht überwältigen. Wo der natürliche Feind fehlt, kann sich eine Art im Übermaß ausbreiten. Die Bildfolge zeigt den Überfall eines Tritonshorns auf eine Dornenkrone.

Die Gefahren, welche den Riffen drohen, sind jedoch viel umfangreicher, als die bis jetzt genannten Beispiele andeuten können. Einige der schlimmsten sind auf Veränderungen zurückzuführen, die im globalen Maßstab stattfinden. Da viele biologische Prozesse auch chemische Reaktionen sind, ist es keine Überraschung, daß das Leben der Korallen durch Temperaturänderungen beeinflußt werden kann. Die unverkennbare Erwärmung unseres Planeten hat einen direkten Einfluß auf den Meeresspiegel, der während des letzten Jahrhunderts gestiegen ist. Nach Kalkulationen von Experten betrug der Anstieg 1 bis 1,2 Millimeter pro Jahr. In einigen Fällen hat das zweiffellos die Ausbreitung der Riffe begünstigt. Aber sollte der Meeresspiegel aufgrund eines rascheren Schmelzens des Polareises zu schnell ansteigen, würden die Korallen dem vielleicht nicht standhalten können und sterben.

Die von vielen Wissenschaftlern für die Zukunft vorausgesagten Temperaturschwankungen könnten auch das Klima in den tropischen Regionen verändern, indem sie die Häufigkeit von Regenfällen, Hurrikanen und Taifunen oder die Heftigkeit der Brandung erhöhen. Das würde zu noch stärkerer Zerstörung der Riffe und anschließend der ihnen gegenüberliegenden Küstengebiete führen.

Dazu kommt das häufige Phänomen des Ausbleichens der Korallen („Coral Bleaching“) als Folge lokaler Temperaturerhöhungen, die hauptsächlich mit Schwankungen in der Oberflächendynamik der Ozeane zusammenhängen.

Dies ist ein Grund mehr, die Riffe weiter zu studieren und zu verteidigen, und ein weiterer Beweis dafür, wie ihr Leben mit dem des gesamten Planeten verbunden ist.

DIE HÄUFIGSTEN FISCHE UND WIRBELLOSEN DES INDOPAZIFK (AB SEITE 123) UND DER KARIBIK (AB SEITE 154)

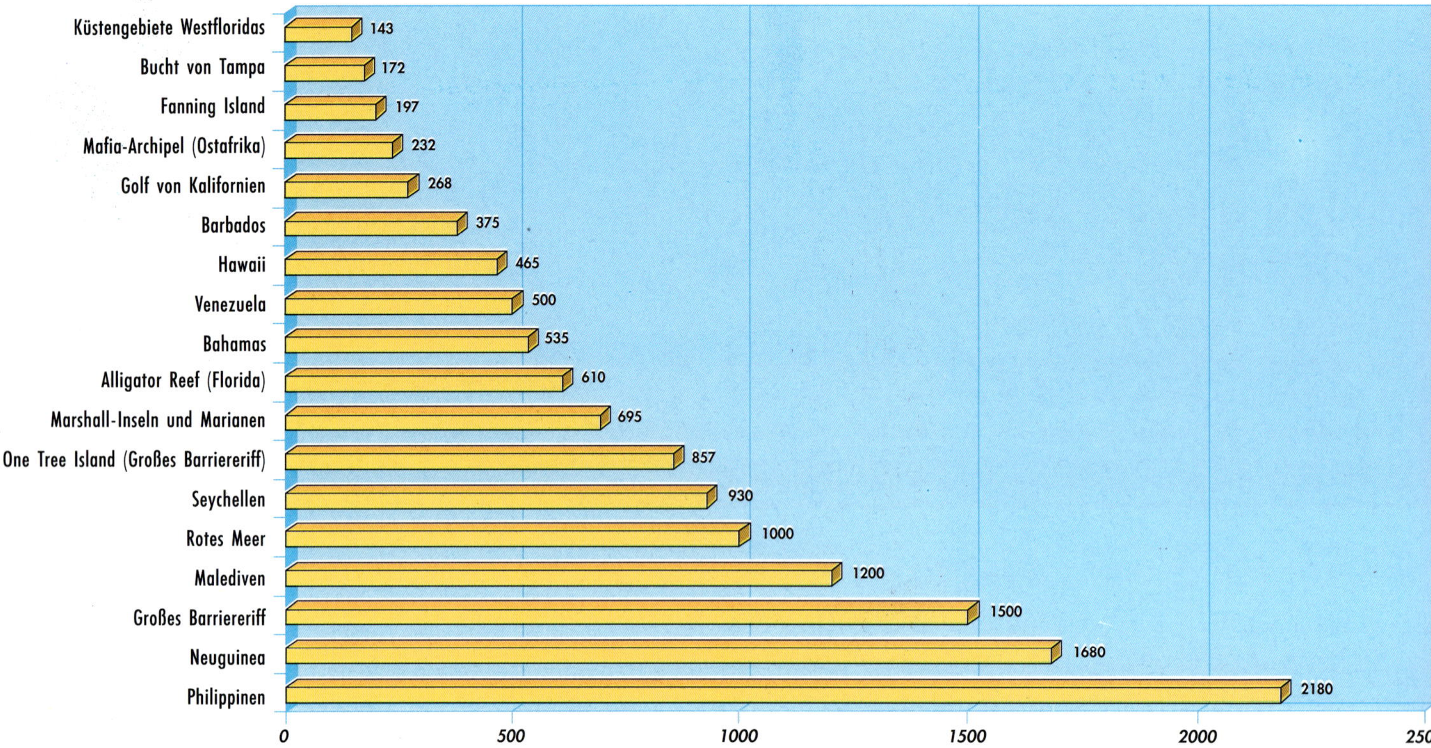

Auf den vorhergehenden Seiten sind bei der Betrachtung vielfältiger Aspekte der Korallenriffe viele Fische und Wirbellose bereits angesprochen worden. Im Folgenden soll nunmehr eine Übersicht über mehr als 300 Fische und wirbellose Tiere gegeben werden. Dies ist jedoch bei weitem keine vollständige Liste der Arten, die die Korallenriffe besiedeln. Allein die Korallenformationen des Indopazifik werden von mehr als 3000 Arten bewohnt – unmöglich, sie alle in einem Buch zu beschreiben. Die Schwierigkeit dieser Aufgabe wird einem schnell bewußt, wenn man sich vor Augen führt, daß Jahr für Jahr neue Arten in diesen Gebieten entdeckt werden.

Unzählige Arten sind bis heute nicht bekannt oder noch nicht klassifiziert, selbst in Riffgebieten, die weitgehend erforscht sind. Ziel dieses abschließenden Kapitels ist es, die wichtigsten morphologischen und biologischen Merkmale der Arten zu beschreiben, die dem Taucher während eines Tauchgangs in tropischen Gewässern begegnen.

Das geschäftige Leben der Tiere unter Wasser kann den Taucher, der ja nur einige kurze Momente diesem Treiben beiwohnt, verwirren. Das ungeübte Auge wird nicht in der Lage sein, Erkennungsmerkmale der verschiedenen Arten zu unterscheiden. Zu oft gehen Details in den wunderbaren Farben, Formen und Bewegungen, wie sie in diesem Buch illustriert sind, unter. Der Flug der Adlerrochen, die Begegnung mit einem Hai oder ein sanft vorbeischwingender Manta reichen aus, einen Tauchgang zu einem unvergeßlichen Erlebnis zu machen. Sie verleiten aber auch dazu, viele andere Dinge zu übersehen. Erst wenn wir uns mit allen Bewohnern des Riffs ausreichend befaßt haben, werden wir diesen Lebensraum verstehen und schützen. Anemonenfische, Drückerfische, Barrakudas, die stets gut getarnten Krokodilsfische, Korallenwächter, Muränen, Riffbarsche, die bunten Lippfische und die großen Papageifische mit ihren kräftigen Kiefern – sind sie einem vertraut, wird der Tauchgang zu einem Spaziergang unter Freunden.

Die Fotografien zeigen, wie diese Tiere in ihrer natürlichen Umgebung leben, sich vermehren, auf Nahrungssuche gehen oder sich gegen Feinde verteidigen. Beachtenswert sind in diesem Zusammenhang die Fotografien der Anemonenfische, die als freiwillige Gefangene in ihrer Anemone leben. Die Zeichnungen dagegen ermöglichen es, die wichtigsten Unterscheidungsmerkmale, aber auch Gemeinsamkeiten der verschiedenen Arten zu erkennen. Betrachtet man die Zeichnungen genau, so fällt es nicht schwer, verwandtschaftliche Beziehungen zwischen den Arten zu erkennen. Diese zeigen sich häufig nicht nur bei Arten, die sich äußerlich ähnlich sind, sondern auch bei Riffbarschen, Schleimfischen, Drückerfischen, Kaiserfischen und Falterfischen.

Die Übersicht über die Tierarten wird dem Taucher dabei helfen, die Familien zu erkennen, und auch die Suche nach den genauen Artennamen in der Spezialliteratur erleichtern. Bestimmungsbücher gibt es neuerdings ausreichend.

FISCHE UND WIRBELLOSE DES INDOPAZIFIK

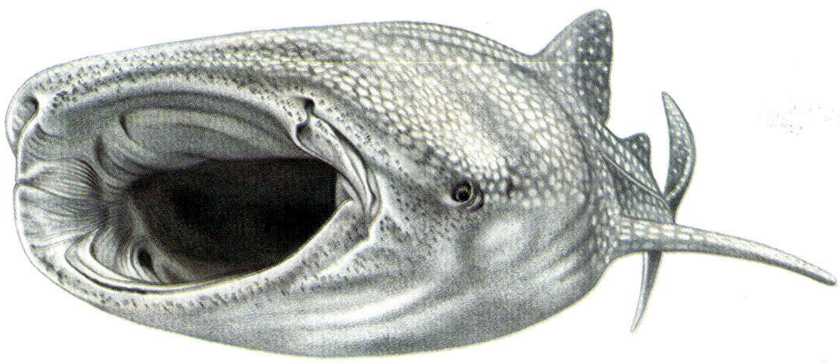

Walhai
Rhincodon typus

Mit über 12 Meter Länge ist der Walhai der größte Fisch. Schwimmt gerne direkt unter der Meeresoberfläche, wo er winzige Fische und Zooplankton frißt. Trotz seiner Größe ist der Walhai ungefährlich. Vorkommen: weltweit in tropischen Gewässern (circumtropisch).

Gewöhnlicher Ammenhai
Nebrius ferrugineus

Kegelförmiger Körper, der bauchseits abgeflacht ist. Charakteristisch sind die beiden Barteln links und rechts vom Maul. Der nachtaktive Hai, der sich meist auf dem Boden in geschützten Bereichen aufhält, wird über drei Meter lang. Vorkommen: vom Roten Meer bis zu den Küsten Australiens.

Gebändeter Wobbegong
Orectolobus ornatus

Der stark abgeflachte Körper ist eine typische Anpassung für ein Leben auf dem Meeresgrund. Das Maul ist wie die gesamte Schnauze mit Hautlappen gesäumt. Der Wobbegong lebt im flachen Wasser bis 30 Meter. Nachts macht er sich auf die Suche nach Fischen und Wirbellosen. Größe: bis 2,8 Meter; Vorkommen: zwischen Australien und Japan.

Lippenhai
Chiloscyllium sp.

Ein kleiner Hai (75 - 100 cm) mit kegelförmigem Körper, der nachts aktiv ist und bevorzugt Wirbellosen nachstellt. Er hält sich am Meeresboden auf, zwischen den Korallenformationen. Vorkommen: Indischer Ozean und Australien.

Schwarzspitzenhai
Carcharhinus melanopterus

Ein Fisch der Küstengewässer, der leicht an seinen schwarzen Flossenspitzen zu erkennen ist. Er hält sich bevorzugt in den geschützten Bereichen der Riffe und in den Lagunen auf, jagt kleine Fische. Der Schwarzspitzenhai gilt als ungefährlich. Größe: bis 1,8 m; Vorkommen: Rotes Meer bis Hawaii.

Grauer Riffhai
Carcharhinus amblyrhynchus

Diese hier gezeigte Farbvariante des Grauen Riffhais aus dem Roten Meer wurde früher unter dem Namen „Wheelers Riffhai“ (*Carcharhinus wheeleri*) als eigenständige Art geführt. Beschreibung siehe links.

Grauer Riffhai
Carcharhinus amblyrhynchus

Ein kräftiger, kegelförmiger Hai. Die hintere Kante der Schwanzflosse ist schwarz, die Spitze der Rückenflosse weiß gefärbt. Der Graue Riffhai frißt Fische; jagt manchmal in kleinen Gruppen. Größe: bis 2 Meter; Vorkommen: Rotes Meer bis Hawaii.

Weißspitzen-Riffhai
Triaenodon obesus

Die Spitzen der beiden Rückenflossen sind weiß. Während des Tages liegen die Haie gerne in Höhlen oder anderen gut geschützten Ruheplätzen. Häufig in Riffkanälen und in den flachen Lagunen. Größe: bis zu 2,1 m; Vorkommen: Rotes Meer bis Panama.

Bogenstirn-Hammerhai
Sphyrna lewini

Die vordere Kopfkante ist leicht gebogen. Jungtiere scheinen das Schwimmen in Gruppen zu bevorzugen. Gilt als nicht aggressiv; die Haie jagen Fische, auch Rochen und andere Haie. Größe: bis 4,2 m; Vorkommen: circumtropisch.

Schulterfleck-Geigenrochen
Rhynchobatus djiddensis

Ein stark abgeflachter Fisch mit einer spitz zulaufenden Schnauze. Das Maul mit den breiten Zähnen liegt bauchseits. Der Geigenrochen ist auf Sandboden von ganz flachem Wasser bis über 30 m Tiefe anzutreffen; er ernährt sich von Krebstieren und Tintenfischen. Größe: bis 3 m; Vorkommen: Rotes Meer bis Japan.

Blaupunkt-Stechrochen
Taeniura lymna

Dieser Fisch hat einen scheibenförmigen, länglichen, bis 1 m großen Körper und ein bis zwei giftige Stacheln auf dem Schwanz. Vorkommen: Rotes Meer bis Australien.

Schwarzpunkt-Stechrochen
Taeniura melanospilos

Dieser Rochen hat einen scheibenförmigen, runden Körper, der einen Durchmesser von 1,6 m erreicht. Der leicht abgeflachte Schwanz trägt giftige Stacheln. Dieser graue, dicht mit schwarzen Flecken übersäte Rochen bevorzugt Sandboden. Vorkommen: Rotes Meer bis Galapagos.

Leopard-Stechrochen
Himantura uarnak

Der scheibenförmige Körper ist breiter als lang. Diese Art lebt auf sandigem Grund zwischen den Korallenblöcken oder in direkter Nachbarschaft der Mangroven. Größe: bis 170 cm; Vorkommen: Rotes Meer bis Polynesien.

Gefleckter Adlerrochen
Aetobatus narinari

Ein vorne spitz zulaufender Kopf mit zwei großen, seitlichen Augen ist für diese Art typisch. Der rautenförmige Körper hat spitz auslaufende Brustflossen. Der Schwanz der Gefleckten Adlerrochen, die oft in Gruppen durch das Riff ziehen, ist sehr lang. Größe: bis 230 cm; Vorkommen: circumtropisch.

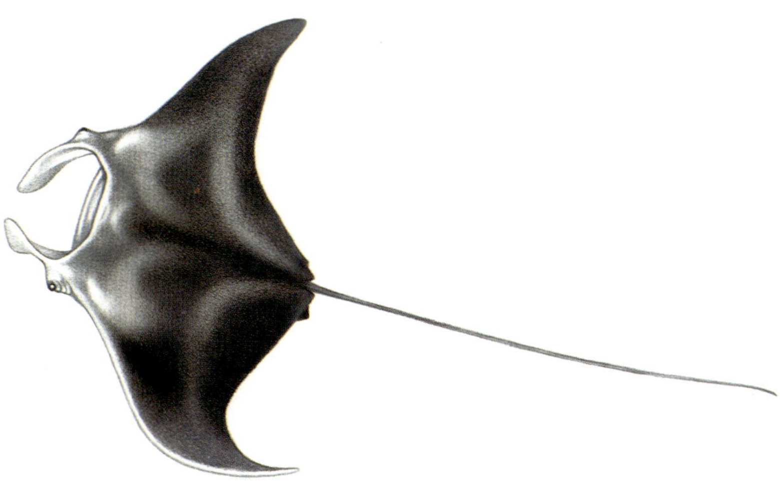

Manta
Manta birostris

Diese Art ist leicht an ihren Kopflappen links und rechts des Mauls zu erkennen. Mantas zählen zu den ganz großen Fischen: Ihr Körperdurchmesser erreicht 5 - 6 m. Vorkommen: circumtropisch.

Riesen-Muräne
Gymnothorax javanicus

Eine Muräne mit einem gut entwickelten, kräftigen Körper. Stumpfe Schnauze mit einem großen Maul, das mit spitzen Zähnen besetzt ist. Die Riesen-Muräne bevorzugt flache Lagunen genauso wie den äußeren Riffhang. Größe: bis 2,4 m; Vorkommen: Rotes Meer bis zum Großen Barriereriff.

Marmor-Muräne
Gymnothorax undulatus

Hält sich bevorzugt an den Korallenformationen der Lagunen und am äußeren Riffhang auf. Als nachtaktiver Räuber macht sie Jagd auf Fische und Kraken. Größe: bis 1,5 m; Vorkommen: Rotes Meer bis zum Großen Barriereriff.

Große Netzmuräne
Gymnothorax favagineus

Der Körper dieser Muräne ist seitlich abgeflacht und läuft an der Schnauze leicht spitz aus. Die Netzmuräne jagt vor allem Fische. Große Tiere können aggressiv sein. Größe: bis 2 m; Vorkommen: Ostafrika bis Papua-Neuguinea.

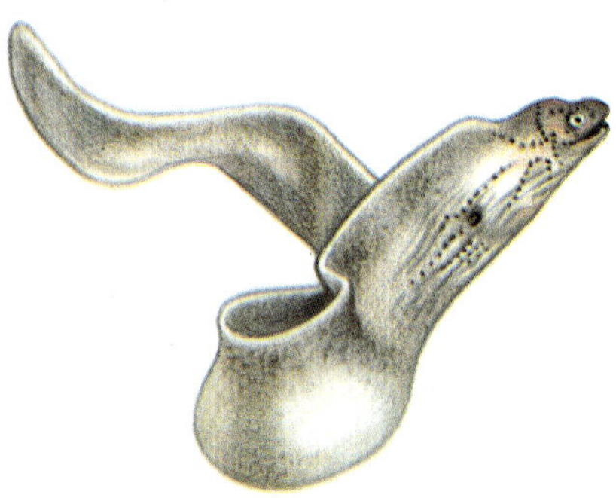

Graue Muräne
Siderea grisea

Eine kleine Muräne mit einem kegelförmigen Körper. Die Graue Muräne ist leicht an ihrer Kopfzeichnung aus kleinen, schwarzen Punkten zu erkennen. Junge Tiere leben nicht selten in Gruppen. Größe: bis 65 cm; Vorkommen: Rotes Meer bis Mauritius.

Ohrfleck-Röhrenaal
Heteroconger hassi

Eine Art, die schwer zu beobachten ist: Sie ist sehr scheu und zieht sich bei Annäherung sofort in ihre Wohnröhre zurück. Röhrenaale leben in großen Kolonien. Größe: bis 40 cm; Vorkommen: Rotes Meer bis Neukaledonien.

Gestreifter Korallenwels
Plotosus lineatus

Eine gesellige Art, die manchmal dichte Schwärme bildet. Charakteristisch sind die Barteln um das Maul. Rücken- und Brustflossen haben stark giftige Flossenstrahlen. Größe: bis 32 cm; Vorkommen: Rotes Meer bis Australien.

Riff-Eidechsenfisch
Synodus variegatus

Diese Fische liegen typischerweise auf dem Meeresboden, mit leicht nach oben gerichteten Augen. Bewegungslos lauern die Eidechsenfische so ihrer Beute auf. Größe: 20 cm; Vorkommen: Rotes Meer bis Hawaii.

Halbschnabelhecht
Hyporhampus dussumieri

Diese Fische ähneln den Hornhechten, von denen sie sich aber durch ihre Schnauze unterscheiden. Die Halbschnabelhechte leben in kleinen Gruppen innerhalb der Lagunen. Größe: bis 25 cm; Vorkommen: Indischer Ozean bis Australien.

Sommersprossen-Krötenfisch
Antennarius coccineus

Ausgezeichnet getarnt lauert der Krötenfisch unbeweglich auf dem Boden und lockt seine Beute mit dem zur „Angel" umfunktionierten ersten Rückenflossenstrahl an. Er hält sich bevorzugt im flachen Wasser der Lagunen und der äußeren Riffhänge auf. Größe: bis 12 cm; Vorkommen: Rotes Meer bis Pazifikküste Amerikas.

Weißsaum-Soldatenfisch
Myripristis murdjan

Diese Art hat einen ovalen Körper, der mit großen Schuppen bedeckt ist, mit kräftigen Flossenstrahlen auf der Rückenflosse. Am Tag stehen die Fische in Schwärmen an geschützten Riffabschnitten. Größe: bis 27 cm; Vorkommen: Rotes Meer bis zum Großen Barriereriff.

Diadem-Husar
Sargocentron diadema

Diese Art ist rötlich gefärbt, die Rückenflosse mit dunklen Stachelstrahlen. Als nachtaktiver Fisch hält er sich tagsüber in den geschützten, schattigen Bereichen des Riffs auf. Größe: bis 17 cm; Vorkommen: Rotes Meer bis Hawaii.

Großdorn-Husar
Sargocentron spiniferum

Eine Art mit spitz zulaufender Schnauze, gut entwickeltem Unterkiefer und einem sehr kräftigen Stachel am unteren Rand des Vorderkiemendeckels. Nachtaktiv, territoriales Verhalten. Größe: bis 45 cm; Vorkommen: Rotes Meer bis Hawaii.

Kleiner Laternenfisch
Photoblepharon palpebratus

Dunkle Körperfärbung, sehr gut entwickelte Augen, die über einem Leuchtorgan liegen. Das Leuchtogan kann mittels eines Hautlappens an- und abgeschaltet werden. Größe: bis 10 cm; Vorkommen: Rotes Meer und bei den Komoren.

Trompetenfisch
Aulostomus chinensis

Seitlich abgeflachter, länglicher Körper, der in einer röhrenförmigen Schnauze endet. Kleines Maul mit einer Bartel am Unterkiefer; das Maul kann weit geöffnet werden, um Beute zu schlucken. Größe: bis 80 cm; Vorkommen: Indischer Ozean bis Hawaii.

Flötenfisch
Fistularia commersoni

Durch seine Körperform mit dem langen, peitschenähnlich auslaufenden Schwanz ist der Flötenfisch nicht zu verwechseln. Größe: bis 150 cm; Vorkommen: Rotes Meer bis Panama.

Schultz Seenadel
Corythoichthys schultzi

Durch die ausgezeichnete Tarnfärbung und ihr Verhalten ist die Seenadel nur schwer zu entdecken. Liegt oft unbeweglich auf Gorgonien und Hartkorallen. Größe: bis 15 cm; Vorkommen: Rotes Meer bis zum Großen Barriereriff.

Dorniges Seepferdchen
Hippocampus histrix

Solitär, hält sich bevorzugt zwischen Algen oder stark verzweigten Korallen auf, wo es sich mit seinem „Greif"-schwanz festklammert. Größe: bis 15 cm; Vorkommen: Rotes Meer bis Hawaii.

Krokodilsfisch
Cociella crocodila

Körper bedeckt mit rauhen Schuppen, der Kopf ist stark abgeflac
Das große Maul hat unzählige kleine, scharfe Zähne. Der Fisch l
auf dem Meeresboden gut getarnt seiner Beute auf. Größe: bis 70
Vorkommen: Indischer Ozean bis zu den Philippinen.

Buckel-Drachenkopf
Scorpaenopsis diabolus

Wird auch „Falscher Steinfisch" genannt. Ein ausgezeichnet getarnter Fisch, der bei Gefahr seine auffällig gefärbten Brustflosssen abspreizt. Die Stachelstrahlen der Rückenflossen sind giftig. Größe: bis 30 cm; Vorkommen: Rotes Meer bis Hawaii.

Schaukelfisch
Taenianotus triacanthus

Der seitlich stark abgeflachte, ausgezeichnet getarnte Körper des Fisches schwingt im Wasser wie ein welkes Blatt hin und her un
täuscht so die Beutefische. Der Fisch wechselt regelmäßig die Ha
Größe: bis 10 cm; Vorkommen: Indischer Ozean bis Galapagos.

Echter Steinfisch
Synanceia verrucosa

Dank seiner Färbung und seiner Gestalt verschmilzt der Steinfisch - nahezu unsichtbar - mit der Umgebung. Steinfische zählen zu den gefährlichsten Meerestieren, ihre Stachelstrahlen sind hochgiftig. Größe: bis 35 cm; Vorkommen: Rotes Meer bis Neukaledonien.

Strahlen-Feuerfisch
Pterois radiata

Leicht von den anderen Rotfeuerfischen an den lang ausgezogenen Flossenstrahlen und den horizontalen weißen Streifen auf dem Schwanz zu unterscheiden. Größe: bis 24 cm; Vorkommen: Rotes Meer bis Neukaledonien.

Indischer Rotfeuerfisch
Pterois miles

Der häufigste der Rotfeuerfische, sehr ähnlich *Pterois volitans* aus dem Pazifik. Giftige Flossenstrahlen. Der Indische Rotfeuerfisch kann, wenn er angreift, plötzlich vorschnellen. Dämmerungs- und nachtaktiv. Größe: bis 40 cm; Vorkommen: Rotes Meer bis Sumatra.

Juwelen-Fahnenbarsch
Pseudanthias squamipinnis

Einer der bekanntesten Korallenfische. Oft in Schwärmen am Hang des Außenriffs. Männchen mit einem sehr langen ersten Rückenflossenstrahl. Größe: bis 15 cm; Vorkommen: Rotes Meer bis Australien.

Gelbschwanz-Fahnenbarsch
Pseudanthias evansi

Ähnlich dem Juwelen-Fahnenbarsch, leicht zu erkennen an der gelb gefärbten oberen Körperhälfte. Bildet dichte Schwärme an den steilen Riffwänden. Größe: bis 10 cm; Vorkommen: Indischer Ozean.

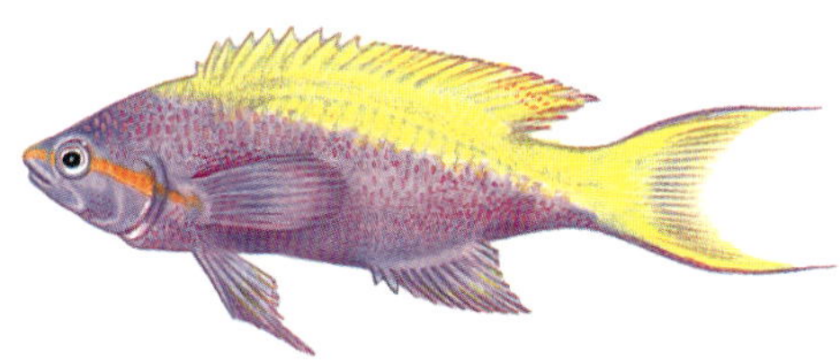

Rotmaul-Zackenbarsch
Aethaloperca rogaa

Zackenbarsch mit einem dunklen, seitlich stark abgeflachten Körper; das Innere des Mauls ist rot. Hält sich bevorzugt in Höhlen und tiefen Spalten im Riff auf, manchmal auch nahe der Oberfläche. Größe: bis 60 cm; Vorkommen: Rotes Meer bis zum Großen Barriereriff.

Pfauen-Zackenbarsch
Cephalopholis argus

Häufig in den flachen Lagunen und in den Korallenformationen des oberen äußeren Riffhanges. Adulte Fische häufig in Paaren. Größe: bis 40 cm; Vorkommen: Rotes Meer bis Australien.

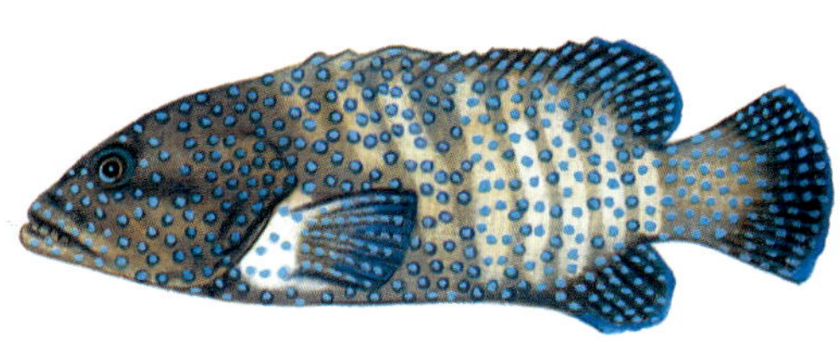

Juwelen-Zackenbarsch
Cephalopholis miniata

Ziemlich häufig, meist entlang der Riffkanäle und dort, wo das Wasser besonders klar ist. Jagt vor allem Fische. Größe: bis 40 cm; Vorkommen: Rotes Meer bis Australien.

Gefleckter Riesenzackenbarsch
Epinephelus tukula

Ein Riese unter den Zackenbarschen, der wenig scheu ist. Angefütterte Exemplare können aggressiv werden. Größe: bis 200 cm; Vorkommen: Rotes Meer bis Australien.

Rotflecken-Zackenbarsch
Epinephelus tauvina

Kegelförmiger Körper, vor allem in flachen Lagunen und korallenreichen Gebieten des äußeren Riffhanges. Frißt vor allem Fische. Größe: bis 75 cm; Vorkommen: Rotes Meer bis Neukaledonien.

Vierfleck-Wabenbarsch
Epinephelus spilotoceps

Der Name bezieht sich auf die vier dunklen Flecken an der Basis der Rückenflosse. Diese Art hält sich bevorzugt in den Rifflagunen und den flachen Riffabschnitten auf. Größe: bis 30 cm; Vorkommen: Indischer Ozean.

Getarnter Zackenbarsch
Epinephelus polyphekadion

Charakteristisch sind die auf der oberen Körperhälfte liegenden dunklen Flecken, die sich deutlich von der hellen Grundfärbung absetzen. Dieser Zackenbarsch frißt vor allem Krebstiere und bewohnt die korallenreichen Riffabschnitte. Größe: bis 75 cm; Vorkommen: Rotes Meer bis Australien.

Mondsichel-Juwelenbarsch
Variola louti

Diese Art ist leicht an der leuchtenden Körperfärbung und der sichelförmigen Schwanzflosse zu erkennen. Häufig in der Nähe von Koralleninseln. Größe: bis 80 cm; Vorkommen: Rotes Meer bis zu den Marquesas.

Sattel-Forellenbarsch
Plectropomus laevis

Aus nächster Nähe sind die starken Eckzähne im Unterkiefer gut zu erkennen. Ein Fischfresser, der sich dicht über dem Boden aufhält. Größe: bis 110 cm; Vorkommen: Indischer Ozean bis Neukaledonien.

Sechsstreifen-Seifenbarsch
Grammistes sexlineatus

Eine scheue Art, die die Höhlen und Spalten im Riff kaum verläßt. Bei Gefahr sondert der Seifenbarsch eine für andere Fische giftige Schleimschicht ab. Größe: bis 30 cm; Vorkommen: Rotes Meer bis Neukaledonien.

König Salomon-Zwergbarsch
Pseudochromis fridmani

Eine gesellige Art, die entlang des Riffs - häufig unter den ausladenden Tischkorallen - in Tiefen von 1 bis 60 m lebt. Größe: bis 7 cm; Vorkommen: endemisch für das Rote Meer.

Gelbblauer Zwergbarsch
Pseudochromis flavivertex

Eine Art mit auffallender Körperfärbung: Die obere Körperhälfte ist leuchtend gelb, die untere blau. Die Fische leben einzeln oder in Paaren an der Basis der Korallenformationen. Größe: bis 7 cm; Vorkommen: Rotes Meer und Golf von Aden.

Langnasen-Büschelbarsch
Oxycirrhites typus

Typisch sind die lang ausgezogene Schnauze und die schachbrettartige Körperzeichnung, die den kleinen Fisch auf Hornkorallen ausgezeichnet tarnt. Größe: bis 13 cm; Vorkommen: Rotes Meer bis Panama.

Gefleckter Büschelbarsch
Cirrhitichthys oxycephalus

Ein ziemlich schwimmfauler Fisch, der meist bewegungslos auf Korallen liegt. Nur bei Gefahr und um Beute zu machen, zeigt er seine Schnelligkeit. Größe: bis 10 cm; Vorkommen: Rotes Meer bis Panama.

Schwarzbinden-Kardinal
Apogon aureus

Dämmerungs- und nachtaktiv, tagsüber halten sich die Fische in Gruppen in Höhlen und anderen Schlupfwinkeln des Riffs auf. Frißt Zooplankton. Größe: bis 12 cm; Vorkommen: Indischer Ozean bis Neukaledonien.

Riff-Großaugenbarsch
Priacanthus hamrur

Diese Art hält sich bevorzugt im Schutz der Korallenformationen in den Lagunen und am äußeren Riffhang auf. Ein nachtaktiver Fisch, der tagsüber in den schattigen Bereichen des Riffs bleibt. Größe: bis 40 cm; Vorkommen: Rotes Meer bis zu den Marquesas.

Schiffshalter
Echeneis naucrates

Diese Art zieht zusammen mit großen Fischen wie Haien oder Mantas durch das Meer. Die erste Rückenflosse ist zu einer kopfständigen Saugscheibe umfunktioniert, mit der sich der Fisch an große Fische heften kann. Größe: bis 110 cm; Vorkommen: circumtropisch.

Blauflossen-Makrele
Caranx melampygus

Diese Art ist am ehesten bei Sonnenaufgang und -untergang zu beobachten, wenn sie in kleinen Gruppen dicht über dem Riff jagt. Größe: bis 100 cm; Vorkommen: Rotes Meer bis Panama.

Großaugen-Makrele
Caranx sexfasciatus

Einzeln oder in Schwärmen von mehreren hundert Fischen jagen die Makrelen in der Lagune oder in den Riffkanälen. Größe: bis 95 cm; Vorkommen: Rotes Meer bis Mittelamerika.

Flecken-Pompano
Trachinotus bailloni

Silbrige Körperfärbung mit schwarzen Punkten auf den Seiten und lang ausgezogenen, schwarz geränderten Schwanzflossenlappen. Typischer Fisch der flachen Lagunen. Größe bis 55 cm; Vorkommen: Rotes Meer bis Australien.

Buckel-Schnapper
Lutjanus gibbus

Ein Schwarmfisch, der entlang der Riffkanäle und an den Rändern der Lagunen zu sehen ist. Er ist leicht an seiner auffallend hochrückigen Körperform zu erkennen. Größe: bis 50 cm; Vorkommen: Rotes Meer bis Tuamotu.

Doppelfleck-Schnapper
Lutjanus bohar

Ein gieriger Fischräuber, der alleine lebt, aber in Gruppen jagt. Häufig in weitläufigen Lagunen und am äußeren Riffhang. Sein Fleisch ist oft giftig. Größe: bis 90 cm; Vorkommen: Rotes Meer bis Tuamotu.

Kupfer-Schnapper
Lutjanus argentimaculatus

Adulte Fische kommen entlang der Küstenriffe vor, Jungfische halten sich bevorzugt im Brackwasser der Flußmündungen auf. Tagsüber bilden die Schnapper kleine Schwärme. Größe: bis 120 cm; Vorkommen: Rotes Meer bis Australien.

Blaustreifen-Schnapper
Lutjanus kasmira

Diese Art bildet an isoliert gelegenen Korallenformationen oder bei Wracks riesige Schwärme von tausend und mehr Fischen. Größe: bis 35 cm; Vorkommen: Rotes Meer bis Australien.

Rotmeer-Füsilier
Caesio suevica

Ein geselliger Fisch, der in großen Schwärmen im oberflächennahen Wasser (2 - 25 m) durch das Meer zieht. Größe: bis 25 cm; Vorkommen: endemisch für das Rote Meer.

Gelbstirn-Füsilier
Caesio xanthonota

Ein tagaktiver Fisch, der in Schwärmen dicht über flachen Riffabschnitten und über Sandgrund durch das Wasser zieht. Größe: bis 30 cm; Vorkommen: Indischer Ozean.

Orient-Süßlippe
Plectorhinchus orientalis

Jungfische halten sich an geschützten Plätzen im Riff auf. Adulte sind solitär oder bilden kleine Schwärme, die den Taucher dicht an sich heranlassen. Größe: bis 85 cm; Vorkommen: Indischer Ozean bis Samoa.

Schwarztupfen-Süßlippe
Plectorhinchus gaterinus

Tagsüber halten sich die Fische in Gruppen in den schattigen Bereichen des Riffs auf, wo sie leicht zu fotografieren sind. Größe: bis 45 cm; Vorkommen: Rotes Meer bis Mauritius.

Schwarzfleck-Straßenkehrer
Lethrinus harak

Die Fische, einzeln oder in kleinen Gruppen, halten sich bevorzugt über Sandgrund oder stark veralgten Gebieten auf, wo sie Wirbellose im Überfluß finden können. Größe: bis 50 cm; Vorkommen: Rotes Meer bis Neukaledonien.

Blaustreifen-Straßenkehrer
Lethrinus nebulosus

Häufig über Sandgrund oder in stark veralgten Gebieten, wo er auf Beute lauert. Diese Art ernährt sich von Stachelhäutern, Krebs- und Weichtieren. Größe: bis 85 cm; Vorkommen: Rotes Meer bis Australien.

Zitronen-Barbe
Parupeneus cyclostomus

Leicht zu erkennen an den zwei langen Barteln, mit denen er seine Beute, meist kleine Fische, aufspürt. Tagaktiv. Größe: bis 50 cm; Vorkommen: Rotes Meer bis Hawaii.

Rotmeer-Barbe
Parupeneus forsskali

Typischer Bewohner der Sandböden, oft in Begleitung von anderen Fischen (wie Lippfischen), die sich auf alles das stürzen, was die Barbe aufspürt, selbst aber nicht frißt. Größe: bis 30 cm; Vorkommen: Rotes Meer und Golf von Aden.

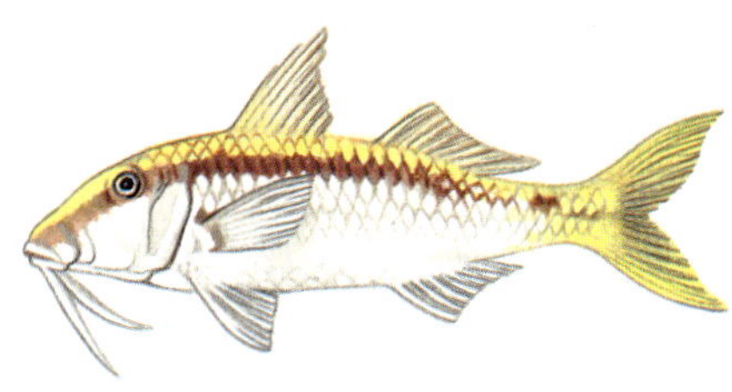

Gelbflossen-Barbe
Mulloidichthys vanicolensis

Im Gegensatz zu den anderen Meerbarben lebt diese Art tagsüber in Schwärmen von 200 Tieren und mehr. Nachts dagegen gehen sie einzeln auf Nahrungssuche. Größe: bis 40 cm; Vorkommen: Rotes Meer bis Hawaii.

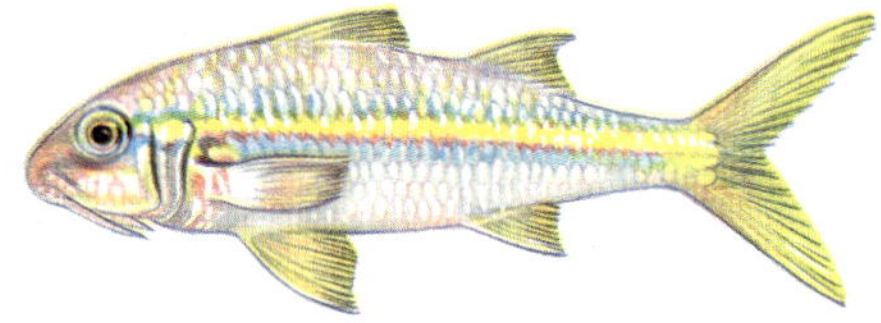

Schwarzrand-Beilbauchfisch
Pempheris vanicolensis

Eine typisch nachtaktive Art, die sich tagsüber in kleinen, dichten Gruppen in Spalten und Höhlen aufhält. Größe: bis 20 cm; Vorkommen: Rotes Meer bis Samoa.

Hochflossen-Ruderfisch
Kyphosus cinerascens

Die Fische bevorzugen sandige Gebiete in der oberflächennahen Brandungszone. Tagsüber in Gruppen, die sich nachts auflösen. Größe: 45 cm; Vorkommen: Rotes Meer bis Hawaii.

Langflossen-Fledermausfisch
Platax teira

Ähnlich *Platax orbicularis*, ohne dunklen Fleck vor dem Anus. Häufig in Lagunen, die Adulten in Paaren. Größe: bis 60 cm; Vorkommen: Rotes Meer bis zum Großen Barriereriff.

Rundkopf-Fledermausfisch
Platax orbicularis

Jungtiere bevorzugen die flachen Lagunen, adulte Tiere leben in Paaren oder in kleineren Gruppen. Abgerundetes Kopfprofil. Größe: bis 55 cm; Vorkommen: Rotes Meer bis Neukaledonien.

Spitzmaul-Fledermausfisch
Platax pinnatus

Die adulten Fische zeigen ein ausgeprägt konkaves Kopfprofil auf Augenhöhe. Silbrige Grundfärbung. Die geschlechtsreifen Tiere halten sich einzeln in der Nähe von Höhlen und Spalten im Riff auf. Größe: bis 45 cm; Vorkommen: westlicher Pazifik.

Keilfleck-Falterfisch
Chaetodon falcula

Meist in Paaren, manchmal auch in kleinen Gruppen. Wenig scheu, läßt Taucher dicht heran, ohne zu fliehen. Größe: bis 20 cm; Vorkommen: Indischer Ozean.

Fähnchen-Falterfisch
Chaetodon auriga

Leben in zwischen Korallenformationen und Sandboden abwechselndem Gelände, wo sie reichlich Nahrung finden: Würmer, Anemonen, Korallenpolypen und auch Algen. Größe: bis 23 cm; Vorkommen: Rotes Meer bis Hawaii.

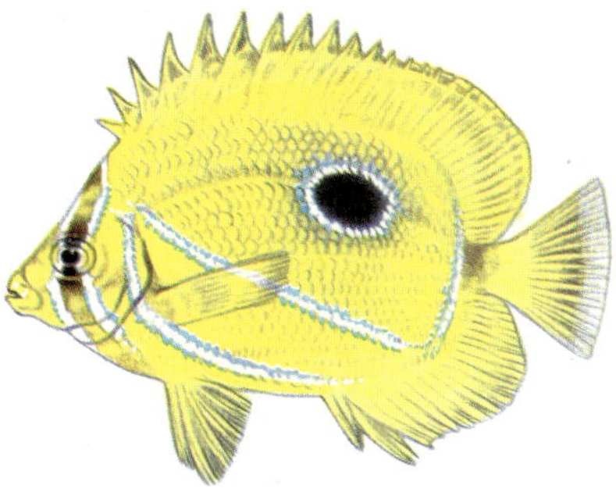

Madagaskar-Winkel-Falterfisch
Chaetodon madagascariensis

Eine recht häufige Art über felsigem Grund und Korallenformationen am äußeren Riffhang. Frißt vor allem kleine Krebstiere und Algen. Größe: bis 14 cm; Vorkommen: Indischer Ozean.

Mondsichel-Falterfisch
Chaetodon lunula

Tagsüber meist in Gruppen. Frißt vor allem nachts, wenn er sich auf der Suche nach Nacktschnecken, Würmern und Korallenpolypen macht. Größe: bis 20 cm; Vorkommen: Indischer Ozean bis Hawaii.

Schwarzrücken-Falterfisch
Chaetodon melannotus

Einzeln oder in Paaren, frißt Korallenpolypen und hält sich bevorzugt zwischen den verzweigten Steinkorallen auf. Größe: bis 15 cm; Vorkommen: Rotes Meer bis Samoa.

Bennetts Falterfisch
Chaetodon bennetti

Einzeln oder in Paaren ziehen die Fische durch die Lagune oder dicht über den äußeren Riffhang. Frißt die Polypen der Steinkorallen. Größe: bis 18 cm; Vorkommen: Indischer Ozean bis Australien.

Rotmeer-Winkel-Falterfisch
Chaetodon paucifasciatus

Lebt in Paaren oder in kleinen Gruppen. Frißt sowohl Korallenpolypen als auch Würmer, Krebstiere und sogar Algen. Legt große Strecken bei der Nahrungssuche zurück. Größe: bis 14 cm; Vorkommen: Rotes Meer und Golf von Aden.

Tabak-Falterfisch
Chaetodon fasciatus

Einzeln oder in Paaren ziehen die Fische auf der Nahrungssuche durchs Riff. Fressen die Polypen der Steinkorallen, kleine Wirbellose und Algen. Größe: bis 22 cm; Vorkommen: Rotes Meer und Golf von Aden.

Indischer Baroness-Falterfisch
Chaetodon triangulum

Diese Art hat sich ganz auf die tischförmigen Acropora-Korallen als Nahrung spezialisiert. Größe: bis 15 cm; Vorkommen: Madagaskar bis Java.

Weißgesicht-Falterfisch
Chaetodon mesoleucos

Eine seltene, zurückgezogen lebende Art, die sich paarweise in geschützten Gebieten oder in Wracks aufhält. Größe: bis 13 cm; Vorkommen: zentrales und südliches Rotes Meer, Golf von Aden.

Mitra-Falterfisch
Chaetodon mitratus

Eine Art, die sich in tieferem Wasser (30 - 70 m) und an Steilwänden, bewachsen mit Weich- und Hornkorallen aufhält, manchmal auch in tiefer gelegenen Höhlen. Größe: bis 14 cm; Vorkommen: Indischer Ozean.

Masken-Falterfisch
Chaetodon semilarvatus

Diese Art lebt in Paaren oder kleinen Gruppen. Tagsüber halten sich die Fische in den schattigen Riffabschnitten auf. Am späten Nachmittag gehen die Fische auf Nahrungssuche. Größe: bis 23 cm; Vorkommen: Rotes Meer und Golf von Aden.

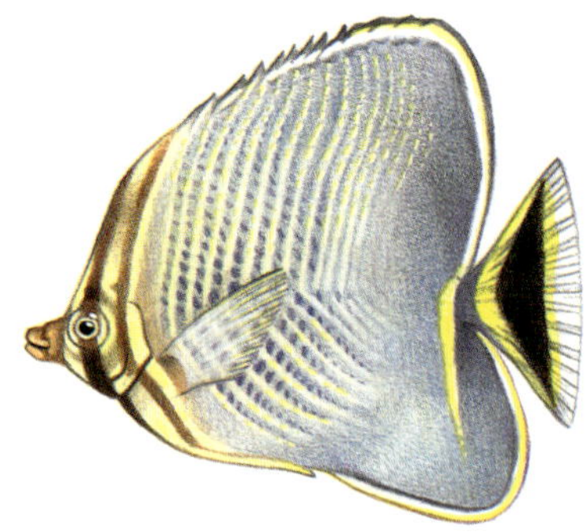

Rotkopf-Falterfisch
Chaetodon larvatus

Einzeln oder in Paaren, manchmal auch direkt vor der Brandungszone, sucht diese Art ihre Nahrung, die ausschließlich aus den Polypen der Tischkorallen besteht. Größe: bis 12 cm; Vorkommen: Rotes Meer und Golf von Aden.

Rotmeer-Rippen-Falterfisch
Chaetodon austriacus

Eine Art, die den Grund der flachen Lagunen und die Brandungszonen, reich an Korallen, bevorzugt. Die Nahrung besteht aus Korallenpolypen und möglicherweise auch aus Anemonen. Die Jungtiere sind territorial. Größe: bis 13 cm; Vorkommen: endemisch für das Rote Meer.

Schwarzer Pyramiden-Falterfisch
Hemitaurichthys zoster

Eine gesellige Art, die sich meist an steilen, strömungsreichen Außenriffen aufhält. Frißt Zooplankton. Größe: bis 16 cm; Vorkommen: Indischer Ozean.

Langmaul-Pinzettfisch
Forcipiger longirostris

Einzeln oder in Paaren am korallenreichen Außenriff, wo die Fische genügend Wirbellose finden, die sie mit ihrer pinzettförmigen Schnauze einsaugen. Größe: bis 22 cm; Vorkommen: Indischer Ozean bis Hawaii. ▶

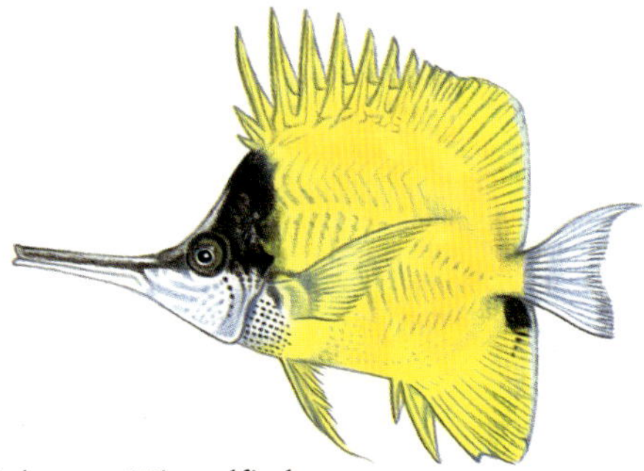

Schwarm-Wimpelfisch
Heniochus diphreutes

◀ Sehr ähnlich dem *H. intermedius,* schwimmt aber meist in großen Schwärmen von bis zu 1000 Fischen im freien Wasser, wo die Fische Zooplankton fressen. Größe: bis 18 cm; Vorkommen: Rotes Meer bis Hawaii.

Rotmeer-Wimpelfisch
Heniochus intermedius

Eine Art mit wechselndem Verhalten: Manchmal schwimmen die Tiere in kleinen Gruppen durch das Riff, manchmal dagegen in Paaren, die ein Territorium verteidigen. Es sind tagaktive Fische, die sich vom Zooplankton ernähren. Größe: bis 18 cm; Vorkommen: endemisch für das Rote Meer. ▶

Masken-Wimpelfisch
Heniochus monoceros

◀ Diese Art lebt in Paaren oder kleinen Gruppen in der Lagune oder den Riffabschnitten, die reich an Korallen sind. Hält sich bevorzugt in Höhlen oder unter den Tischkorallen auf. Größe: bis 23 cm; Vorkommen: Indischer Ozean bis Tonga.

Pfauen-Kaiserfisch
Pygoplites diacanthus

Lebt einzeln oder paarweise in Lagunen, die reich an Korallen sind, oder am äußeren Riffhang, oft in Spalten oder Höhlen. Frißt Schwämme und Seescheiden. Größe: bis 25 cm; Vorkommen: Rotes Meer bis Tuamotu. ▶

Imperator-Kaiser
Pomacanthus imperator

◀ Einzeln oder in Paaren suchen die Fische die Riffabschnitte auf, die mit vielen Höhlen und tiefen Spalten einen guten Schutz bieten. Wenn er gestört wird, gibt der Imperator-Kaiser Laute von sich. Größe: bis 40 cm; Vorkommen: Rotes Meer bis Neukaledonien.

Blaukopf-Kaiserfisch
Pomacanthus xanthometopon

Ein ausgesprochener Einzelgänger, der Lagunen mit reichem Korallenwuchs ebenso wie Riffkanäle und stark strukturierte Außenriffe bevorzugt. Hält sich in Tiefen von 2 bis 25 m auf. Größe: bis 40 cm; Vorkommen: Malediven bis zum Großen Barriereriff. ▶

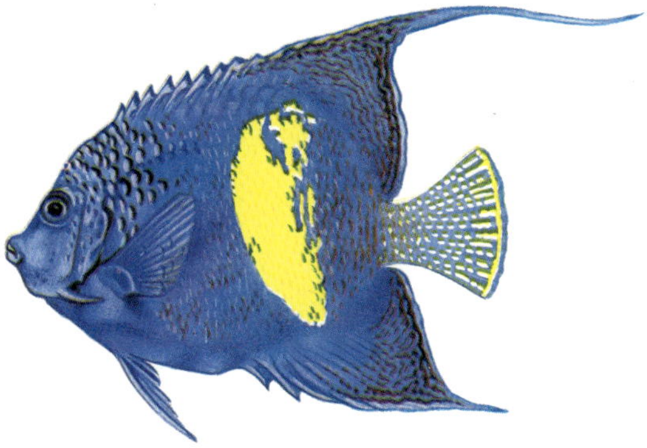

Arabischer Kaiserfisch
Pomacanthus maculosus

Bevorzugt die Korallengebiete nahe der Brandungszone. Meist solitär. Größe: bis 50 cm; Vorkommen: Rotes Meer bis Golf von Oman.

Halbmond-Kaiserfisch
Pomacanthus asfur

Ähnlich der vorherigen Art, mit einer deutlich größeren gelben Markierung. Bevorzugt als Einzelgänger die geschützten Bereiche im Riff und die schlammigen Böden. Größe: bis 40 cm; Vorkommen: Rotes Meer bis Sansibar.

Indopazifik-Sergeant
Abudefduf vaigiensis

Kommt in den unterschiedlichsten Habitaten vor: in Lagunen, flachen Riffabschnitten und an steilen Riffhängen. Lebt in großen Schwärmen; frißt Zooplankton, kleine Wirbellose und benthische Algen. Größe: bis 20 cm; Vorkommen: Rotes Meer bis Australien.

Scherenschwanz-Sergeant
Abudefduf sexfasciatus

Diese Art hält sich in großen Schwärmen dicht unter der Oberfläche auf. Größe: bis 17 cm; Vorkommen: Rotes Meer bis Japan und Australien.

Rotmeer-Anemonenfisch
Amphiprion bicinctus

Diese Art bewohnt die geschützteren Teile des Riffs, dort leben sie in den Seeanemonen *Entacmaea quadricolor, Heteractis aurora, Heteractis crispa* und *Stichodactyla gigantea*. Größe: bis 14 cm; Vorkommen: Rotes Meer bis zu den Chagos-Inseln.

Clarks Anemonenfisch
Amphiprion clarki

Eine häufige Art, die mit etwa zwölf verschiedenen Seeanemonen, einschließlich der bei *A. bicinctus* genannten, zusammenlebt. Größe: bis 13 cm; Vorkommen: Arabischer Golf bis zum Großen Barriereriff.

Malediven-Anemonenfisch
Amphiprion nigripes

Diese Art ist in den Lagunen wie am äußeren Riffhang in Tiefen von 2 bis 25 m zu finden; sie ist immer mit der Anemone *Heteractis magnifica* assoziiert. Größe: bis 11 cm; Vorkommen: Lakkadiven, Malediven, Sri Lanka.

Blaugrüner Chromis
Chromis viridis

Eine gesellige Art, die oft in großen Schwärmen über Geweihkorallen zu finden ist, wo sie ihre Territorien hat. Größe: bis 9 cm; Vorkommen: Rotes Meer bis Neukaledonien.

Indischer Trauermantel
Chromis dimidiata

Eine gesellige Art, die oft in großen Schwärmen dicht über Riffdächern zu finden ist, besonders in der Nähe von Geweihkorallen. Größe: bis 9 cm; Vorkommen: Rotes Meer bis Thailand.

Dreibinden-Preußenfisch
Dascyllus aruanus

Eine gesellige Art, die oft in großer Zahl in Lagunen und in ganz flachem Wasser direkt unterhalb der Gezeitenzone vorkommt. Größe: bis 8 cm; Vorkommen: Rotes Meer bis Australien.

Dreifleck-Preußenfisch
Dascyllus trimaculatus

Die Jungfische leben wie die Clownfische mit Seeanemonen zusammen. Adulte bilden kleine Gruppen bei auffallenden Korallenformationen. Größe: bis 14 cm; Vorkommen: Rotes Meer bis Australien.

Schwefel-Demoiselle
Pomacentrus sulfureus

Häufig in ganz flachem Wasser (0,5 bis 10 m) der Innen- und Saumriffe mit reichem Korallenwuchs. Größe: bis 11 cm; Vorkommen: Rotes Meer bis Mauritius.

Indische Demoiselle
Pomacentrus indicus

Eine Art, die in kleinen Gruppen oder einzeln in Lagunen oder entlang des äußeren Riffhanges zwischen 1 und 15 m lebt. Juvenile Tiere haben einen dunklen Punkt hinter dem Kopf und auf der Rückenflosse. Größe: bis 11 cm; Vorkommen: Seychellen bis Sri Lanka.

Gelbbauch-Demoiselle
Pomacentrus caeruleus

Gewöhnlich einzeln oder in kleinen Gruppen auf Geröll am Außenriffhang zwischen 1 und 20 m. Größe: bis 8 cm; Vorkommen: Ostafrika bis Malediven.

Achselfleck-Schweinsfisch
Bodianus axillaris

Dieser Lippfisch zieht einzeln durch die Lagunen und über den äußeren Riffhang. Juvenile betätigen sich zeitweise als Putzer. Größe: bis 20 cm; Vorkommen: Rotes Meer bis Australien.

Rotbrust-Lippfisch
Cheilinus fasciatus

Diese Art ist ziemlich häufig in den Riffgebieten, in denen sich Korallenformationen und Sandgrund abwechseln und wo sie ihre Nahrung, verschiedene benthische Wirbellose, findet. Größe: bis 38 cm; Vorkommen: Rotes Meer bis Neukaledonien.

Abudjubbe-Lippfisch
Cheilinus abudjubbe

Bevorzugt das flache Wasser in den Riffabschnitten, in denen sich Korallenformationen und Algenbewuchs abwechseln. Größe: bis 35 cm; Vorkommen: Rotes Meer.

Napoleon-Lippfisch
Cheilinus undulatus

Größter bekannter Lippfisch. Maul mit großen Zähnen; frißt Weichtiere und gepanzerte Wirbellose. Größe: bis 230 cm; Vorkommen: Rotes Meer bis Neukaledonien.

Besenschwanz-Lippfisch
Cheilinus lunulatus

Der hintere Rand der Schwanzflosse ist ausgefranst. Häufig an sanft abfallenden Riffhängen mit dichtem Korallenbestand. Größe: bis 50 cm; Vorkommen: Rotes Meer bis zur Küste von Oman.

Rotmeer-Fahnenlippfisch
Paracheilinus octotaenia

10 bis 12 Weibchen dieser Art bilden Haremsgruppen. Diese Art bevorzugt Seegrund, der reich an Korallen und sandigen Gebieten ist. Größe: bis 9 cm; Vorkommen: endemisch für das Rote Meer.

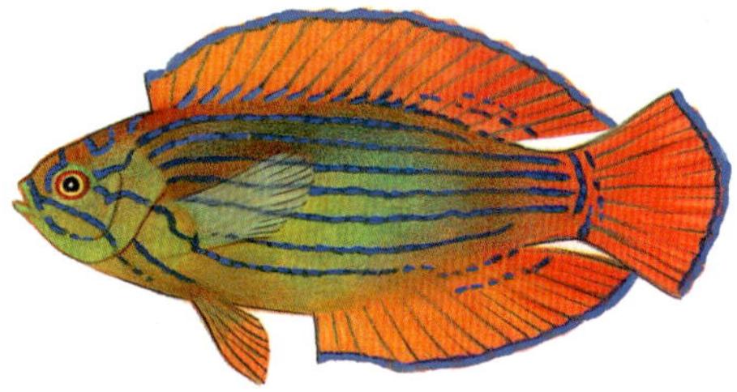

Gelbschwanz-Junker
Anampses meleagrides

Bevorzugt Gebiete, in denen sich Steinkorallen, Korallenschutt, Felsen und Sandboden abwechseln. Größe: bis 22 cm; Vorkommen: Rotes Meer bis Australien.

Afrika-Junker
Coris africana

Auf Sand oder Geröll von 5 bis 50 m in korallenreichen Riffen, meist in Bodennähe. Größe: bis 38 cm; Vorkommen: Indischer Ozean einschließlich Rotes Meer. Im Pazifik ersetzt durch *C. gaimard*.

Blauer Vogelfisch
Gomphosus caeruleus

Lebt in korallenreichen Lagunen und Außenriffen in Tiefen bis 30 m. Mit der lang ausgezogenen Schnauze sucht er in engen Korallenspalten Krebstiere. Größe: bis 28 cm; Vorkommen: Rotes Meer bis zu den Andamanen.

Rotmeer-Junker
Thalassoma klunzingeri

Häufig an leicht abfallenden Saumriffen, schwimmen oft in Paaren, wenig scheu. Größe: bis 20 cm; Vorkommen: endemisch im Roten Meer.

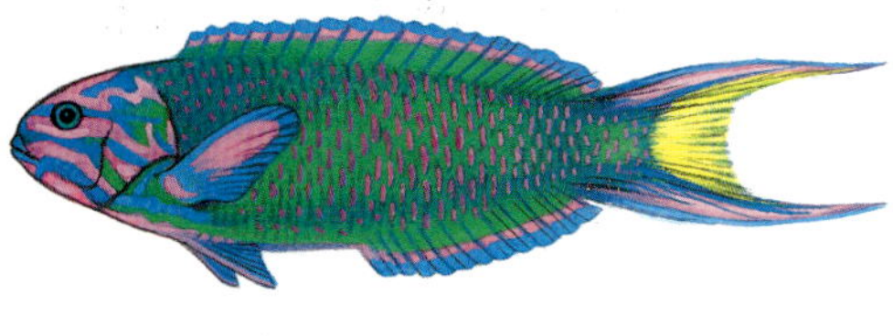

Mondsichel-Junker
Thalassoma lunare

Männchen haben einen Harem aus wenigen Weibchen. Meist halten sich die Junker dicht unter der Oberfläche auf. Größe: bis 25 cm; Vorkommen: Rotes Meer bis Neuseeland.

Gemeiner Putzerfisch
Labroides dimidiatus

Gewöhnlich in der Nähe von Korallenblöcken zu sehen, wo die Putzer im Zentrum ihrer „Putzerstation“ auf Fische warten, die zum Putzen kommen. Größe: bis 11 cm; Vorkommen: Rotes Meer bis Australien.

Schachbrett-Junker
Halichoeres hortulanus

Juvenile häufig in den sandigen Kanälen zwischen den Korallen. Adulte dagegen auf Sand oder Geröll von Lagunen und Außenriffen. Nachts im Sandboden vergraben. Größe: bis 27 cm; Vorkommen: Rotes Meer bis zum Großen Barriereriff.

Büffelkopf-Papageifisch
Bolbometopon muricatum

Jungfische vor allem in flachen Lagunen; Adulte in Gruppen am äußeren Riffhang bis in Tiefen von 50 m. Stirnhöcker dient auch zum Abbrechen von Korallen. Größe: bis 130 cm; Vorkommen: Rotes Meer bis Neukaledonien.

Masken-Papageifisch
Cetoscarus bicolor

Territoriale Männchen mit einem Harem. Kommt in Tiefen von 1 bis 30 m vor. Größe: bis 80 cm; Vorkommen: Rotes Meer bis zum Großen Barriereriff.

Langnasen-Papageifisch
Hipposcarus harid

Obwohl auch häufig einzeln zu sehen, bilden diese Fische nicht selten Schwärme bis zu 500 Tieren. Typisch ist für diese Art das lange Kopfprofil. Größe: bis 75 cm; Vorkommen: Rotes Meer bis Java.

Rostnacken-Papageifisch
Scarus ferrugineus

Weibchen bilden Haremsgruppen. Häufig an geschützten Korallenhängen in Tiefen von 1 bis 60 m. Größe: bis 40 cm; Vorkommen: Rotes Meer bis Golf von Aden.

Blauband-Papageifisch
Scarus ghobban

Jungfische fressen in Gruppen, Adulte dagegen leben solitär. Kommen auch in trüberem Wasser und in subtropischen Gewässern vor. Größe: bis 75 cm; Vorkommen: Rotes Meer bis Panama.

Rotmeer-Buckelkopf
Scarus gibbus

Einer der aktivsten Zerstörer von Steinkorallen; frißt die Polypen der Korallen und Algen. Nicht selten auch in ganz flachem Wasser, wobei seine Schwanzflosse beim Fressen aus dem Wasser ragt. Größe: bis 70 cm; Vorkommen: endemisch im Roten Meer.

Kugelkopf-Papageifisch
Scarus sordidus

Sehr häufig; die Fische legen bei ihren Nahrungsstreifzügen in Wandertrupps große Distanzen zurück. Jungfische sind gesellig. Größe: bis 40 cm; Vorkommen: Rotes Meer bis Hawaii.

Großer Barrakuda
Sphyraena barracuda

Jungfische bilden dichte Schwärme, während die Adulten im Laufe der Zeit zu Einzelgängern werden. In küstennahen Gewässern ebenso wie im offenen Meer anzutreffen. Größe: bis 190 cm; Vorkommen: circumtropisch und circumsubtropisch.

Dunkelflossen-Barrakuda
Sphyraena qenie

Immer in Schwärmen stehen die Fische dicht an dicht an strömungsreichen Stellen über dem Riffhang. Größe: bis 170 cm; Vorkommen: Rotes Meer bis Panama.

Falscher Putzerfisch
Aspidontus taeniatus

Selbst für andere Fische ist es nicht leicht, diesen räuberischen kleinen Blenniiden auszumachen. Aus nächster Nähe am unterständigen Maul zu erkennen. Größe: bis 12 cm; Vorkommen: Rotes Meer bis Australien.

Feuer-Schwertgrundel
Nemateleotris magnifica

Eine sehr auffallende Art, die allerdings bei der geringsten Gefahr in ihrer Wohnröhre im Meeresboden verschwindet. Größe: bis 7 cm; Vorkommen: Indischer Ozean bis Hawaii.

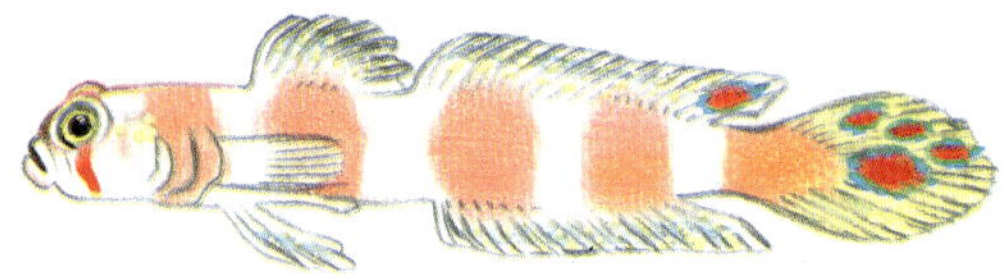

Aurora-Wächtergrundel
Amblyeleotris aurora

Wie alle Arten aus der Gattung *Amblyeleotris* lebt auch diese in enger Partnerschaft mit Pistolenkrebsen. Zusammen bewohnen sie eine Wohnröhre im Sandgrund. Größe: bis 9 cm; Vorkommen: Ostafrika bis zu den Andamanen.

Blaupunkt-Schläfergrundel
Valenciennea sexguttata

Zurückgezogen lebende Art. Die Fische leben alleine oder in Paaren auf sandigem oder schlammigem Grund in kleinen Wohnröhren. Größe: bis 14 cm; Vorkommen: Rotes Meer bis zum Großen Barriereriff.

Pazifischer-Segelflossendoktor
Zebrasoma veliferum

Diese Art schwimmt meist alleine, selten in Paaren durch das Riff. Die hohe Rückenflosse wird nur bei Gefahr als Drohsignal aufgestellt. Größe: bis 40 cm; Vorkommen: Indonesien bis Hawaii.

Blauer-Segelflossendoktor
Zebrasoma xanthurum

Diese Art schwimmt tagsüber alleine oder in Paaren durch das Riff. Bei Anbruch der Dämmerung bilden die Fische große Gruppen, die über dem Riff stehen. Größe: bis 22 cm; Vorkommen: Rotes Meer bis zum Arabischen Golf.

Sträflings-Doktorfisch
Acanthurus triostegus

Häufig in Lagunen und über den Riffhängen bis in eine Tiefe von 90 m. Zieht alleine oder manchmal auch in riesigen Schwärmen (bis 1000 Fische) durch das Wasser, frißt fadenförmige Algen. Größe: bis 26 cm; Vorkommen: Ostafrika bis Hawaii.

Weißkehl-Doktorfisch
Acanthurus leucosternon

Diese Art zieht in kleineren Schwärmen (30 und mehr) durch das ruhige Wasser dicht an den Küsten. Die Fische fressen vor allem Algen. Größe: bis 23 cm; Vorkommen: Ostafrika bis zum Großen Barriereriff.

Schulterklappen-Doktorfisch
Acanthurus nigricauda

Diese Art bevorzugt Lagunen mit klarem Wasser und die offenen Sandgebiete in der Nähe von Korallen bis zu einer Tiefe von 33 m. Solitär, schwimmt manchmal zusammen mit anderen Doktorfischarten. Größe: bis 40 cm; Vorkommen: Ostafrika bis zum Großen Barriereriff.

Blaustreifen-Doktorfisch
Acanthurus lineatus

Territoriale, aggressive Männchen mit Harem. Recht häufig in der flachen Brandungszone von 1 bis 4 m Tiefe. Größe: bis 38 cm; Vorkommen: Ostafrika bis zum Großen Barriereriff.

Arabischer Doktorfisch
Acanthurus sohal

Solitär mit Territorien, die aggressiv verteidigt werden. Besonders an den brandungsexponierten Riffrändern häufig. Größe: bis 40 cm; Vorkommen: Rotes Meer bis Golf von Aden.

Blauschwanz-Doktorfisch
Acanthurus dussumieri

Diese Art ist erst ab einer Tiefe von 10 m zu sehen (bis über 100 m). Weidet Algen vom sandigen, seltener auch vom felsigen Grund ab. Größe: bis 54 cm; Vorkommen: Ostafrika bis Hawaii.

Weißschwanz-Doktorfisch
Acanthurus thompsoni

Diese Art bevorzugt Steilhänge an Außenriffen, kommt aber auch in tiefen Lagunen vor (Malediven). Wenig scheu. Größe: bis 27 cm; Vorkommen: Ostafrika bis Polynesien.

Goldtupfen-Doktorfisch
Acanthurus nigrofuscus

Zieht in großen Schwärmen durch das Riff, dringt dabei auch in die Territorien anderer Doktorfische ein, wo sich die Fische über die Algen hermachen. In Lagunen und am Außenriff in Tiefen zwischen 1 und 15 m. Größe: bis 21 cm; Vorkommen: Rotes Meer bis Hawaii.

Gelbklingen-Nasendoktor
Naso lituratus

Diese Art ist bis in 90 m Tiefe über offenen Geröll- und Sandzonen und auf dem Grund der Lagunen anzutreffen. Frißt Blattalgen. Größe: bis 50 cm; Vorkommen: Rotes Meer bis Hawaii.

Masken-Nasendoktor
Naso vlamingi

Tagsüber ziehen die Fische in Schwärmen durch das Freiwasser über dem Riff, wo sie Zooplankton fressen. Schneller Farbwechsel möglich. Größe: bis 70 cm; Vorkommen: Ostafrika bis Neukaledonien.

Blauklingen-Nasendoktor
Naso unicornis

Diese Art ist häufig in der Brandungszone oder in strömungsexponierten Stellen im Riff zu beobachten. Frißt Blattalgen. Größe: bis 70 cm; Vorkommen: Rotes Meer bis Hawaii.

Halfterfisch
Zanclus cornutus

Eng mit den Doktorfischen verwandt. Leben in kleinen Gruppen, selten in dichten Schwärmen. Meist über Fels- und Korallengrund. Frißt vor allem Schwämme. Größe: bis 16 cm; Vorkommen: Ostafrika bis Hawaii.

Gemeiner Picassodrücker
Rhinecanthus aculeatus

Diese Art hält sich nahe der Oberfläche (1 bis 5 m) in Lagunen und über den Riffdächern auf. Frißt benthische Wirbellose und kleine Fische. Größe: bis 25 cm; Vorkommen: Ostafrika bis Hawaii.

Leoparden-Drückerfisch
Balistoides conspicillum

Nicht häufig, wahrscheinlich aber die auffälligste aller Drückerfischarten. Zieht einzeln über die steilen Außenriffhänge, die reich an Versteckmöglichkeiten sind. Größe: bis 50 cm; Vorkommen: Ostafrika bis Samoa.

Blaustreifen-Drückerfisch
Pseudobalistes fuscus

Bevorzugt sandige Gebiete mit Fleckenriffen oder Korallenschutt am Fuß der Riffhänge. Größe: bis 55 cm; Vorkommen: Rotes Meer (häufig) bis zum Großen Barriereriff (seltener).

Schärpen-Nasendoktor
Naso brevirostris

Adulte bilden im Freiwasser vor dem Riff kleine Schwärme, wo sie Zooplankton fressen. Größe: bis 60 cm; Vorkommen: Rotes Meer bis Hawaii.

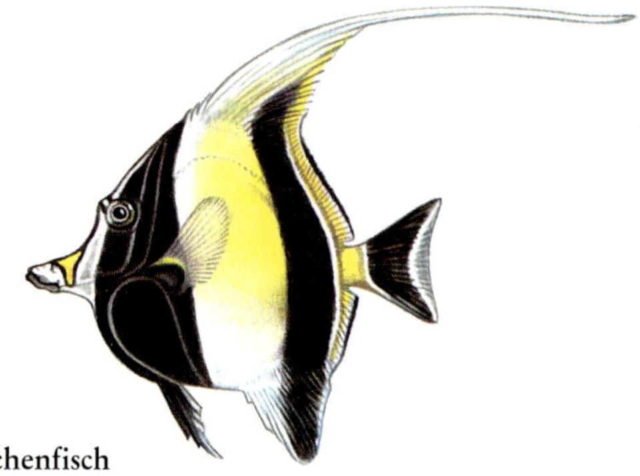

Tüpfel-Kaninchenfisch
Siganus stellatus

Hält sich gewöhnlich paarweise im Inneren korallenreicher Lagunen oder am Außenriff auf. Größe: bis 40 cm; Vorkommen: Rotes Meer bis zu den Andamanen.

Arabischer Picassodrücker
Rhinecanthus assasi

Lebt solitär im flachen Wasser über Geröll- oder Sandgrund. Juvenile auf flachen Riffdächern. Größe: bis 30 cm; Vorkommen: Rotes Meer bis Arabischer Golf.

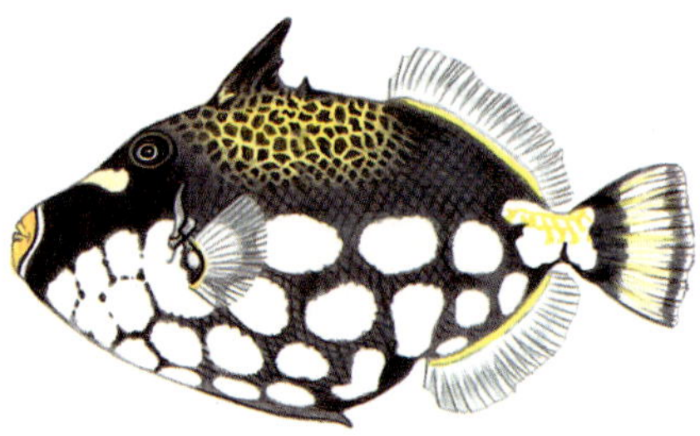

Grüner Riesen-Drückerfisch
Balistoides viridescens

Großer, während der Brutzeit äußerst aggressiver Drückerfisch. Adulte leben alleine oder in Paaren. Größe: bis 75 cm; Vorkommen: Rotes Meer bis Australien.

Gelbsaum-Drückerfisch
Pseudobalistes flavimarginatus

Diese Art lebt alleine oder in Paaren in geschützten Riffabschnitten oder in tieferen Kanälen bis in eine Tiefe von 50 m, häufig in der Nähe von Wracks. Baut große Nestmulden auf Sandgrund. Häufig. Größe: bis 60 cm; Vorkommen: Rotes Meer bis zum Großen Barriereriff.

Orangestreifen-Drückerfisch
Balistapus undulatus

Adulte Männchen haben weniger orange Streifen auf der vorderen Kopfhälfte als die Weibchen oder ihre jüngeren Artgenossen. Häufig in korallenreichen Riffabschnitten; fressen Weichtiere und Stachelhäuter. Größe: bis 30 cm; Vorkommen: Rotes Meer bis zum Großen Barriereriff.

Rotzahn-Drückerfisch
Odonus niger

Diese Art steht im Freiwasser in Schwärmen über dem Riff, wo sie Zooplankton frißt. Bei Gefahr flüchten die Fische zwischen die engsten Spalten im Riff, so daß nur noch ihre spitzen Schwanzflossen zu sehen sind. Größe: bis 50 cm; Vorkommen: Rotes Meer bis zum Großen Barriereriff.

Bumerang-Drückerfisch
Sufflamen bursa

Diese Art hält sich paarweise in Riffgebieten auf, die reich an Versteckmöglichkeiten sind. Dabei bevorzugen die Bumerang-Drücker die brandungsexponierten Außenriffe. Größe: bis 24 cm; Vorkommen: Ostafrika bis Hawaii.

Palettenstachler
Oxymonacanthus longirostris

Die kleinen Drückerfische leben in Lagunen und entlang der Riffkante bis in Tiefen von 30 m. Dabei bevorzugen sie *Acropora*-Korallen-reiche Gebiete. Sie fressen Korallenpolypen. Größe: bis 12 cm; Vorkommen: Ostafrika bis Tonga.

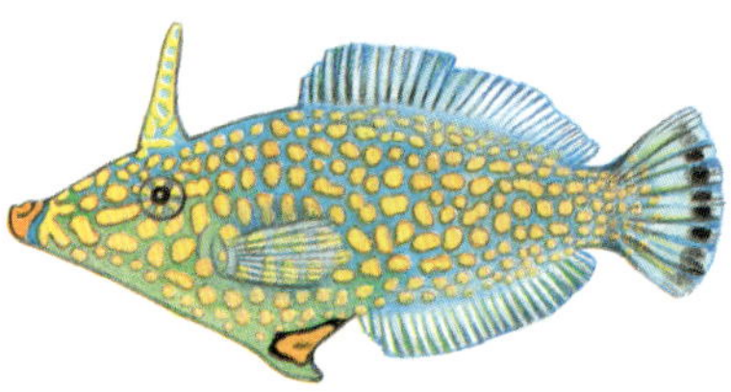

Rotmeer-Palettenstachler
Oxymonacanthus halli

In Riffgebieten reich an *Acropora*-Korallen häufig. Frißt fast ausschließlich die Polypen der *Acropora*-Korallen. Größe: bis 7 cm; Vorkommen: endemisch im Roten Meer.

Gelbbrauner Kofferfisch
Ostracion cubicus

Scheu. Die Fische ziehen einzeln durch die Riffgebiete, die reich an Versteckmöglichkeiten sind. Größe: bis 45 cm; Vorkommen: Rotes Meer bis Neuseeland.

Rotmeer-Spitzkopf-Kugelfisch
Canthigaster margaritata

Ziemlich häufiger Kugelfisch an Saumriffen, manchmal auch über Seegraswiesen. Ernährt sich vor allem von Algen. Größe: bis 12 cm; Vorkommen: endemisch im Roten Meer.

Riesen-Kugelfisch
Arothron stellatus

Der größte Kugelfisch. Adulte Fische bevorzugen die Lagunen und Außenriffe bis in eine Tiefe von 50 bis 60 m. Schwammfresser. Größe: bis 120 cm; Vorkommen: Rotes Meer bis Neuseeland.

Gepunkteter Igelfisch
Diodon hystrix

Ein nachtaktiver Fisch, der sich tagsüber tief in die Spalten und Höhlen im Riff zurückzieht. Frißt Schnecken und Einsiedlerkrebse. Größe: bis 90 cm; Vorkommen: circumtropisch.

Masken-Igelfisch
Diodon liturosus

Tagsüber zieht sich diese scheue Art in Höhlen und Spalten im Riff zurück. Nachts verlassen die Fische ihre Verstecke und suchen nach Freßbarem. Größe: bis 65 cm; Vorkommen: Ostafrika bis Australien.

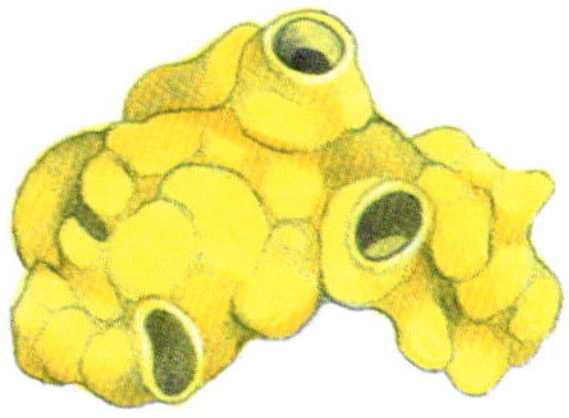

Gelber Schwamm
Leucetta chagosensis

Ein Schwamm, der leuchtend gelb gefärbt ist, mit großen Ausströmöffnungen und vielen winzigen Poren. Diese Art wächst vor allem an den schattigen Stellen im Riff. Größe: bis 15 cm; Vorkommen: Rotes Meer.

Blasser Röhrenschwamm
Siphonochalina siphonella

Die in dichten Bündeln nach oben stehenden Röhren wachsen von einer gemeinsamen Basis aus. Nicht selten in den lichtdurchfluteten oberflächennahen Riffgebieten. Größe: bis 30 cm; Vorkommen: Rotes Meer.

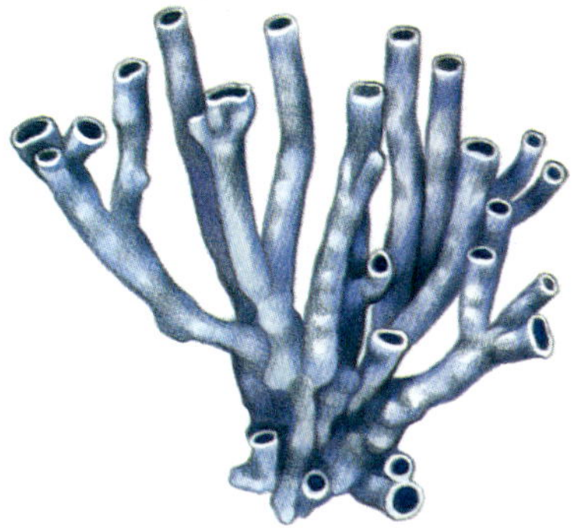

Neptun's Vasenschwamm
Carteriospongia sp.

Schwämme in der Form weit offener Vasen stehen vor allem im flachen Wasser geschützter Riffgebiete. Das Innere dieser becherförmigen Schwämme ist feinporig und voll mit symbiontischen Algen. Größe: bis 50 cm; Vorkommen: Indopazifik

Indo-Pazifischer Vasenschwamm
Carteriospongia fissurella

Ein mittelgroßer Schwamm, der meist in Vasenform wächst. Sehr fein perforierte Innenseite. Braun bis braunrot gefärbt. Größe: bis 40 cm; Vorkommen: Indopazifik.

Platten-Feuerkoralle
Millepora platyphylla

Eine Feuerkoralle mit einem plattenartigen Skelett. Aus nächster Nähe sind die winzigen stark nesselnden Polypen zu erkennen. Größe: bis 60 cm; Vorkommen: Indopazifik.

Netz-Feuerkoralle
Millepora dichotoma

Die Kolonien dieser Art bilden stark verzweigte, netzartige Fächer, die senkrecht zur vorherrschenden Strömung stehen. Wie alle Feuerkorallen nesselt auch diese Art stark. Größe: bis 100 cm; Vorkommen: Indopazifik.

Zylinderrose
Pachycerianthus mana

Auf sandigem Grund am Fuß des Riffhanges in Tiefen von 1 bis 20 m. Nachts werden die Tentakeln zum Planktonfang voll ausgestreckt. Größe: bis 30 cm; Vorkommen: Rotes Meer.

Gelbgrüne Lederkoralle
Sarcophyton sp.

Kolonien aus mehreren Exemplaren dieser Art können mehrere Quadratmeter auf dem Riffdach „teppichförmig" bedecken. Rhythmisch werden die gefiederten Tentakeln der einzelnen Polypen ausgestreckt. Größe: bis 25 cm; Vorkommen: Indopazifik.

Stachelige Prachtkoralle
Dendronephthya sp.

Stark verzweigte Weichkorallen, die sich vor allem nachts zu voller Größe entfalten. Die kräftigen Kalknadeln sind gut zu erkennen. Größe: bis 100 cm; Vorkommen: Indopazifik.

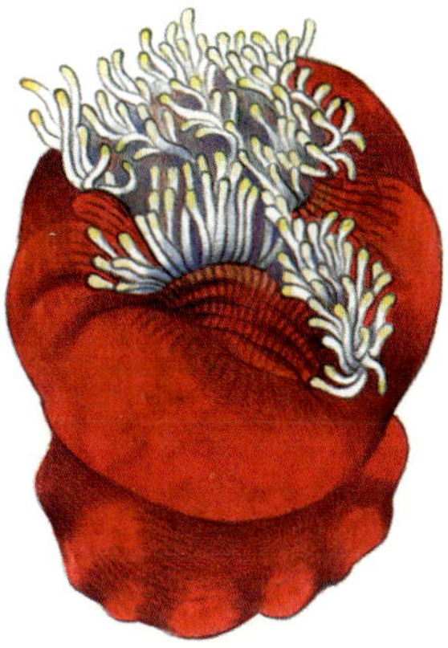

Prachtanemone
Heteractis magnifica

Sehr große Seeanemone, bis zu einem Meter im Durchmesser. Tentakeln bis zu 8 cm lang. Viele Anemonenfische leben mit dieser Art in enger Partnerschaft. Größe: bis 100 cm; Vorkommen: Indopazifik.

Scheibenanemone
Actinodiscus sp.

Scheibenanemonen bestehen aus einem lappigen, auf dem Untergrund direkt aufliegenden Polypen. Sehr kurzer Fuß. Siedeln in relativ flachem, sonnenbeschienenem Wasser, ideal für ihre Endosymbionten, den Zooxanthellen. Größe: bis 10 cm; Vorkommen: Indopazifik.

Schwarze Koralle
Antipathes dichotoma

Sehr kleine Einzelpolypen, die an dünnen, stark verzweigten Ästen stehen. Die Schwarzen Korallen bevorzugen schattige Standorte in Tiefen ab 30 m. Größe: bis 300 cm; Vorkommen: Indopazifik.

Dornige Reihenkoralle
Seriatopora hystrix

Die dünnen Zweige sind stark verzweigt und bilden dichte Büsche. Größe: bis 30 cm; Vorkommen: Rotes Meer bis zum Großen Barriereriff.

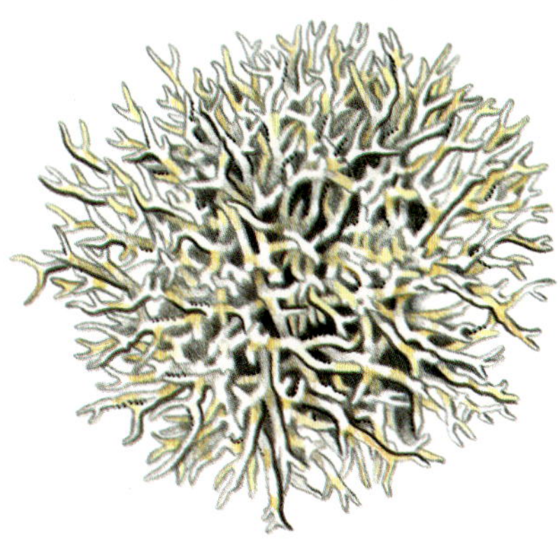

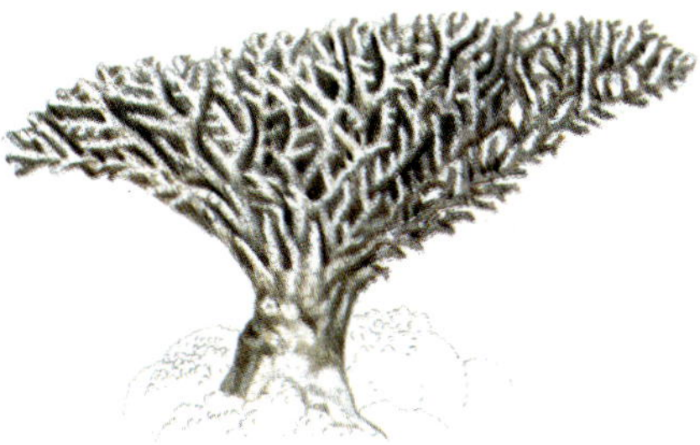

Geweihkoralle
Acropora sp.

Häufigste Gattung der Steinkorallen. Je nach Standort ganz unterschiedliche Wuchsformen. Schirmförmige Strukturen sind dabei typisch. Größe: bis 200 cm; Vorkommen: circumtropisch.

Gerillte Plattenkoralle
Pachyseris speciosa

Dünne, ganz flache, plattenförmige Kolonien. Die Oberfläche ist gleichförmig gerillt. Größe: bis 200 cm; Vorkommen: Rotes Meer bis Samoa.

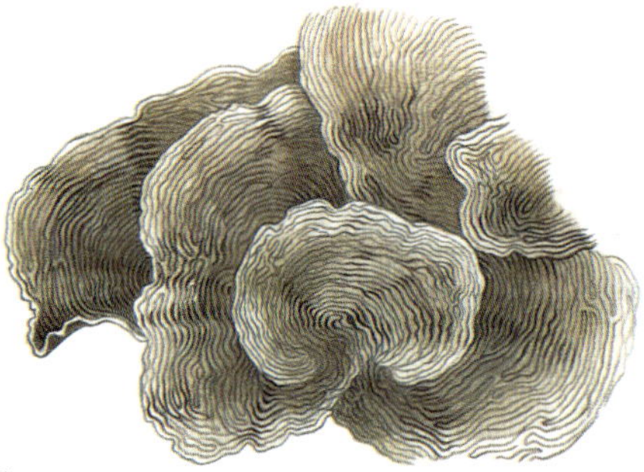

Pilzkoralle
Fungia sp.

Eine Steinkoralle mit einer charakteristischen ovalen bis runden Körperscheibe. Pilzkorallen sind die einzigen Steinkorallen, die keine Kolonien bilden und nicht mit dem Meeresboden verwachsen sind. Größe: bis 30 cm; Vorkommen: Rotes Meer bis Westpazifik.

Bergkoralle
Porites sp.

Massige Steinkorallen mit einer ziemlich glatten Oberfläche. Die einzelnen Polypen haben sehr kurze Tentakeln, die tagsüber meist vollständig eingezogen sind. Größe: bis 200 cm; Vorkommen: Indopazifik und Atlantik.

Mosaik-Koralle
Favites sp.

Eine Gattung der Steinkorallen, deren Arten massige Kolonien bilden, wobei die Ränder der einzelnen Polypen erhoben sind und ein gleichmäßiges geometrisches Muster erzeugen. Größe: bis 60 cm; Vorkommen: Indopazifik.

Hirnkoralle
Platygyra sp.

Große, massige Steinkorallen, die runde Blöcke bilden. Typisch für die Arten dieser Gattung sind die mäanderförmigen Septen, die die Oberfläche durchziehen. Größe: bis 100 cm; Vorkommen: Indopazifik.

Rosenkoralle
Lobophyllia sp.

Massige Steinkorallen mit bis zu 4 cm großen Polypen. Grüne, gold- oder graubraune, kuppelartig wachsende Kolonien, die oft dicht unter der Meeresoberfläche wachsen. Größe: bis 200 cm; Vorkommen: Indopazifik.

Salatkoralle
Turbinaria sp.

Steinkorallen mit trichterartigen, sehr dünnen, blattartigen Wänden, die - wie bei einem Salat - gewölbt sind. Polypen nur auf der „Blatt“oberseite. Größe: bis über 100 cm; Vorkommen: Indopazifik.

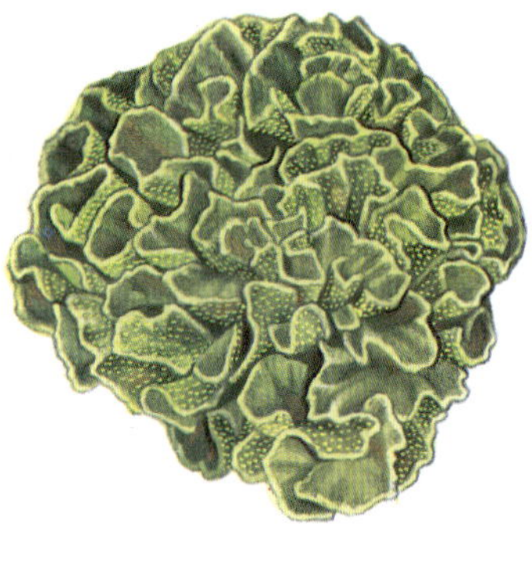

Rote Zäpfchenkoralle
Dendrophyllia sp.

◀ Nur während der Nacht strecken die bis zu 8 cm langen Polypen ihre orange-gelben Tentakeln aus. Größe: bis 50 cm; Vorkommen: Indopazifik.

Bunter Spiralröhrenwurm
Spirobranchus giganteus

Häufig, lebt in einer Kalkröhre meist im Korallengestein. Vom Wurm sind nur seine zwei spiraligen Tentakelkronen zu sehen, die er bei der geringsten Gefahr blitzschnell einzieht. Größe: bis 7 cm; Vorkommen: circumtropisch. ▶

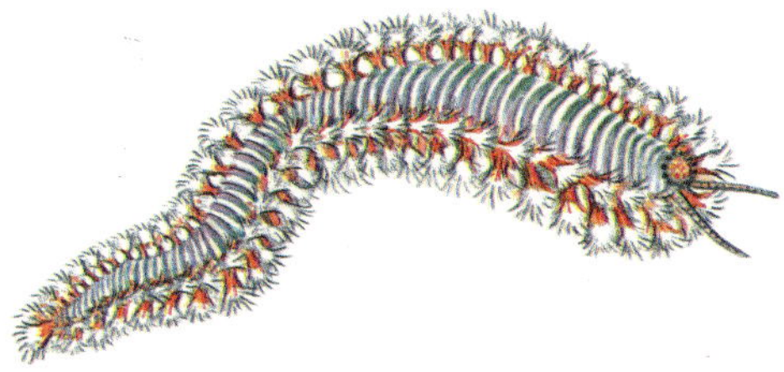

Feuerwurm
Hermodice carunculata

◀ Langer, abgeflachter, deutlich segmentierter Körper. Die abgespreizten, winzigen, weißen Borsten brechen bei Berührung sofort ab und rufen einen stark brennenden Schmerz hervor. Größe: bis 35 cm; Vorkommen: circumtropisch und -subtropisch.

Plattwurm
Pseudoceros sp.

Plattwurm (Stamm Plathelminthes) sind in den Riffen recht häufig, obgleich sie wegen ihrer zurückgezogenen Lebensweise nicht oft gesehen werden. Wegen ihrer Körperform und ihrer meist recht auffälligen Körperfärbung werden sie leicht mit Nacktschnecken verwechselt. Größe: bis 6 cm; Vorkommen: zentraler Indopazifik. ▶

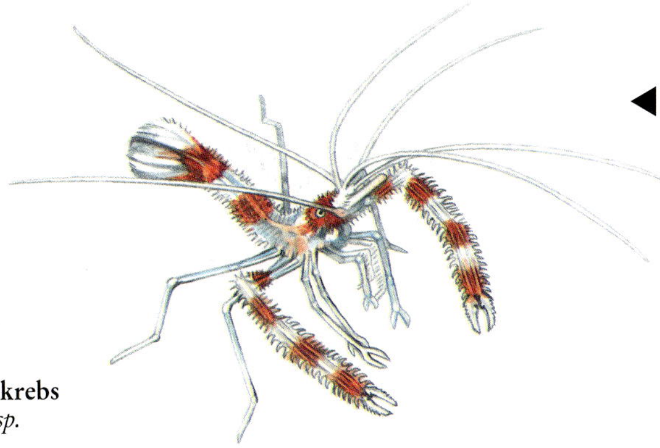

Gebänderte Scherengarnele
Stenopus hispidus

◀ Eine große Putzergarnele, weißer Körper mit auffallenden roten Querstreifen. Mit ihren langen Antennen fordert die Garnele vorbeischwimmende Fische zum Putzen auf. Größe: bis 8 cm; Vorkommen: circumtropisch.

Einsiedlerkrebs
Dardanus sp.

Großer, rötlich gefärbter Einsiedlerkrebs. Um seinen weichen, ungepanzerten Hinterleib zu schützen, trägt der Einsiedler ein leeres Schneckenhaus mit sich herum. Tag- und nachtaktiv. Größe: bis 12 cm; Vorkommen: Indopazifik. ▶

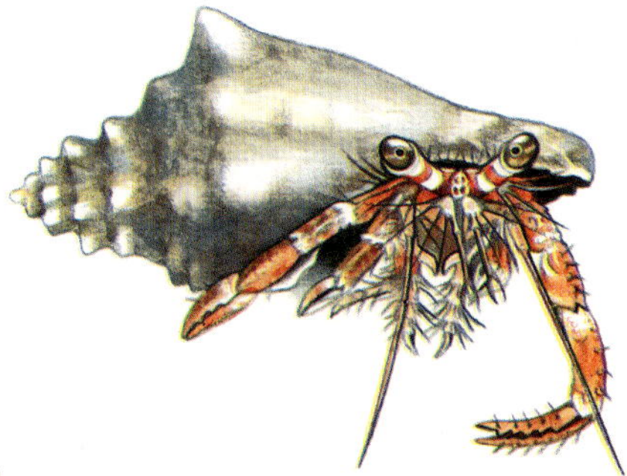

Winkerkrabbe
Uca inversa

◀ Eine Strandkrabbe (lebt nicht unter Wasser!). Nur die Männchen haben eine enorm vergrößerte Schere. Leben in selbstgegrabenen Wohnröhren am Strand unmittelbar vor dem Wasser. Größe: bis 4 cm; Vorkommen: Rotes Meer.

Käferschnecke
Chiton olivaceus affinis

Eine Schnecke, die in großer Zahl im Gezeitenbereich lebt. Nachts verläßt sie zur Nahrungssuche ihren Ruheplatz. Ihr gegliedertes „Gehäuse“ setzt sich aus acht überlappenden Platten zusammen. Größe: bis 7 cm; Vorkommen: Rotes Meer. ▶

Kreiselschnecke
Trochus sp.

Eine wegen ihres kreiselförmigen Gehäuses leicht zu identifizierende Schnecke. Von der Spitze bis zur Basis verläuft eine leicht erhobene Spirallinie. Größe: bis 10 cm; Vorkommen: Indopazifik.

Pantherschnecke
Cypraea pantherina

Dank ihres hübschen Gehäuses eine bekannte Kaurischnecke. Der gut entwickelte Mantel ist oft ganz über das Gehäuse gezogen. In der Größe sehr variabel. Vorkommen: circumtropisch und -subtropisch.

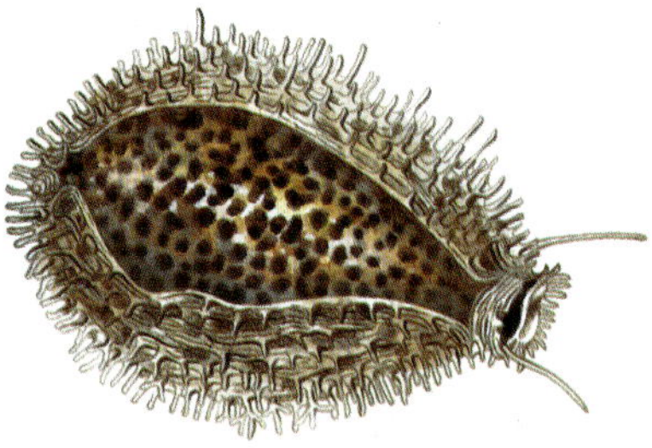

Eischnecke
Ovula ovum

Schnecke mit einem porzellanähnlichen Gehäuse, das von einem schwarzen, mit weißen Punkten netzförmig gemusterten Mantel teilweise oder ganz umhüllt wird. Größe: bis 10 cm; Vorkommen: Indopazifik.

Textil-Kegelschnecke
Conus textile

Eine räuberische Schnecke mit einem kegelförmigen, charakteristisch gemusterten Gehäuse. Lebt auf Sandgrund. Ihre Giftpfeile sind auch für den Menschen gefährlich. Größe: bis 12 cm; Vorkommen: Indopazifik.

Tritonshorn
Charonia tritonis

Sehr große Schnecke mit einem spiralig gewundenen Gehäuse, das eine große, ovale Öffnung aufweist. Lebt räuberisch, frißt vor allem die Dornenkrone und andere Stachelhäuter. Größe: bis 40 cm; Vorkommen: Indopazifik.

Große Faßschnecke
Tonna galea

Sehr große Schnecke mit einem dünnwandigen, kugelig-eirunden Gehäuse mit Spiralreifen. Lebt auf Sand- und Geröllgrund. Größe: bis 30 cm; Vorkommen: Indopazifik.

Spanische Tänzerin
Hexabranchus sanguineus

Eine Nacktschnecke, die wegen der leuchtend roten Färbung ihres großen Mantels nicht zu verwechseln ist. Kann gut schwimmen. Größe: bis 40 cm; Vorkommen: Indopazifik.

Pyjamaschnecke
Chromodoris quadricolor

Eine Nacktschnecke mit einer sehr auffälligen Färbung. Kiemenbüschel und Fühler (Rhinophoren) sind orangegelb. Frißt Schwämme. Größe: bis 5 cm; Vorkommen: Indopazifik.

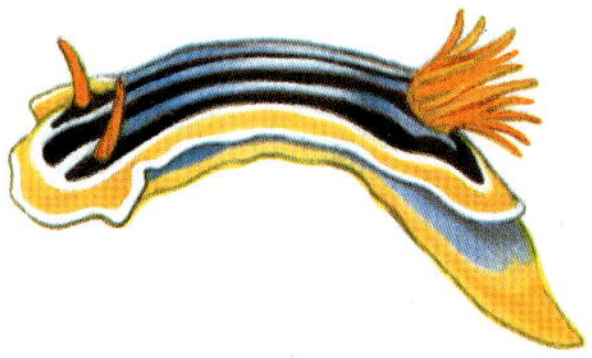

Warzenschnecke
Phyllidia varicosa

Die Nacktschnecke zeigt eine auffallende hell-dunkel Längsstreifung. Charakteristisch sind die vielen kegelförmigen Warzen auf dem ganzen Körper. Frißt Schwämme. Größe: bis 5 cm; Vorkommen: Rotes Meer.

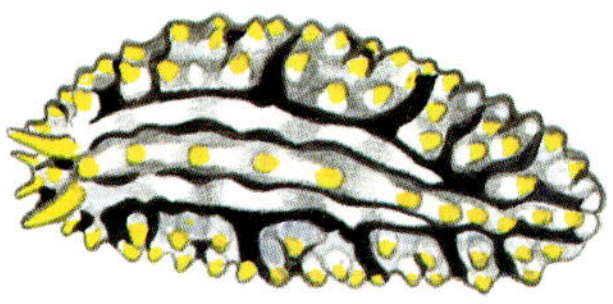

Rotgestreifte Nacktschnecke
Nembrotha rutlians

Eine Nacktschnecke mit roten Längsstreifen, gut entwickelten Fühlern (Rhinophoren) und kräftigen Kiemenbüscheln. Hat sich auf Seescheiden als Nahrung spezialisiert. Größe: bis 10 cm; Vorkommen: Westpazifik.

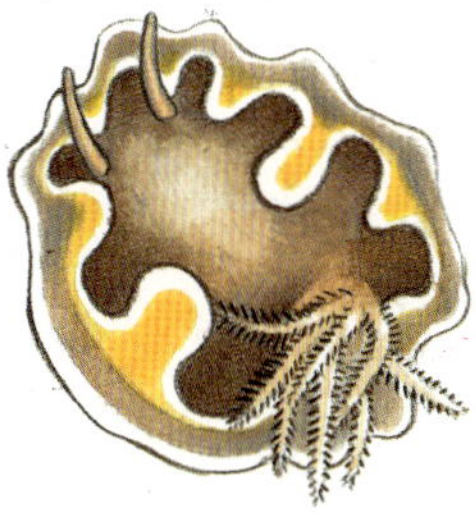

Korallen-Nacktschnecke
Chromodoris sp.

Eine mittelgroße Nacktschnecke mit einem kräftigen Fuß, mit dem sie über Korallen kriecht. Größe: bis 5 cm; Vorkommen: Westpazifik.

Riffzackenauster
Lopha folinus

Eine sehr große Muschel mit auffallend scharfer Faltung. Oft ist nur die gezackte Schalenöffnung zu sehen, die sich bei Gefahr schnell schließt. Größe: bis 30 cm; Vorkommen: Indopazifik.

Riesenmuschel
Tridacna maxima

Eine der bekanntesten Muscheln tropischer Riffe, im Deutschen auch „Mördermuschel" genannt. Farbenprächtiger Mantel mit großen Öffnungen (Siphonen). Größe: bis über 100 cm; Vorkommen: Indopazifik.

Sepia
Sepia latimanus

Tropische Tintenfischart mit vielen Hautlappen auf dem Körper. Fangarme meist teilweise eingerollt. Größe: bis 50 cm; Vorkommen: zentraler Pazifik und Großes Barriereriff.

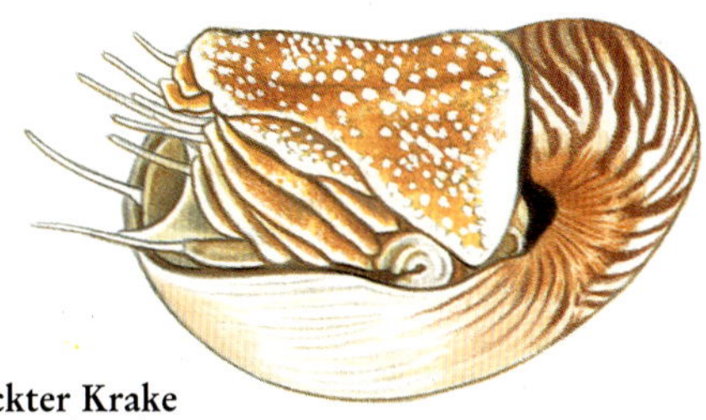

Schiffsboot
Nautilus pompilius

Eng spiralisierte Schale, mit einer leuchtenden rot-weißen Färbung. Etwa 90 Arme. Größe: Durchmesser des Gehäuses etwa 20 cm; Vorkommen: von den Andamanen bis Samoa.

Blaugefleckter Krake
Hapalochlaena lunulata

Auffallend gefärbt mit blauen Ringen auf gelbem Grund. Die Färbung gilt als Warnfärbung: Diese Krakenart ist extrem giftig und gefährlich. Größe: bis 15 cm; Vorkommen: Japan bis Australien.

Gemeiner Haarstern
Lamprometra palmata

Dieser Haar- oder Federstern ist ein Crinoid mit 20 deutlich gefiederten, gleich langen, gleich gefärbten und deutlich gebänderten Armen. Nachtaktiv, verbringt den Tag versteckt und zusammengerollt in den Riffspalten. Oft auf Feuerkorallen. Länge der Arme: bis 15 cm; Vorkommen: Rotes Meer

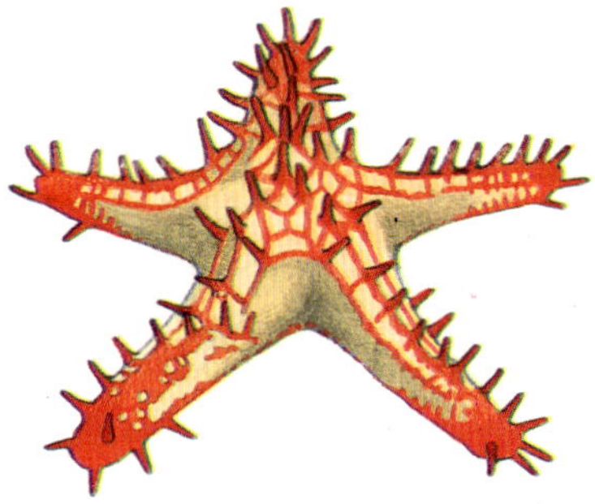

Lincki-Seestern
Protoreaster lincki

Ein kräftiger Seestern mit fünf Armen. Auf der oberen Seite dieses Stachelhäuters sitzen gut ausgebildete „Stacheln“. Größe: bis 25 cm; Vorkommen: Indischer Ozean bis Australien.

Blauer Rundarmseestern
Linckia laevigata

Dank seiner charakteristischen blauen Färbung zählt dieser Seestern zu den bekanntesten Stachelhäutern. Tagaktiv, besiedelt das Riff in einer Tiefe von 2 bis 30 m. Größe: bis 40 cm; Vorkommen: Pazifik.

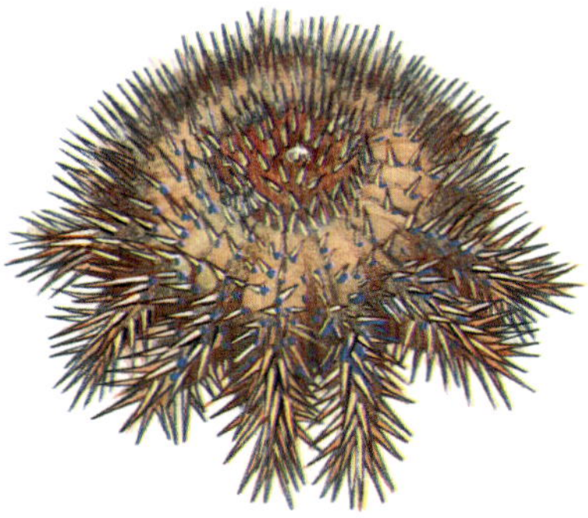

Dornenkronen-Seestern
Acanthaster planci

Diese Art ernährt sich von den Polypen der Steinkorallen. Die vielen Arme und der Körper der Dornenkrone sind mit einem giftigen Schleim überzogen, der schmerzhafte Verletzungen verursacht. Größe: bis 40 cm; Vorkommen: Rotes Meer bis Ostpazifik.

Neuguinea-Kissenstern
Culcita novaeguineae

Der massige Körper läßt diesen Seestern nahezu armlos erscheinen. Er weidet Algen und auch festsitzende Wirbellose vom Boden ab. Größe: bis 25 cm; Vorkommen: Westpazifik.

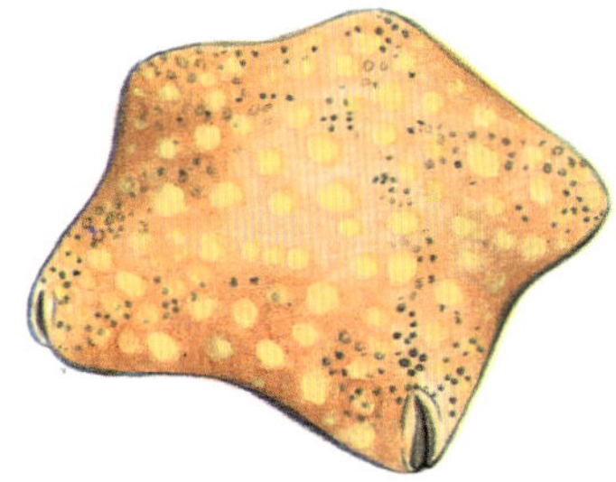

Gekörnter Kissenstern
Choriaster granulatus

Ein Kissenstern, der noch erkennbare, wenn auch sehr plumpe Arme, besitzt. Auf seiner Oberseite liegen viele dunkel gefärbte, polygonale, harte Plättchen. Größe: bis 25 cm; Vorkommen: Indischer Ozean einschließlich des Roten Meeres.

Roter Maschenstern
Fromia monilis

Ein fünfarmiger Seestern mit einem festen Exoskelett. Oft sind Individuen mit abgebrochenen oder stark verkürzten (nachwachsenden) Armen zu finden. Größe: bis 10 cm; Vorkommen: Rotes Meer bis Australien.

Sanddollar
Clypeaster humilis

Ein extrem flacher, scheibenförmiger Seeigel, der mit ganz kurzen, feinen Stacheln flaumartig bedeckt ist. Lebt meist verborgen direkt unter dem Sandboden. Größe: bis 8 cm; Vorkommen: Rotes Meer.

Stecknadelkopf-Seeigel
Asthenosoma varium

Ein giftiger Seeigel, den man nicht berühren sollte: Die sehr kurzen Stacheln dieses großen Seeigels tragen weiße Giftsäckchen. Größe: bis 15 cm; Vorkommen: Rotes Meer bis Philippinen.

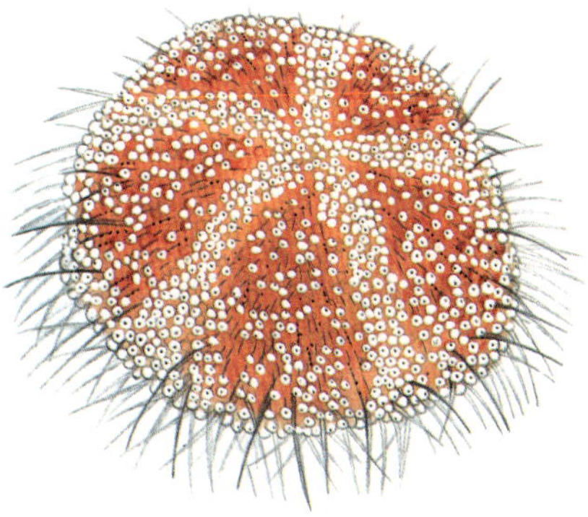

Griffelseeigel
Heterocentrotus trigonarius

Ein Seeigel, dessen Stacheln an den Enden deutlich dünner werden, im Gegensatz zum eng verwandten Griffelseeigel *H. mammillatus*. Größe: bis 25 cm; Vorkommen: Rotes Meer.

Gemeiner Diademseeigel
Diadema setosum

Dieser Seeigel mit seinen extrem langen, dünnen Stacheln ist nachtaktiv: tagsüber hält er sich in den dunklen Bereichen des Riffs, in engen Spalten und Höhlen verborgen. Größe: bis 30 cm; Vorkommen: Rotes Meer bis Pazifik.

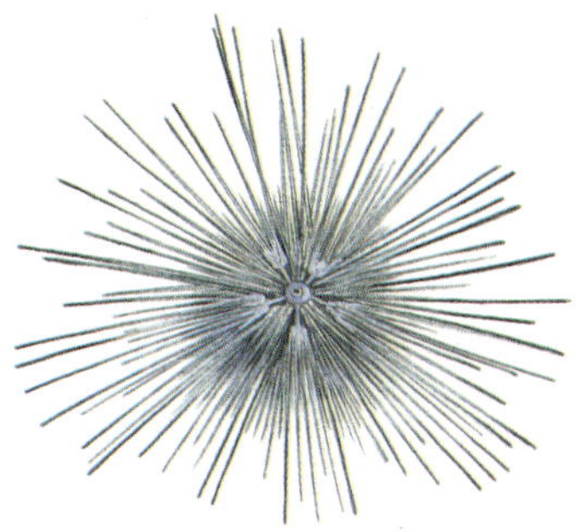

Strichel-Seegurke
Bohadschia graeffei

Charakteristisch für diese Seegurke ist der schwarze Tentakelkranz um die Mundöffnung. Die Seegurke lebt von organischem Material (Detritus), das sie aus dem Sandboden filtert. Größe: bis 30 cm; Vorkommen: Rotes Meer bis Australien.

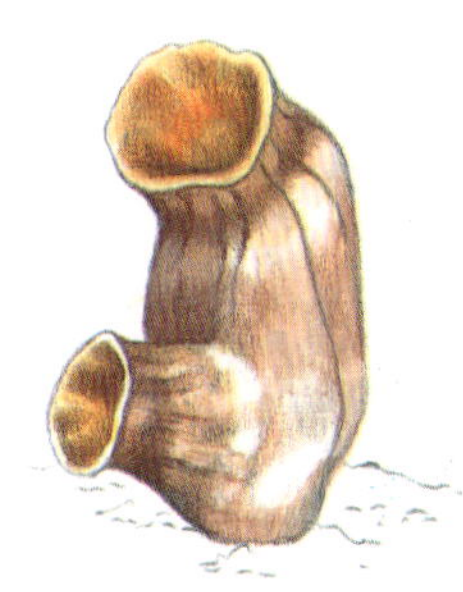

Seescheide
Polycarpa sp.

Eine solitäre Seescheide mit zwei sehr auffälligen Öffnungen: der größeren Einström- und der kleineren Ausströmöffnung. Größe: bis 25 cm; Vorkommen: Rotes Meer bis Australien.

FISCHE UND WIRBELLOSE DER KARIBIK

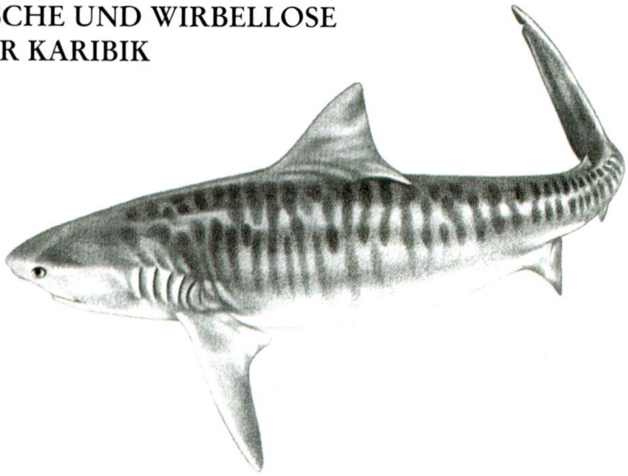

Tigerhai
Galeocerdo cuvier

◀ Eine extrem gefährlicher Hai, der sogar in flache Gewässer eindringt. Streifen besonders ausgeprägt bei jüngeren Tieren. Meist entlang des Außenriffhanges und an Riffen fernab der Küste. Größe: bis 5.5 m; Vorkommen: circumtropisch.

Amerikanischer Stechrochen
Dasyatis americana

Ein Rochen mit einem scheibenförmigen Körper, spitz zulaufender Schnauze und Flügeln. Am Schwanz sitzen ein bis zwei kräftige Giftstachel. Oft im Sandboden eingegraben. Größe: bis 150 cm; Vorkommen: New Jersey bis Brasilien. ▶

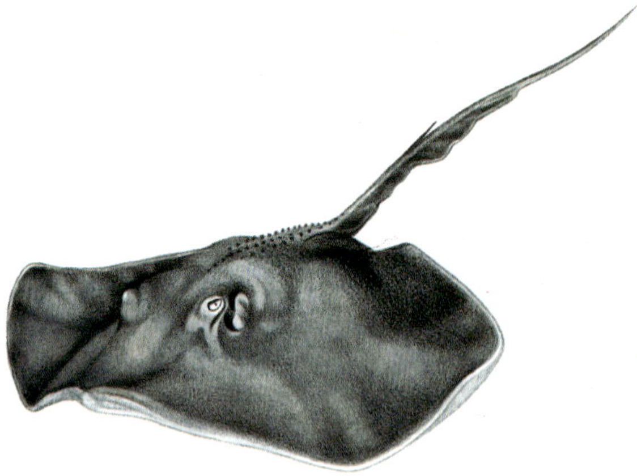

Jamaika-Stechrochen
Urolophus jamaicensis

◀ Ein Stechrochen mit einer fast kreisrunden Körperscheibe. Sein gedrungener Schwanz hat an der Spitze giftige Stacheln. Liegt dicht am Riff im Sand eingegraben. Größe: bis 75 cm; Vorkommen: North Carolina bis südliches Brasilien.

Grüne Muräne
Gymnothorax funebris

Tagsüber hält sich die Muräne meist in tiefen Spalten des Riffs versteckt. Nachts verläßt sie ihren Ruheplatz und geht auf die Jagd. Nur gefährlich, wenn sie provoziert wird. Größe: bis 230 cm; Vorkommen: Florida bis Brasilien. ▶

Gefleckte Muräne
Gymnothorax moringa

◀ Im ganz flachen Wasser nicht selten. Tagsüber schaut sie nur mit dem Kopf aus ihrem Versteck heraus. Nachtaktiv. Größe: bis 120 cm; Vorkommen: South Carolina bis Brasilien.

Gelbaugen-Muräne
Gymnothorax vicinus

Leicht zu erkennen an den leuchtend gelben Augen und der schwarz gesäumten Rückenflosse. Zieht flache Lagunen und Riffgebiete mit sandigem Grund vor. Größe: bis 120 cm; Vorkommen: Florida bis Brasilien, auch Ostatlantik. ▶

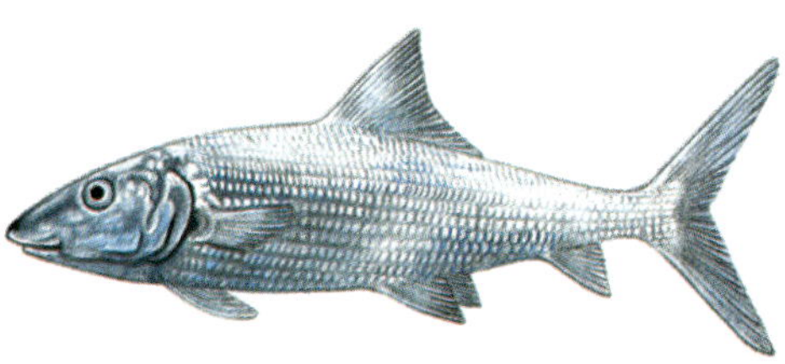

Grätenfisch
Albula vulpes

◀ Über Sand und Schlickgrund in ganz flachem Wasser unmittelbar am Strand, auch in Riffkanälen und sandflächenreichen Riffabschnitten. Größe: bis 100 cm; Vorkommen: Bermuda, Florida bis Brasilien, auch Ostatlantik.

Augenfleck-Anglerfisch
Antennarius multiocellatus

Kann, wenn gestört, seine Färbung rasch ändern. Ausgezeichnet getarnt. Der Fisch bleibt auch dann unbeweglich sitzen, wenn der Taucher sehr nahe herankommt. Größe: bis 14 cm; Vorkommen: Florida , Karibik, Brasilien.

Ocellus-Anglerfisch
Antennarius ocellatus

Leicht zu erkennen an seinen drei großen, schwarzen Ocelli: einen auf der Bauchseite, einen auf der Rücken- und einen auf der Schwanzflosse. Auf Felsen- und Korallengrund in 1 bis 150 m Tiefe. Größe: bis 38 cm; Vorkommen: Bermuda bis Brasilien.

Gelbflossen-Seefledermaus
Ogcocephalus cubifrons

Ein Fisch mit einer sehr ungewöhnlichen Körperform: ein dreieckiger Kopf, der mit beinartigen Brustflossen verbunden ist. Lauert unbeweglich auf dem Meeresboden. Größe: bis 38 cm; Vorkommen: Florida und Bahamas.

Langstachel-Husar
Holocentrus rufus

Tagsüber hält sich der Fisch in Spalten und Löchern versteckt. Nachts geht er auf Nahrungssuche, frißt Schnecken und Krebstiere. Größe: bis 28 cm; Vorkommen: Bermuda bis Venezuela.

Gemeiner Husar
Holocentrus ascensionis

Hält sich tagsüber in den schattigen Bereichen in Bodennähe auf, wenig scheu. Spitzer, kräftiger Vorkiemendeckelstachel. Größe: bis 30 cm; Vorkommen: New York bis Brasilien, auch Ostatlantik.

Jacobus-Soldatenfisch
Myripristis jacobus

Häufig an Außenriffen. Nachtaktiv; tagsüber einzeln oder in kleinen Gruppen zurückgezogen in den Spalten und Grotten des Riffs. Größe: bis 20 cm; Vorkommen: North Carolina bis Brasilien und Ostatlantik.

Blauflecken-Flötenfisch
Fistularia tabacaria

Zieht alleine oder in kleinen Gruppen in Bodennähe durch das Riff, über Seegraswiesen ebenso wie über Sandgrund. Manchmal wenig scheu. Größe: bis 180 cm; Vorkommen: Nova Scotia bis Brasilien, auch Ostatlantik.

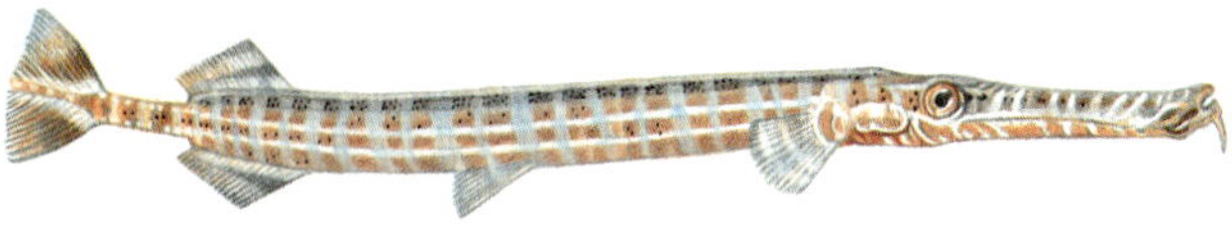

Atlantik-Trompetenfisch
Aulostomus maculatus

Schwebt häufig in einer fast senkrechten Position, den Kopf nach unten, zwischen den Korallen und lauert so gut getarnt auf Beute. Wenig scheu. Größe: bis 100 cm; Vorkommen: Florida bis Brasilien.

Streifen-Seepferdchen
Hippocampus erectus

Gewöhnlich hält sich das Seepferdchen mit seinem „Greifschwanz“ an Seegras oder Hornkorallen fest und bewegt sich kaum. Farbe variabel: gelb bis rot. Größe: bis 17 cm; Vorkommen: Nova Scotia bis Argentinien.

Judenfisch
Epinephelus itajara

Größter Zackenbarsch im Atlantik. Gewöhnlich in tiefen Riffkanälen und in Höhlen. Häufig auch an Wracks. Große Judenfische können Taucher angreifen. Größe und Gewicht: bis 240 cm, 300-400 kg; Vorkommen: Florida bis Brasilien, Westafrika.

Rotbrauner Zackenbarsch
Epinephelus morio

Bevorzugt Felsriffe. Gewöhnlich unbeweglich am Boden lauernd; gut getarnt. Größe: bis 90 cm; Vorkommen: Massachusetts bis Brasilien.

Nassau-Zackenbarsch
Epinephelus striatus

Häufig über Korallengrund, wo er sich immer in unmittelbarer Nähe von Versteckmöglichkeiten aufhält. Schneller Farbwechsel bei Erregung. Tausende von Fischen kommen während der Fortpflanzungszeit zum Ablaichen zusammen. Größe: bis 120 cm; Vorkommen: North Carolina bis Brasilien.

Karibik-Juwelenbarsch
Epinephelus fulva

Eine gesellige Art, die Riffe mit guten Versteckmöglichkeiten, von denen sie sich nie weit entfernt, bevorzugt. Wenig scheu. Größe: bis 40 cm; Vorkommen: Florida bis Brasilien.

Großer Seifenbarsch
Rypticus saponaceus

Lebt im flachen Wasser in der Nähe von Riffen oder auf Sandgrund. Wenn er sich bedroht fühlt, sondert er einen für andere Fische giftigen Schleim ab. Größe: bis 33 cm; Vorkommen: Florida bis Brasilien und Ostatlantik.

Butter-Hamletbarsch
Hypoplectrus unicolor

Schwimmt dicht über den Grund von Korallenriffen. Wenig scheu, wenn man sich langsam nähert. Größe: bis 13 cm; Vorkommen: Florida (häufig) bis Brasilien.

Braunband-Hamlet
Hypoplectrus unicolor

Früher als *H. puella* als eigene Art geführt. Heute werden alle verschiedenen Hamlets als Farbvarianten von H. unicolor angesehen. Größe: bis 13 cm; Vorkommen: Florida bis Karibik (häufig).

Indigo-Hamlet
Hypoplectrus unicolor

Früher als *H. indigo* als eigene Art geführt. Hält sich bevorzugt in korallenreichen Riffen in Tiefen von 10 bis 45 m auf. Wenig scheu. Größe: bis 13 cm; Vorkommen: Florida bis Belize, häufig bei den Cayman Inseln.

Tabak-Sägebarsch
Serranus tabacarius

Steht immer dicht über dem Sand- und Geröllgrund der Korallenriffe. In größeren Tiefen (50 - 70 m) oft in kleinen Gruppen. Größe: bis 18 cm; Vorkommen: Florida bis Brasilien.

Pfefferminz-Höhlenbarsch
Liopropoma rubre

Obwohl nicht selten, ist diese Art nicht leicht zu entdecken: sie hält sich meist in Spalten und Höhlen des Riffs verborgen. Größe: bis 8 cm; Vorkommen: Florida bis Venezuela.

Königs-Feenbarsch
Gramma loreto

Diese Art ist dank ihrer auffallenden violett-gelben Färbung nicht zu verwechseln. Schwimmt häufig in Verstecken des Riffs mit dem Bauch nach oben. Größe: bis 8 cm; Vorkommen: Bermuda bis Venezuela.

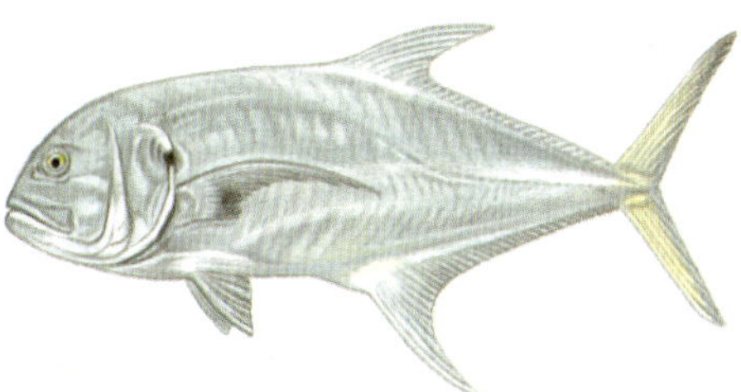

Pferde-Makrele
Caranx hippos

Die juvenilen Fische ziehen in Schulen über das Riff, die adulten oft auch einzeln. Meistens im Freiwasser vor dem Außenriff in 1 bis 50 m Tiefe. Größe: bis 100 cm; Vorkommen: Nova Scotia bis Uruguay, auch Ostatlantik.

Blaurücken-Makrele
Carangoides ruber

In kleinen und größeren Gruppen. Oft begleiten sie Meerbarben oder Stechrochen, um nach Beute, die von diesen Fischen aufgestöbert wird, zu schnappen. Größe: bis 60 cm; Vorkommen: New Jersey bis Venezuela.

Regenbogen-Makrele
Elagatis bipinnulatus

Zieht in Schulen durch das Freiwasser vor den Außenriffhängen. Wird von den Luftblasen der Taucher angezogen. Größe: bis 125 cm; Vorkommen: circumtropisch.

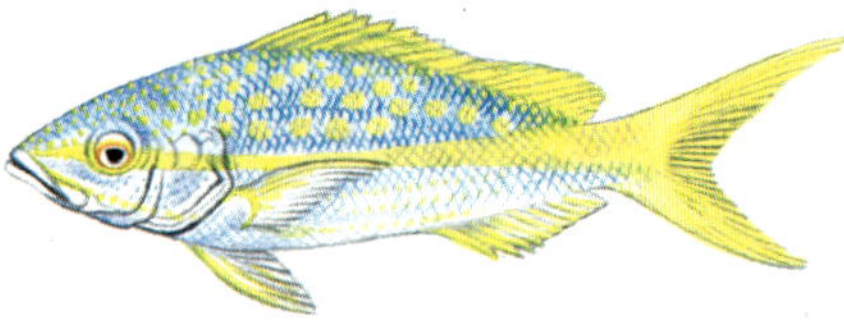

Gelbschwanz-Schnapper
Ocyurus chrysurus

Alleine oder in kleinen Gruppen dicht über dem Riff. Vor allem nachts machen die Schnapper Jagd auf Krebse und andere Fische. Größe: bis 75 cm; Vorkommen: Massachusetts bis Brasilien.

Hammel-Schnapper
Lutjanus analis

Bevorzugt Sandgrund nahe der Riffe. Hält sich meist dicht über dem Grund auf. Größe: bis 75 cm; Vorkommen: Massachusetts bis Brasilien.

Cubera-Schnapper
Lutjanus cyanopterus

Größte Schnapperart im Atlantik. Bevorzugt Felsen- oder Korallenriffe in Tiefen von 20 bis 55 m. Juvenile im flachen Küstengewässer. Größe: bis 160 cm; Vorkommen: New Jersey bis Brasilien.

Schweinsfisch
Anisotremus virginicus

Dank seiner Färbung nicht zu verwechseln. Schwimmt alleine oder, vor allem während des Tages, in kleinen Gruppen. Juvenile sind auch Putzer. Größe: bis 40 cm; Vorkommen: Florida bis Brasilien.

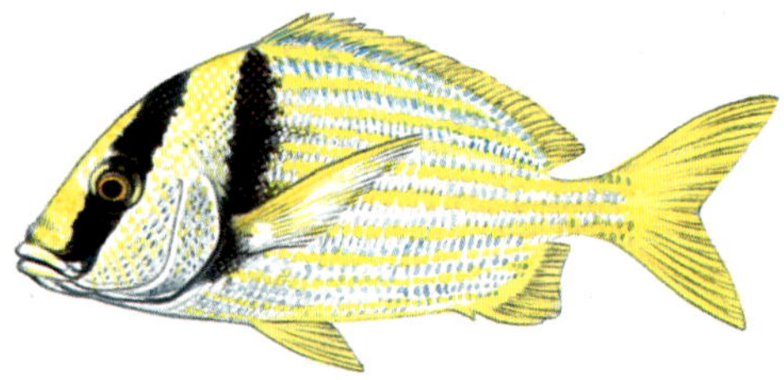

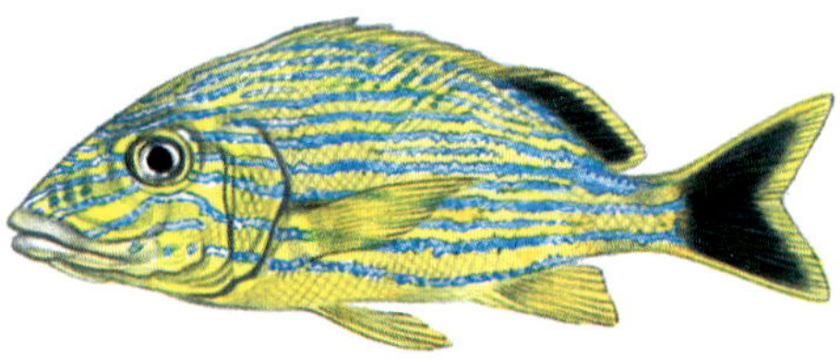

Blaustreifen-Grunzer
Haemlon sciurus

In großen Schwärmen an Fels- und Korallenriffen bis in 20 m Tiefe. Sehr scheu. Größe: bis 45 cm; Vorkommen: South Carolina bis Brasilien.

Franzosen-Grunzer
Haemulon flavolineatus

An Korallenriffen, manchmal in großen Schwärmen vonTausenden von Fischen. Nicht selten sieht man die Grunzer tagsüber fast bewegungslos an schattigen Bereichen im Riff stehen. Größe: bis 30 cm; Vorkommen: South Carolina bis Brasilien.

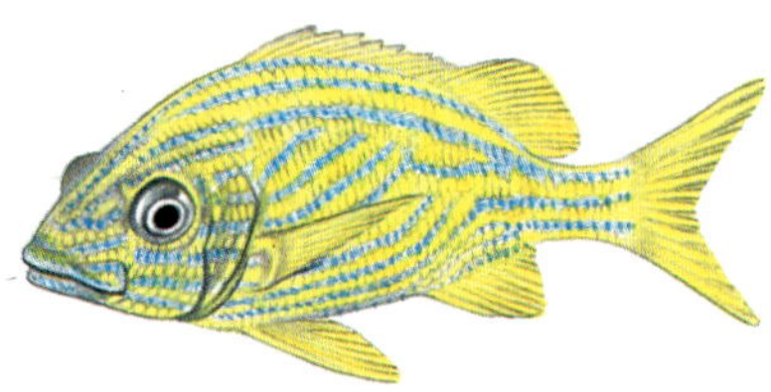

Grauer Trommler
Odontoscion dentex

Bevorzugt Felsenriffe und die flachen Korallenriffe. Scheu, hält sich in Spalten und Höhlen im Riff versteckt, meist in Gruppen. Größe: bis 25 cm; Vorkommen: Florida bis Brasilien.

Wimpel-Ritterfisch
Equetus lanceolatus

Tagsüber hält sich der Ritterfisch in den schattigen Bereichen des Riffs auf, an den Eingängen zu Höhlen und in den Spalten im Riff. Verläßt diese Plätze nachts zur Nahrungssuche. Größe: bis 25 cm; Vorkommen: South Carolina bis Brasilien.

Streifen-Ritterfisch
Pareques acuminatus

Auf flachen Fels- und Korallenriffen in klarem Wasser. Tagsüber paarweise oder in kleinen Gruppen in den geschützten Riffbereichen. Größe: bis 23 cm; Vorkommen: South Carolina bis Brasilien.

Bermuda-Ruderfisch
Kyphosus sectatrix

Diese Art lebt in Schulen über Sandflächen an Fels- und Korallenriffen; frißt Algen und andere Pflanzen. Wenig scheu. Größe: bis 76 cm; Vorkommen: Massachusetts bis Brasilien.

Gelbe Meerbarbe
Mulloidichthys martinicus

Bevorzugt die weiten Sandflächen der Lagunen und der Außenriffe. Häufig auch in ganz flachem Wasser. Tagsüber sieht man die Meerbarben nicht selten in großen Gruppen am Boden ruhen. Juvenile oft in den Seegraswiesen. Größe: bis 40 cm; Vorkommen: Florida bis Brasilien, im Ostatlantik bei den Kapverden.

Gefleckte Meerbarbe
Pseudupeneus maculatus

Häufig in kleinen Gruppen von 4 bis 6 Fischen über flachen Sand- und Geröllzonen des Riffs. Deutlicher Farbwechsel möglich: Beim Jagen dunkeln die Seitenflecken stark ab. Größe: bis 28 cm; Vorkommen: Florida bis Brasilien.

Karibik-Spatenfisch
Chaetodipterus faber

Im Freiwasser vor den Außenriffen in großen Schulen. Oft auch an Hafenanlagen und Wracks. Wenig scheu. Größe: bis 90 cm; Vorkommen: Massachusetts bis Brasilien.

Vieraugen-Falterfisch
Chaetodon capistratus

Der häufigste Falterfisch in der Karibik. Oft paarweise nahe markanter Korallenformationen. Größe: bis 15 cm; Vorkommen: Neuengland bis Mittelamerika.

Riff-Falterfisch
Chaetodon sedentarius

Häufig auf Fels- und Korallengrund in Tiefen von 5 bis 92 m. Juvenile dagegen im flacheren Wasser. Schwimmt häufig paarweise durchs Riff. Größe: bis 15 cm; Vorkommen: North Carolina bis Brasilien.

Flossenfleck-Falterfisch
Chaetodon ocellatus

Schwimmt fast ausschließlich paarweise über Korallen- oder Felsgrund. Die dunklen Streifen treten vor allem nach Einbruch der Dunkelheit deutlich hervor. Größe: bis 20 cm; Vorkommen: Massachusetts bis Brasilien.

Karibik-Pinzettfisch
Chaetodon aculeatus

Hält sich in größeren Tiefen auf (unter 30 m), wo er in den Höhlen und tiefen Spalten des Riffs auf der Suche nach Wirbellosen ist. Größe: bis 10 cm; Vorkommen: Florida bis Venezuela.

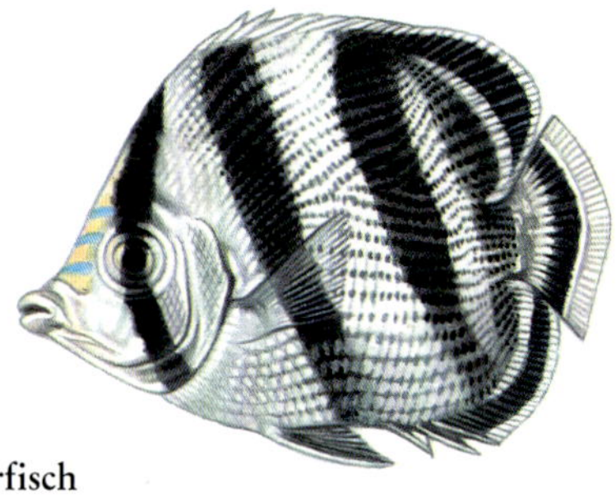

Gestreifter Falterfisch
Chaetodon striatus

Alleine oder paarweise ist der Gestreifte Falterfisch bei den Korallen zu finden, frißt die Polypen der Steinkorallen ebenso wie Würmer und kleine Krebstiere. Größe: bis 16 cm; Vorkommen: Massachusetts bis Brasilien.

Grauer Kaiserfisch
Pomacanthus arcuatus

Größte atlantische Kaiserfischart. Einzeln oder paarweise an besonders korallenreichen Riffabschnitten, in Tiefen bis 30 m. Wenig scheu, kommt dicht an Taucher heran. Allesfresser. Größe: bis 50 cm; Vorkommen: Bermuda bis Brasilien.

Franzosen-Kaiserfisch
Pomacanthus paru

Meist nahe der Oberfläche in korallenreichen Lagunen oder Außenriffen. Hält sich paarweise dicht bei den Hornkorallen auf. Größe: bis 30 cm; Vorkommen: Florida bis Brasilien.

Felsenschönheit
Holacanthus tricolor

Territorialer Kaiserfisch, der sein Gebiet nie verläßt und es gegen alle Angriffe verteidigt. Wenig scheu. Frißt vor allem Schwämme. Größe: bis 20 cm; Vorkommen: Georgia bis Brasilien.

Bermuda-Kaiserfisch
Holacanthus bermudensis

Sehr häufig in den Riffgebieten der Florida Keys. Frißt vor allem Schwämme. Größe: bis 38 cm; Vorkommen: Florida, Bahamas bis Yucatan.

Diadem-Kaiserfisch
Holacanthus ciliaris

Wird häufig alleine oder paarweise an korallenreichen Riffen in Tiefen bis 70 m gesehen. Eleganter Schwimmer, frißt hauptsächlich Schwämme. Die Jungtiere betätigen sich oft als Putzer. Größe: bis 45 cm; Vorkommen: Bermuda bis Brasilien.

Blauer Zwergkaiser
Centropyge argi

Bewohnt normalerweise Geröllflächen unterhalb von 30 m. Ein flinker, kleiner Kaiserfisch, der scheu ist und bei Gefahr sofort flieht. Größe: bis 5 cm; Vorkommen: Bermuda bis Venezuela.

Blauer Chromis
Chromis cyanea

In großen Schwärmen im Freiwasser über dem Riff. Fressen Zooplankton. Größe: bis 13 cm; Vorkommen: Florida bis Venezuela.

Schöner Gregory
Stegastes leucostictus

Territorialer, wenig aggressiver Riffbarsch, der Sand- und Geröllgrund in Tiefen von 1 bis 5 m bevorzugt. Wenig scheu. Größe: bis 10 cm; Vorkommen: Maine bis Brasilien.

Juwelen-Riffbarsch
Microspathodon chrysurus

Juvenile auch als Putzer tätig, halten sich bevorzugt zwischen den Feuerkorallen auf. Adulte territorial, nicht aggressiv. Größe: bis 21 cm; Vorkommen: Florida bis Venezuela.

Spanischer Schweinsfisch
Bodianus rufus

Juvenile betätigen sich als Putzer. Adulte fressen benthische Wirbellose. Gegenüber Tauchern wenig scheu. Größe: bis 40 cm; Vorkommen: Florida bis Brasilien.

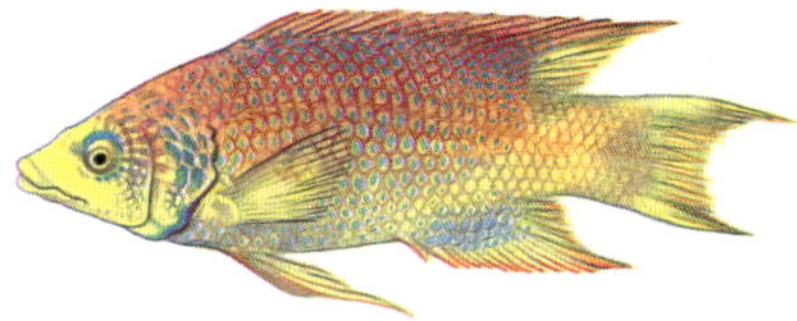

Gefleckter Schweinsfisch
Bodianus pulchellus

Oberhalb von 20 m sehr selten. Auch bei diesem Schweinsfisch betätigen sich die Jungfische als Putzer. Größe: bis 15 cm; Vorkommen: Florida bis Brasilien.

Riesen-Schweinsfisch
Lachnolaimus maximus

Dieser Lippfisch ist leicht an den ersten drei sehr lang ausgezogenen Flossenstrahlen der Rückenflosse zu erkennen. Nicht selten über sandigem Grund, wo der Schweinsfisch nach benthischen Wirbellosen sucht. Größe: bis 90 cm; Vorkommen: North Carolina bis Brasilien.

Blaukopf-Junker
Thalassoma bifasciatum

Sehr häufig und überall vorkommend: über Seegras ebenso wie über felsigem Boden oder in korallenreichen Lagunen. Die gelbgefärbten Jungfische betätigen sich als Putzer. Größe: bis 18 cm; Vorkommen: Florida bis Venezuela.

Pudding-Junker
Halichoeres radiatus

Dieser große Lippfisch, häufig auf flachen Außenriffen in Tiefen von 2 bis 50 m, ist recht scheu. Die Jungfische betätigen sich als Putzer. Größe: bis 50 cm; Vorkommen: North Carolina bis Brasilien.

Blauer Papageifisch
Scarus coeruleus

Frißt vor allem Algenbewuchs. Bildet zur Fortpflanzungszeit große Laichschwärme. Je älter, desto deutlicher wird der Kopfhöcker. Wenig scheu. Größe: bis 90 cm; Vorkommen: Maryland bis Brasilien.

Königin-Papageifisch
Scarus vetula

Weidet den Algenbewuchs vom Fels- oder Korallengrund ab, meist in Tiefen von 3 bis 25 m. Tauchern gegenüber sehr scheu. Größe: bis 60 cm; Vorkommen: Florida bis Argentinien.

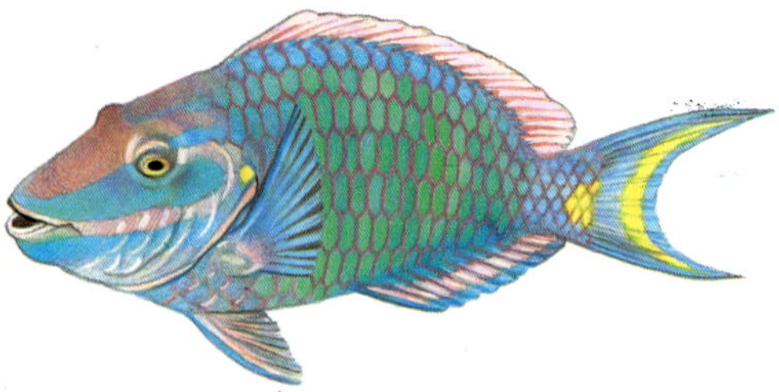

Signal-Papageifisch
Sparisoma viride

Ziemlich häufig in flachen Korallenriffen, die mit Seegraswiesen durchzogen sind. Größe: bis 50 cm; Vorkommen: Florida bis Brasilien.

Goldstirn-Brunnenbauer
Opistognathus aurifrons

Lebt in Wohnröhren auf Sand- und Geröllgrund am Fuß der Korallenformationen. Steht fast senkrecht über seiner Röhre, immer bereit, bei Gefahr Schwanzflosse voran in dieser zu verschwinden. Größe: bis 10 cm; Vorkommen: Florida bis Venezuela.

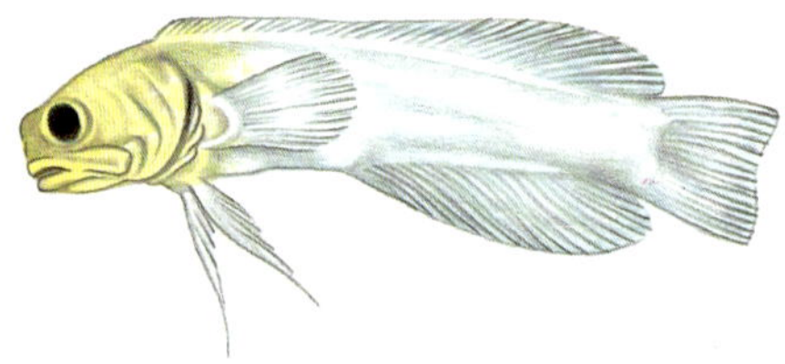

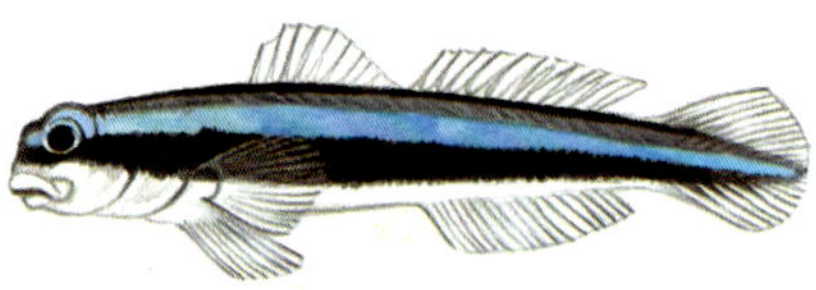

Neon-Grundel
Gobiosoma oceanops

Die Neon-Grundeln sind die Putzerfische der Karibik. Warten auf großen Korallenblöcken auf Kunden. Größe: bis 5 cm; Vorkommen: Florida bis Honduras.

Streifen-Doktorfisch
Acanthurus chirurgus

Alleine oder in kleinen Gruppen, nicht selten zusammen mit anderen Doktorfischen. Oft ist zu beobachten, wie der Streifen-Doktorfisch senkrecht mit dem Kopf nach unten im Wasser steht und an Algen zupft. Größe: bis 25 cm; Vorkommen: Massachusetts bis Brasilien.

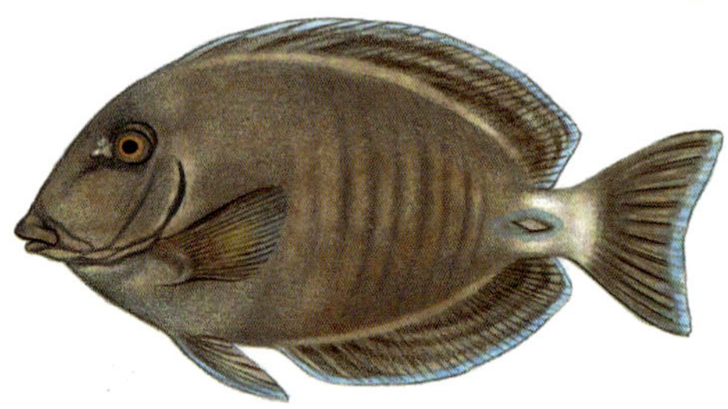

Blauer Doktorfisch
Acanthurus coeruleus

Lebt alleine oder in großen Ansammlungen, nicht selten zusammen mit anderen Doktorfischen im flachen Wasser auf der Suche nach Algen. Schneller Farbwechsel möglich. Größe: bis 23 cm; Vorkommen: Bermuda bis Brasilien.

Ozean-Doktorfisch
Acanthurus bahianus

Über flachen Riffdächern oder Riffhängen in Tiefen von 3 bis 20 m. Oft zusammen mit Streifen-Doktorfischen. Größe: bis 35 cm; Vorkommen: Massachusetts bis Brasilien.

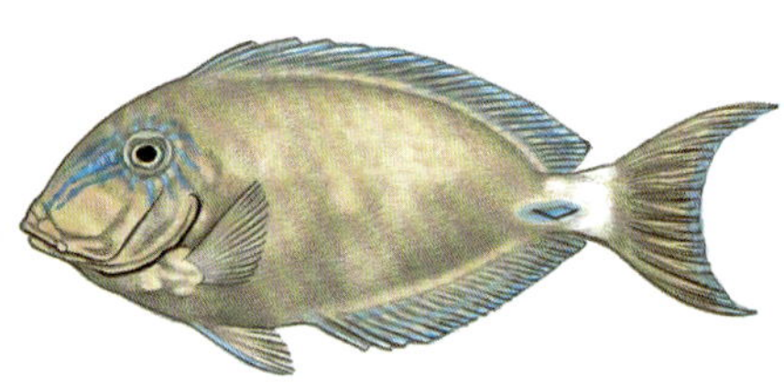

Atlantischer Drückerfisch
Balistes capriscus

Einzeln oder in kleinen Gruppen dicht über dem Boden. Jungfische verstecken sich zwischen den Algen und lassen sich mit der Strömung treiben. Größe: bis 30 cm; Vorkommen: Nova Scotia bis Argentinien.

Königin-Drückerfisch
Balistes vetula

Schwimmen meist dicht über dem Grund, wo sie nach dem Diadem-Seeigel suchen, ihrer Lieblingsspeise. Größe: bis 60 cm; Vorkommen: Massachusetts bis Brasilien.

Schwarzer Drückerfisch
Melichthys niger

Hält sich meist in kleinen Gruppen am Außenriffhang bis in eine Tiefe von 60 m auf. Frißt Zooplankton und Algen. Größe: bis 50 cm; Vorkommen: circumtropisch.

Schrift-Feilenfisch
Aluteres scriptus

Zieht einzeln durch das Riff, durch die flachen Lagunen ebenso wie über Außenriffhänge. Oft auch im Freiwasser. Größe: bis 110 cm; Vorkommen: circumtropisch

Glatter Kofferfisch
Lactophrys triqueter

Meist einzeln, manchmal aber auch in kleinen Gruppen. In Korallenriffen mit vielen Sandflecken, auf denen sie nach benthischen Wirbellosen suchen. Größe: bis 30 cm; Vorkommen: Massachusetts bis Brasilien.

Brauner Kugelfisch
Sphoeroides spengleri

Schwimmt fast immer unmittelbar über dem Grund, von dem er sich kaum abhebt. Frißt benthische Wirbellose. Größe: bis 18 cm; Vorkommen: Massachusetts bis Brasilien.

Schildkröten-Kugelfisch
Sphoeroides testudineus

Diese Art bevorzugt das ganz flache Wasser in Buchten und geschützten Seegraswiesen. In Korallenriffen sehr selten. Größe: bis 30 cm; Vorkommen: Bermuda bis Brasilien.

Blattalge
Halimeda sp.

Eine der häufigsten Algen, die man an den Korallenriffen findet. Ihre Kalkablagerungen verfestigen die Korallenriffe. Größe: bis 30 cm; Vorkommen: an Küsten tropischer und subtropischer Gewässer.

Verzweigter Röhrenschwamm
Pseudoceratina crassa

Dieser Schwamm besteht aus vielen Röhren, die alle von einer gemeinsamen Basis aus wachsen und am Ende jeweils eine große Ausströmöffnung haben. Größe: bis 40 cm; Vorkommen: Karibik.

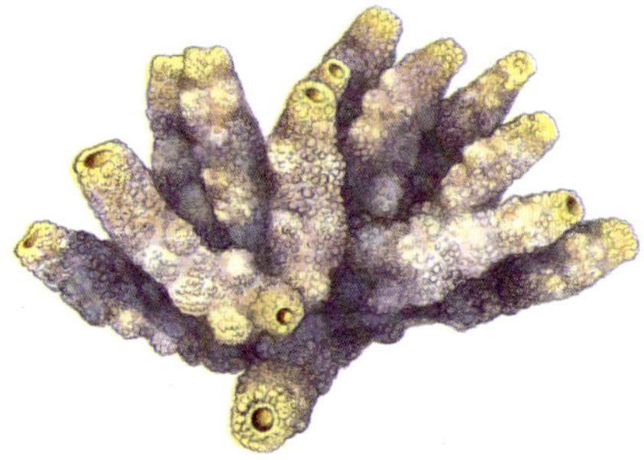

Röhrenschwamm
Aplysina archeri

Ein Schwamm mit langen Röhren, die von einer gemeinsamen Basis aus wachsen. Die Röhrenwände sind relativ dünn und weich. Größe: bis 170 cm; Vorkommen: Karibik.

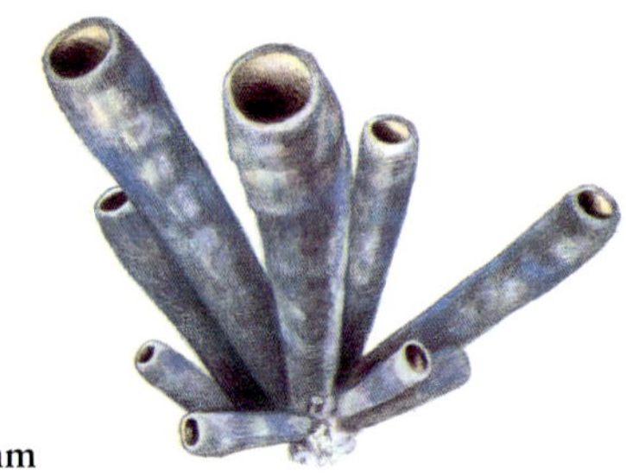

Azur-Vasenschwamm
Callyspongia plicifera

Ein Schwamm geformt wie eine große Vase, deren Oberfläche von Falten durchzogen wird. Fluoreszierende Färbung. Meist alleine oder in kleinen Gruppen am Riffhang. Größe: bis 50 cm; Vorkommen: Karibik.

Brennschwamm
Neofibularia nolitangere

Großer, massiger, dunkelbraun gefärbter Schwamm von unterschiedlicher Gestalt, mit einer Oberfläche, die einem dicken Fell ähnelt. Seine Berührung mit der ungeschützten Haut ruft starke Nesselungen hervor. Größe: bis 100 cm; Vorkommen: Karibik.

Upsidedown-Qualle
Cassiopea frondosa

Die Qualle ist leicht an ihrem Verhalten zu erkennen: Sie schwimmt mit dem Schirm nach unten und den Tentakeln nach oben. Helle, gelb-braune Färbung. Größe: bis 20 cm; Vorkommen: Karibik.

Sternkoralle
Montastrea annularis

Je nach Ort zeigt diese große Steinkoralle ganz unterschiedliche Wuchsformen. Die einzelnen, kegelförmigen Korallenpolypen stehen dicht beieinander. Größe: bis 300 cm; Vorkommen: Florida bis Brasilien.

Atlantische Hirnkoralle
Colpophyllia natans

Eine Steinkoralle, die große, massige Blöcke bildet. Die Oberfläche ist von mäandrischen Furchen durchzogen. Nur nachts strecken die Polypen ihre Tentakeln zum Planktonfang aus. Größe: bis 200 cm; Vorkommen: Florida bis Venezuela.

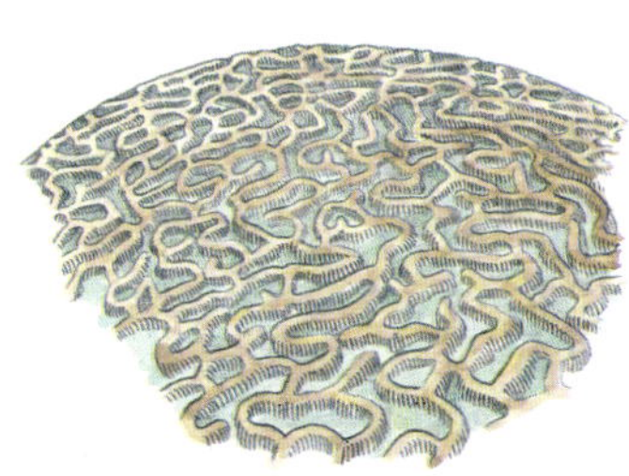

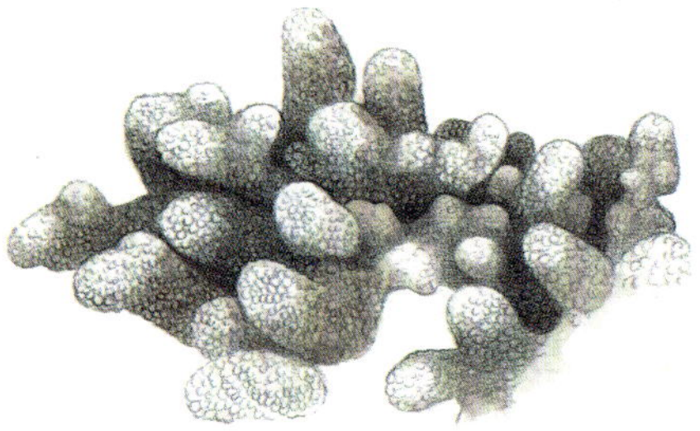

Fingerkoralle
Porites porites

Eine Steinkoralle mit vielen unregelmäßigen, fingerähnlichen Verzweigungen. Kleine Polypen, die auch tagsüber ihre Tentakeln ausgestreckt haben. Größe: bis 100 cm; Vorkommen: Florida bis Brasilien.

Salatblattkoralle
Agaricia tenuifolia

Aufrecht wachsende Steinkorallen mit salatblattähnlichen Skeletten. Die Oberfläche erscheint durch die Anordnung der einzelnen Polypen horizontal gestreift. Größe: bis 300 cm; Vorkommen: Florida bis Brasilien.

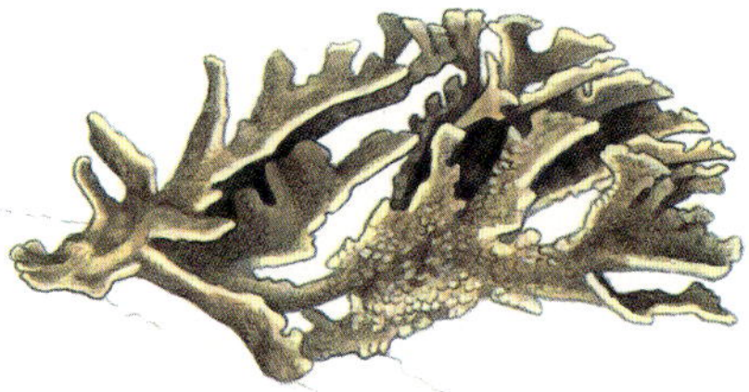

Elchhornkoralle
Acropora palmata

Korallenkolonien mit kräftigen, breiten, schaufelartigen Verzweigungen. Elchhornkorallen sind Wellenbrecher am oberen Riffhang. Größe: bis 350 cm; Vorkommen: Karibik.

Große Fächergorgonie
Gorgonia ventalina

Gorgonien bilden große Fächer. Mit ihrer kurzen, breiten, violett gefärbten Basis siedeln sie auf dem Korallengrund. Größe: bis 200 cm; Vorkommen: Karibik.

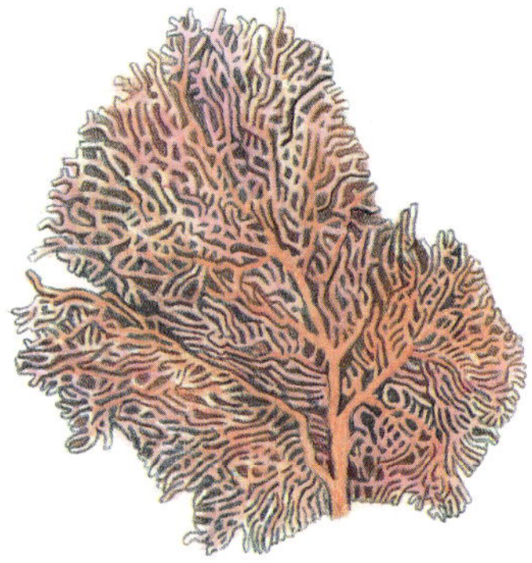

Schwarze Koralle
Antipathes sp.

Diese Koralle bildet große, buschähnliche Kolonien mit unzähligen dünnen Verzweigungen. Sie wächst in den schattigen Riffbereichen meist in Tiefen unterhalb von 20 m. Größe: bis 350 cm; Vorkommen: Karibik.

Feder-Gorgonie
Pseudopterogorgia sp.

Diese Hornkoralle bildet große federähnliche Strukturen, die in dichten Büschen wachsen. Meist purpurfarben. Größe: bis 200 cm; Vorkommen: Karibik.

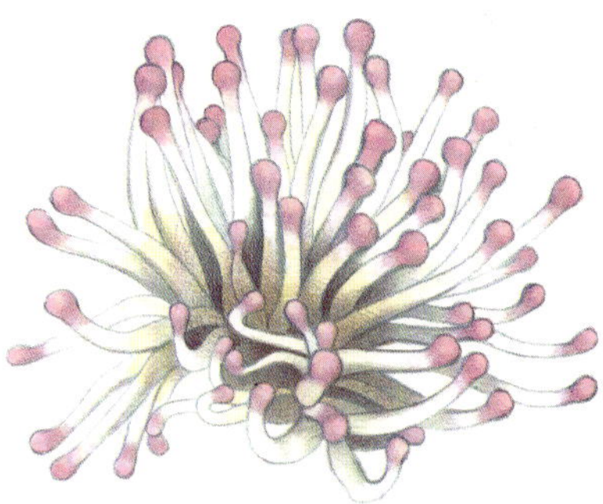

Große Seeanemone
Condilactys gigantea

Eine Anemone mit langen, weißen Tentakeln. Die kugeligen Tentakelspitzen sind blaßrot gefärbt. Bei Berührung nesselt sie leicht. Größe: bis 30 cm; Vorkommen: Karibik.

Gestreifte Putzergarnele
Lysmata grabhami

Eine Putzergarnele, die in den Schwämmen lebt. Mit ihren langen, weißen Antennen fordert sie vorbeischwimmende Fische zum Putzen auf. Größe: bis 6 cm; Vorkommen: Karibik.

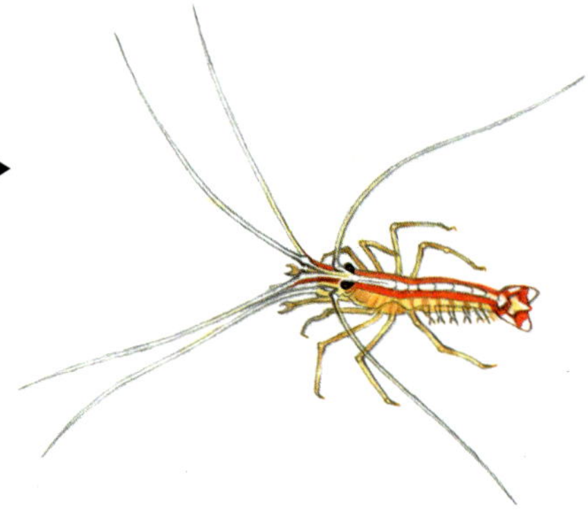

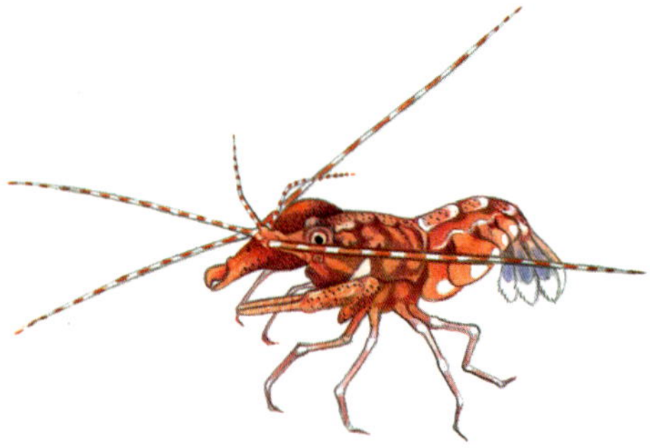

Roter Pistolenkrebs
Alpheus armatus

Scheuer Krebs, der mit seiner größten Schere einen schußähnlichen Knall erzeugen kann. Typisch für diese Art sind die weiß-rot gestreiften Antennen. Größe: bis 6 cm; Vorkommen: Karibik.

Blaue Schwimmkrabbe
Callinectes sp.

Der Körperpanzer ist seitlich deutlich gezähnt. Das letzte Beinpaar mit stark verbreitertem und abgeflachtem Endglied (Ruderfuß). Größe: bis 15 cm; Vorkommen: North Carolina bis Brasilien.

Riesenflügelschnecke
Strombus gigas

Eine sehr große Schnecke mit einer blaßrot gefärbten Öffnung. Die Schnecken halten sich bevorzugt auf sandigem Grund zwischen den Korallenformationen auf. Größe: bis 35 cm; Vorkommen: Florida bis Venezuela.

Gepunktete Cyphoma
Cyphoma macgintyi

Diese Schnecke hat ein schneeweißes Gehäuse, das von einem Mantel überzogen ist, übersät mit runden, dunklen Punkten. Auf Hornkorallen, deren Polypen die räuberische Schnecke frißt. Größe: bis 3 cm; Vorkommen: Karibik.

Flamingozunge
Cyphoma gibbosum

Das rötliche Schneckengehäuse ist meist von einem charakteristisch gemusterten Mantel überzogen. Man findet die Schnecke auf den Gorgonienfächern in geringer Tiefe. Größe: bis 3 cm; Vorkommen: Karibik.

Rauhe Feilenmuschel
Lima scabra

Diese Muschel hat einen leuchtend roten Mantel mit auffallend langen Tentakeln. Bei Gefahr können die Feilenmuscheln mit Hilfe des Rückstoßprinzips gut schwimmen. Größe: bis 7,5 cm; Vorkommen: Karibik.

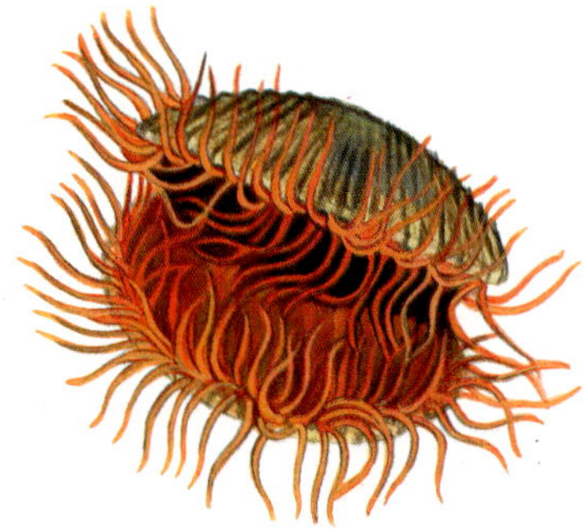

Rubin-Schlangenstern
Ophioderma rubicundum

Ein Stachelhäuter, der sich erst nach Einbruch der Dunkelheit aus seinem Tagesversteck wagt. Bei der Nahrungssuche klettert er auch auf die Gorgonien. Größe: bis 12 cm; Vorkommen: Karibik.

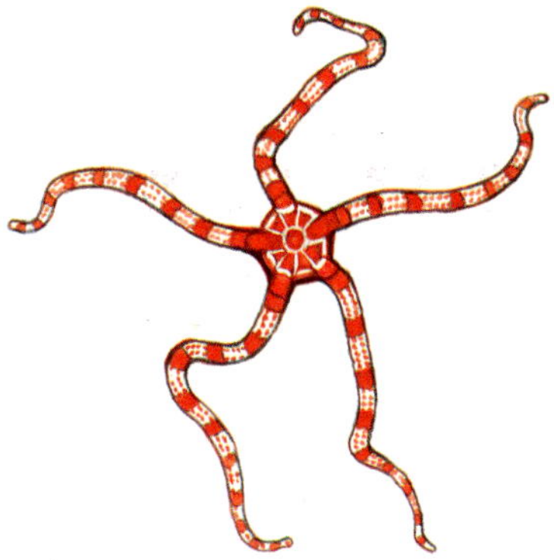

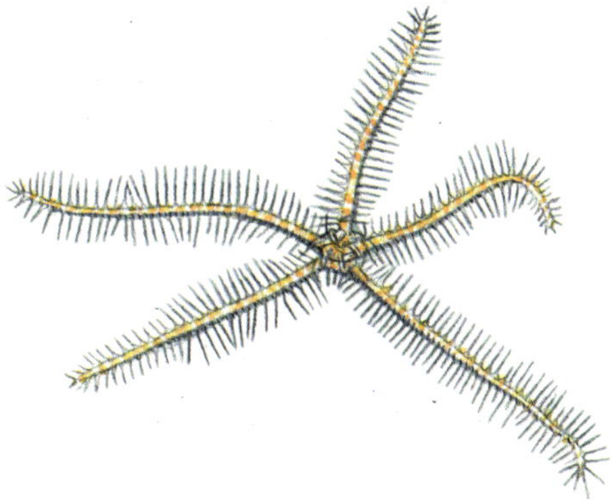

Schwamm-Schlangenstern
Ophiothrix suensoni

Ein Schlangenstern mit fünf langen, beweglichen Armen, die dicht an dicht mit feinen, glasigen Stacheln besetzt sind. Ist nachts vor allem auf der Oberfläche der Schwämme zu finden. Größe: bis 10 cm; Vorkommen: Karibik.

Guildings Seestern
Linckia guildingi

Schlanke, zylindrische Arme, die an den Spitzen abgerundet sind. Zahl der Arme variiert zwischen 4 und 7. Oft sind Individuen zu finden, bei denen ein Arm gerade nachwächst. Größe: bis 24 cm; Vorkommen: Karibik.

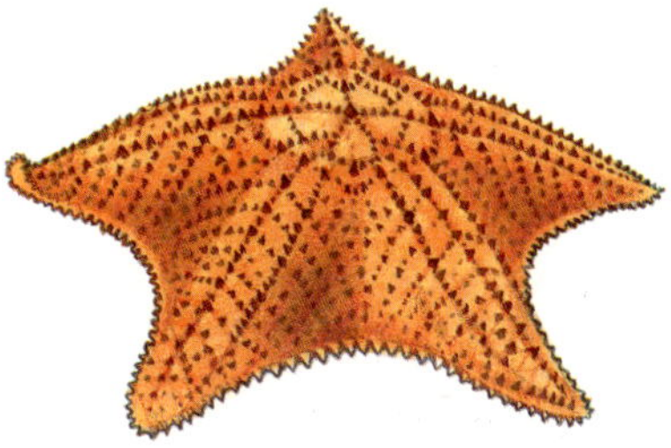

Netz-Kissenstern
Oreaster reticulatus

Ein großer Seestern mit einer massigen fünfeckigen Form. Auf der Oberseite zeigt er ein netzartiges Muster, das von Reihen knopfartiger Stacheln gebildet wird. Ein räuberischer Seestern, der auf Sandgrund lebt. Größe: bis 40 cm; Vorkommen: Karibik.

Sechsloch-Sanddollar
Mellita sexiesperforata

Flache, runde Körperscheibe mit sechs länglichen Löchern. Lebt tagsüber im Sandboden in Riffnähe eingegraben, kommt nachts aus dem Sand heraus. Größe: bis 10 cm; Vorkommen: Karibik.

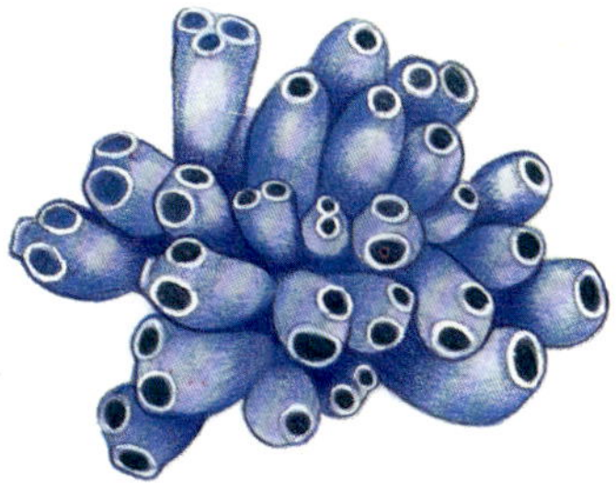

Blaue Seescheide
Clavelina puertosecensis

Koloniebildende Seescheide, deren einzelne Individuen an der Basis miteinander verwachsen sind. Wächst auf Korallen. Höhe der einzelnen Tiere: bis 1,5 cm; Vorkommen: Karibik.

168 - Ein Anemonenfisch verbirgt sich zwischen den Tentakeln seiner Wirtsanemone. Dieser kleine Fisch bildet zusammen mit der Anemone einen der kleinen Mikrokosmen, dessen Überleben vom Makrokosmos Korallenriff gesichert wird.

BILDNACHWEIS

Marcello Bertinetti/Archiv White Star: *S. 25 D; 27 D, E; 40 B, C; 69 H.* ***Kurt Amsler:*** *S. 1; 2-3; 4-5; 17 G; 20 A; 24 B, D; 25 F, G, H; 28 B, C; 29; 30 B; 31 E; 33 F; 34 A; 37 G; 44 B; 46 B; 60 B; 62 B; 66 B; 69 F, G; 73 E; 76; 79 G; 82 B; 84 C; 87 C; 91 E; 92; 93; 99 G, H; 101 I, J; 105 F; 113 E; 114 B, C, D; 115 J; 117 C; 120 A, C; 121.* ***Franco Banfi:*** *S. 17 F; 21 I; 35 F; 42 A; 58 B; 63; 68 B; 81 E; 82 C; 96 D; 97 F, H; 98 B, E, F; 104 A; 105 G.* ***Marco Bosco:*** *S. 44 C; 79 F.* ***Claudio Cangini:*** *S. 42 C; 80 A; 81 D; 89 F; 90 A; 91 H; 94 A; 96 A; 100 B; 111 B; 113 A; 114 E; 119 D.* ***Eleonora De Sabata:*** *S. 15 A.* ***DUBA:*** *S. 115 H.* ***Andrea und Antonella Ferrari:*** *S. 9 A; 16 C; 24 C; 45 F; 60 A; 72 A, B; 80 B; 81 G; 84 B; 85 D, F; 86 B; 88 A; 94 B; 97 I; 100 C, D, E; 101 F; 104B, C; 105 E; 111 A; 115 I.* ***Paolo Fossati:*** *S. 44 D; 88 B; 96 E; 105 H.* ***Andrea Ghisotti:*** *S. 49 A; 52 A; 53; 96 B.* ***Itamar Grinberg:*** *S. 42 A.* ***Peter Harrison/Oxford Scientific Films/Overseas:*** *S. 49 B, C, D; 50; 51; 52 B.* ***Chris Huxley/Planet Earth Pictures:*** *S. 41 E, G.* ***M. Mastrolillo/Sie:*** *S. 41 D.* ***Alberto Muro Pelliconi:*** *S. 20 B; 68 B, C; 73 C; 78 B, C; 120 B.* ***NASA:*** *S. 6; 7; 19; 24 A; 27 A; 28 A; 33 D; 39.* ***Vincenzo Paolillo:*** *S. 17 E; 20 C, D; 21 H; 27 B, C; 28 D; 30 A; 31 F, G, H; 37 F, H, I, J; 56; 62 A; 66 A, C; 68 D; 77 B, C, E; 79 E; 80 C; 81 F; 82 D; 85 E, G; 89 D, E; 90 C; 91 G; 95 D, F; 96 C; 99 J; 101 G, H; 103 A; 105 I; 108 C; 109 E; 113 F; 115 G; 119 C.* ***Vincenzo Paolillo und Gianfranco D'Amato:*** *S. 77 D; 84 A; 113 B; 115 K.* ***Sergio Quaglia:*** *S. 17 D; 104 D.* ***Roberto Rinaldi:*** *S. 9 B, C; 15 B; 21 E, F, G; 30 C, D; 32 A, B; 33 E, G; 34 B, C, D, E; 35 G, H, I; 36; 41 H; 43; 44 A; 46 A; 57; 58; 59; 61; 64; 65; 67; 68 A; 69 E; 73 F; 78 A; 81 H; 86 A; 87 D, E; 90 B; 91 F; 95 E; 97 G; 98 D; 100 A; 109 D; 118.* ***Jeffrey Rotman:*** *S. 16 A; 88 C; 113 D; 117 D.* ***Alberto Siliotti:*** *S. 15 C, D.* ***Luca Sonnino Sorisio:*** *S. 32 C.* ***Luca Sonnino Sorisio/Panda Photo:*** *S. 41 F; 62 C.* ***Alberto Vanzo:*** *S. 68 C; 73 D; 82 A; 90 D; 95 C; 98 A, C; 99 I; 108 A, B; 109 F, G; 115 F; 116 A.* ***S. Zanardi/Sie:*** *S. 40 A.* ***Claudio Ziraldo:*** *S. 5, 9 D; 16 B; 45 E; 78 D; 113 C; 114 A; 117 B; 168.*